职业教育食品类专业系列教材

食品安全与质量控制

张滨　柯旭清　主编

孙桂芳　主审

化学工业出版社

·北京·

内容简介

《食品安全与质量控制》以"四个最严"贯穿整个内容,将国家安全、法律法规、道德修养等元素与食品安全知识和食品质量控制技术相融合。

本书主要内容包括:食品安全基础知识、食品安全风险预警、食品生产加工安全与控制、流通食品安全与控制、食品安全监管五大模块,涵盖产前、产中、产后的食品安全管理知识,同时融入课程思政与职业素养内容,以增强学生的责任与使命,实现职业与岗位对接,并设置"食品安全监管""食品安全管理人员考核"内容,以加强学生对职业素养和职业道德的深入理解。本书配有电子课件,可从 www.cipedu.com.cn 下载;数字资源可扫描二维码学习参考。

本书既可作为职业院校食品智能加工技术、食品质量与安全、食品检验检测技术、食品营养与健康等相关专业的教材,也可供食品生产经营及餐饮行业食品安全管理人员参考。

图书在版编目(CIP)数据

食品安全与质量控制 / 张滨, 柯旭清主编. —北京:化学工业出版社, 2023.10
职业教育食品类专业系列教材
ISBN 978-7-122-43801-0

Ⅰ.①食⋯ Ⅱ.①张⋯②柯⋯ Ⅲ.①食品安全-职业教育-教材②食品-质量控制-职业教育-教材 Ⅳ.①TS201.6②TS207.7

中国国家版本馆CIP数据核字(2023)第129311号

责任编辑:迟 蕾 李植峰　　　　文字编辑:张熙然 刘洋洋
责任校对:宋 夏　　　　　　　　装帧设计:王晓宇

出版发行:化学工业出版社(北京市东城区青年湖南街13号　邮政编码100011)
印　　刷:三河市航远印刷有限公司
装　　订:三河市宇新装订厂
787mm×1092mm　1/16　印张13　字数302千字　2024年3月北京第1版第1次印刷

购书咨询:010-64518888　　　　　售后服务:010-64518899
网　　址:http://www.cip.com.cn
凡购买本书,如有缺损质量问题,本社销售中心负责调换。

定　价:46.00元　　　　　　　　　　　　　　　　　　　版权所有　违者必究

前言

党的二十大报告明确要求，提高公共安全治理水平，强化食品药品安全监管。党中央、国务院高度重视食品安全工作，把食品安全放到"既是重大的民生问题，也是重大的政治问题"高度来抓。习近平总书记多次强调做好食品安全工作要坚持"最严谨的标准、最严格的监管、最严厉的处罚、最严肃的问责"（"四个最严"）。

我国食品安全形势总体稳定向好，食品安全监督抽检合格率由2014年94.7%上升到2019年的97.8%，公众对食品安全满意度有较大提升。但是，存在的食品安全问题仍然不少，各种食品安全隐患依然存在，如微生物污染超标、农兽药残留超标、超范围超限量使用食品添加剂等。

本书主要涉及食品从农田到餐桌存在的安全问题及安全控制，仅包括食品安全知识和控制技术，并将完善的法律法规体系、政府监管、中华民族传统道德的约束和高尚职业道德等内容适当融入，教材主线始终围绕"四个最严"、国家安全、法律法规、道德修养等元素与食品安全知识和控制技术，并采用线上线下呼应等编写形式，编写一本集专业性、思想性和时代性为一体的教材。本书配有电子课件，可从www.cipedu.com.cn下载；数字资源可扫描二维码学习参考。

参加编写的人员有长沙环境保护职业技术学院张滨，贵州轻工职业技术学院柯旭清，克明面业股份有限公司戴少华，贵州食品工程职业学院栾奕，湖南省产品商品质量检验研究院徐文泱、向俊、刘赛、王芳、贺燕、王云昊、陈实，湖南食品药品职业学院胡梦红，湖南环境生物职业学院李逢振，温州职业学院李彦坡，中国检验认证集团湖南有限公司张梦潇。本书在设计开发、编写与审稿过程中，得到了湖南省市场监督管理局杨代明教授级工程师、众多院校老师及诸多行业、企业专家的关心和支持，在此一并表示感谢。本书编写的具体分工是：模块一 食品安全基础知识，负责编写人员：柯旭清、王云昊、李彦坡；模块二 食品安全风险预警，负责编写人员：栾奕、徐文泱、向俊；模块三 食品生产加工安全与控制，负责编写人员：戴少华、陈实、李逢振；模块四 流通食品安全与控制，负责编写人员：栾奕、胡梦红；模块五 食品安全监管，负责编写人员：刘赛、王芳、贺燕、张梦潇。

本书在编写过程中参考借鉴并引用了一些相关资料、数据、图表，在此对相关作者表示感谢。

食品安全与质量控制涉及范围广，内容更新快，鉴于编写人员水平有限，书中难免存在一些不足，敬请不吝赐教。

编 者
2023年6月

模块一　食品安全基础知识　　　　　　　　　　　　　/001

项目一　食品安全定义与内涵　　　　　　　　　　　　/002
一、食品安全的定义　　　　　　　　　　　　　　　　　/002
二、食品安全的科学内涵　　　　　　　　　　　　　　　/002
三、食品安全与食品卫生、食品质量和食品营养　　　　　/004

项目二　影响食品安全的因素　　　　　　　　　　　　/006
一、生物性污染　　　　　　　　　　　　　　　　　　　/006
二、化学性污染　　　　　　　　　　　　　　　　　　　/016
三、物理性污染　　　　　　　　　　　　　　　　　　　/027

项目三　我国食品安全治理体系　　　　　　　　　　　/029
一、食品安全监管体制　　　　　　　　　　　　　　　　/029
二、食品安全法治体系　　　　　　　　　　　　　　　　/029
三、食品安全标准体系　　　　　　　　　　　　　　　　/033
四、食品安全检验检测机构体系　　　　　　　　　　　　/035
五、食品安全风险监测体系　　　　　　　　　　　　　　/036

训练题　　　　　　　　　　　　　　　　　　　　　　　/038

模块二　食品安全风险预警　　　　　　　　　　　　　/041

项目一　食品安全预警系统及功能　　　　　　　　　　/042
一、基本概念　　　　　　　　　　　　　　　　　　　　/042

二、食品安全预警系统功能 /043

项目二　食品安全预警方法 /044
　　一、层次分析法 /044
　　二、支持向量机 /045
　　三、BP 神经网络 /046
　　四、贝叶斯网络 /047
　　五、关联规则 /048

项目三　食品安全预警系统构建 /049
　　一、预警信息采集系统 /050
　　二、预警评价指标体系 /050
　　三、预警分析与决策系统 /050
　　四、报警系统和预警防范与处理系统 /051

项目四　食品安全突发事件应急处置 /051
　　一、应急决策体系 /051
　　二、应急对策 /053

项目五　食品安全的责任 /054
　　一、食品安全的行政责任 /054
　　二、食品安全民事责任 /058
　　三、食品安全刑事责任 /059
　　四、食品生产企业需关注的法律责任 /060

训练题 /066

模块三　食品生产加工安全与控制 /069

项目一　生产场所、布局与设施设备 /070
　　一、选址与环境 /070
　　二、工厂设计 /072

三、车间布局　　/073
　　四、给排水　　/074
　　五、卫生设施　　/075
　　六、清洗消毒设施　　/077

项目二　食品原辅材料安全与控制　　/077
　　一、禁止性规定　　/077
　　二、原辅料及食用农产品　　/080
　　三、食品添加剂　　/086
　　四、食品相关产品　　/088

项目三　从业人员管理与考核　　/090
　　一、从业人员健康　　/090
　　二、从业人员卫生　　/091
　　三、食品安全培训与考核　　/093

项目四　生产加工过程食品安全与控制　　/093
　　一、设立食品安全小组和配备人员　　/093
　　二、食品安全管理制度、记录　　/094
　　三、产品安全风险控制　　/094
　　四、管理体系建立　　/096
　　五、监督与检查　　/112
　　六、采取纠正和预防措施　　/113

项目五　产品标签标识　　/114
　　一、基本要求　　/114
　　二、食品标签标识要求汇总　　/114
　　三、产品可追溯及召回管理　　/120

项目六　仓储　　/121
　　一、卫生与环境　　/121
　　二、虫鼠害防控　　/122
　　三、交叉污染防控　　/123

训练题 /125

模块四　流通食品安全与控制　　/128

项目一　食品（初级农产品）运输　　/129
一、食品销售禁止性规定　　/129
二、食品运输方式　　/130
三、食品企业运输的安全控制　　/131
四、食品运输企业管理　　/134
五、三绿工程　　/134

项目二　贮存　　/135
一、食品贮存管理制度的构建　　/135
二、食品贮存管理制度的实施　　/135

项目三　配送　　/137
一、配送的基本概念　　/137
二、食品配送过程的质量控制　　/137

项目四　物流　　/139
一、物流节点的基本概念　　/139
二、物流节点中的安全控制　　/139
三、电子商务物流的定义　　/140
四、电子商务物流过程控制　　/140

项目五　供应链　　/142
一、供应链基本概念　　/142
二、我国食品供应链各环节食品安全状况分析　　/142
三、食品供应链的安全风险控制　　/143

项目六　退市、召回和销毁　　/145
一、食品退市　　/145

二、食品召回 /148

训练题 /151

模块五　食品安全监管 /157

项目一　产前食品安全监管 /158
一、食品生产、经营许可 /158
二、检验检测机构资质认定 /169

项目二　产中食品安全监管 /174
一、日常监督检查 /174
二、飞行检查 /178
三、专项整治 /181
四、体系检查 /183

项目三　产后食品安全监管 /185
一、食品安全风险分级管理 /185
二、食品安全监督抽检和风险监测机制 /188
三、食品安全责任约谈 /191
四、食品安全投诉与有奖举报 /193
五、食品安全信用档案 /194

训练题 /196

参考文献 /199

模块一
食品安全基础知识

 学习目标

掌握食品安全的定义及内涵,掌握生物性污染、化学性污染、物理性污染对食品安全的影响,了解我国食品安全治理体系。

 思政小课堂

事件一　微生物食物中毒事件

2018年8月26日,桂林××酒店发生一起食物中毒事件。官方通报,有159人分别被送往桂林市多家医院就诊,其中92人入院治疗,大部分患者病情好转,无危重及死亡病例,初步判断这是一起由沙门菌感染引发的食源性疾病事件。疾控部门赴现场和医院进行流行病学调查取样,经快速检测和实验室72h细菌学培养、分型鉴定,于8月29日在涉事酒店留样食品"卤味拼盘"、患者和厨师粪便中检出同型的肠炎沙门菌。经现场调查和核实,涉事酒店涉嫌存在超出《食品经营许可证》核定的经营范围擅自经营冷食类食品,供餐的"卤味拼盘"不符合国家食品安全标准,食品安全制度不健全、不落实,留样不规范,索证索票不齐全等违反食品安全法律法规的行为。

事件二　过期、劣质食品销售事件

2014年7月20日上海电视台曝光了上海××食品有限公司将过期变质肉类加工为快餐原材料。该公司无视鸡肉等产品的保质期,将大量过期的鸡肉、鸡皮等原料重新返工,经过绞碎、裹粉和油炸等工艺后,制成麦乐鸡等产品重新出售。同时,该企业还将霉变、发绿、过期7个多月的牛肉再切片使用。中共中央政治局委员、上海市委书记27日主持召开专题会议,听取关于该事件查处情况的汇报。他强调,食品安全无小事,事关广大人民群众身体健康和安全,政府各监管部门必须坚持"四个最严",从标准、准入、执法、处罚、问责各环节落实依法从严监管的原则。2014年8月29日涉案公司高管胡某等6人,因涉嫌生产、销售伪劣产品罪被上海市人民检察院第二分院依法批准逮捕。

通过学习,将食品安全的发展历程与习近平新时代中国特色社会主义思想相融合,树立科学的现代食品安全观。

项目一　食品安全定义与内涵

一、食品安全的定义

《中华人民共和国食品安全法》（简称《食品安全法》）第一百五十条对食品安全的定义是"食品安全，指食品无毒、无害，符合应当有的营养要求，对人体健康不造成任何急性、亚急性或者慢性危害"。

GB/T 22000—2006/ISO 22000：2005《食品安全管理体系 食品链中各类组织的要求》中食品安全定义为：食品在按照预期用途进行制备和（或）食用时，不会对消费者造成伤害的概念。食品安全与食品安全危害的发生有关，但不包括与人类健康相关的其他方面，如营养不良。

世界卫生组织（World Health Organization，WHO）在《加强国家级食品安全性计划指南》中，把食品安全解释为"对食品按其原定用途进行制作和食用时不会使消费者身体受到伤害的一种担保"，主要是指在食品的生产和消费过程中有毒、有害物质或因素的加入剂量没有达到危害程度，从而保证人体按正常剂量和以正确方式摄入这样的食品时，不会受到急性或慢性的危害，这种危害包括对摄入者本身及其后代的不良影响。

在食品安全概念的理解上，国际社会已经基本形成共识：即食品的种植、养殖、加工、包装、贮藏、运输、销售、消费等活动符合国家强制标准和要求，不存在可能损害或威胁人体健康的有毒有害物质致消费者病亡或者危及消费者及其后代的隐患。

二、食品安全的科学内涵

1. 食品安全的内容

食品安全包括食品数量的安全、食品质量的安全和食品可持续安全。目前在已基本解决食品数量的安全的前提下，在更多情况下表现为食品质量的安全和食品可持续安全。概括来说，食品安全既包括生产安全，也包括经营安全；既包括结果安全，也包括过程安全；既包括现实安全，也包括未来安全。

（1）**食品数量的安全**　是食品安全的保障，是指在一个单位范畴（国家、地区或家庭）内能够生产或提供维持其基本生存所需的膳食需要，从数量上反映居民食品消费要求的能力，强调人类的基本生存权利。联合国粮食及农业组织（Food and Agriculture Organization of the United Nations，FAO，简称联合国粮农组织）将粮食安全定义为：粮食安全指的是人类目前的一种基本生活权利，即"应该保证任何人在任何地方都能够得到未来生存和健康所需要的足够食品"，提出粮食安全的目标为"确保所有的人在任何时候既能买得到又能买得起所需要的基本食品"。目前，全球食品数量安全问题从总体上基本得以解决，食品供给已不再是主要矛盾，但不同地区与不同人群之间仍然存在不同程度的食品数量安全问题。

（2）**食品质量的安全**　即食品安全，是指在一个单位范畴（国家、地区或家庭）内从生产或提供的食品中获得营养充足、卫生安全的食品消费以满足人类正常生理需要，维持生存生长，或保证从疾病、体力劳动等各种活动引起的疲乏中恢复正常的能力。食品中不应含有可能损害或威胁人体健康的有毒有害物质或因素，从而导致消费者急性或慢性中毒或感染疾病，或产生危及消费者及其后代健康的隐患。需要在食品受到污染之前采取措施，预防食品的污染和遭遇危害因素侵袭。强调食品所具有的功能性、可信性、安全性、适应性、经济性、时间性等构成的食品质量内涵。

（3）**食品可持续安全** 是指一个国家或地区，在充分合理利用和保护自然资源的基础上，确定技术和管理方式以确保在任何时候都能持续、稳定地获得食品，使食品供给既能满足现代人类的需要，又能满足人类后代的需要。它是以合理利用食品资源、保证食品生产的可持续改革为特征，即在不损害自然的生产能力、生物系统的完整性或环境质量的情况下，使所有人随时能获得保持健康生命所需要的食品。食品可持续安全是食品安全一个重要组成部分。

食品安全的不同层次是互相关联的，食品数量安全是食品安全的基础。只有食品获取能力充足时，其国家、地区、家庭居民才可能实现食品安全。因此，食品数量安全是食品安全的必要条件，食品质量安全和可持续安全是食品安全最终的奋斗目标。食品质量安全的实现意味着食品数量安全效果能够实现，因此，食品质量安全是食品安全的充分条件。只有食品质量安全实现了，才有可能从整体上实现食品安全。食品可持续安全是食品数量安全在时间维度上的延伸，是食品稳定供给与有效需求在时间维度上保持平衡。食品可持续安全是食品安全的状态表现和约束条件，即在时间维度上随着人口数量的增长、人们消费需求的变化，食品生产与供给在总量、结构、品质等方面能够得到保障，其综合反映了一个国家或地区保障食品安全的持久能力。

2. 食品安全的概念

随着农业集约化的增加，农业产业链的不断加强，病毒与污染等相关风险会越来越大，人体健康日益受到集约化食物生产的影响。若要实现中国和全球的粮食安全与可持续发展的目标，需要相关的政府支持政策；建立更加有效、包容性强和安全的食物生产体系；发展具有可持续性、注重营养的技术；促进开放式贸易的发展，以减少食物价格波动；扩大生产性且跨部门的社会保障体系。因此其概念具有以下几个方面的意义。

（1）**食品安全涉及食品生产、消费全过程** 食品安全包括食品卫生、食品质量、食品营养等相关方面的内容，和食品（食物）种植、养殖、加工、包装、贮藏、运输、销售、消费等环节。食品安全与食品卫生、食品质量、食品营养等在内涵和外延上存在许多交叉。

（2）**食品安全涉及社会治理** 不同国家及不同时期，食品安全所面临的突出问题和治理要求均有所不同。

（3）**食品安全涉及政府政策管理** 无论是发达国家，还是发展中国家，食品安全都是企业和政府对社会最基本的责任和必须做出的承诺。食品安全与生存权紧密相连，具有唯一性和强制性，通常属于政府保障或者政府强制的范畴。食品质量等往往与发展权有关，具有层次性和选择性，通常属于商业选择或者政府倡导的范畴。近年来，国际社会逐步以食品安全的概念替代食品卫生、食品质量的概念，更加凸显了食品安全的政治责任。

（4）食品安全涉及法律　进入20世纪80年代以来，一些国家及有关国际组织从社会系统工程建设的角度出发，逐步以食品安全的综合立法替代卫生、质量、营养等要素立法。1990年英国颁布了《食品安全法》，2000年欧盟发表了具有指导意义的《食品安全白皮书》，2003年日本制定了《食品安全基本法》。以我国为代表的部分发展中国家也制定了《食品安全法》。综合型的《食品安全法》逐步替代要素型的《食品卫生法》《食品质量法》《食品营养法》等，反映了时代发展的需要。

（5）食品安全涉及经济学　在经济学上，"食品安全"指的是有足够的收入购买安全的食品。

3. 食品安全的相对性

食品安全体现在绝对安全和相对安全两个方面。绝对安全是指确保不会因食用某种食品而危及健康或造成伤害的一种承诺，也就是食品应绝对没有风险。由于在客观上人类食用任何一种食品必定会存在某些风险，因此绝对安全性或零风险是很难达到的。任何食物成分，哪怕是对人体有益的成分或其毒性极低，若食用数量过多或食用条件不当，都可能引起毒害或损害健康。所以，相对安全是指一种食物成分在合理食用方式和正常食量的情况下，不会对健康造成损害的实际确定性。

从现实意义考虑，绝对"零风险"的食品是不存在的，而食品绝对安全性与相对安全性反映了消费者与生产者和管理者两个侧面在食品安全性认识角度上的差异。消费者要求生产者和管理者提供没有风险的食品，把不安全食品归因于生产、技术和管理的不当。而生产者和管理者则从食品组成及食品科技的现实出发，认为食品安全性并不是零风险，而是应在提供最丰富的营养和最佳品质的同时，力求把风险降低到最低限度。这两种不同的认识，既是对立的，又是统一的，是人类从需要与可能、现实与长远的不同侧面对食品安全性认识逐渐发展与深化的表现。食品是否安全，取决于其制作、食用方式是否合理，食用数量是否适当，还取决于食用者自身的一些内在条件。一方面，食品的安全风险不仅来自生产过程中人工合成农兽药、化肥、添加剂及工业生产和人类活动造成的环境污染；还来自食品本身存在的许多天然的有毒有害成分，如动植物本身在生长过程中产生的有毒有害成分，生物碱、苷类等，在农牧渔业生产过程中进入农作物和畜禽中的铅、砷、铜等。在自然界中，物质的有毒有害特性同有益特性一样，都同剂量紧密相连，离开剂量便无法讨论其有毒有害或有益性，任何食品食用过量均有毒害作用。另一方面，某些食品的安全性是因人而异的，如鱼、虾类水产品经合理的加工制作及适量食用，对多数人是安全的，但对少数有鱼类过敏症的人可能存在危险。所以，食品生产商所追求的是食品相对安全，即控制食品中所含有毒有害成分低于国家标准所规定限量或尽可能更低，研究开发和生产安全食品，如有机食品、绿色食品和无公害食品。

三、食品安全与食品卫生、食品质量和食品营养

食品安全、食品卫生、食品质量、食品营养概念的变迁，是社会经济发展和社会治理理念变革的产物。科学理解这些概念有助于完善食品安全法治建设，加强食品安全治理，提升

食品安全水平。

1. 食品安全与食品卫生的区别

世界卫生组织于1984年在《食品安全在卫生和发展中的作用》中将"食品安全"和"食品卫生"作为同义语，定义为"生产、加工、储存、分配和制作食品过程中确保食品安全可靠，有益于健康并且适合人消费的各种必要条件和措施"。我国在1994年颁布的《食品工业基本术语》（GB/T 15091—1994）中将食品卫生定义为"为防止食品在生产、收获、加工、运输、贮藏、销售等各个环节被有害物质（包括物理、化学、微生物等方面）污染，使食品有益于人体健康、质地良好所采取的各项措施。同义词：食品安全"。1996年，世界卫生组织在《加强国家级食品安全性计划指南》中，则将食品安全和食品卫生作为两个不同的概念加以区别，"食品安全是指对食品按其原定用途进行制作和食用时不会使消费者身体受到伤害的一种担保"；"食品卫生是指为确保食品安全性和适用性在食物链的所有阶段必须采取的一切条件和措施"。强调了食品安全是食品卫生的目的，食品卫生是实现食品安全的措施和手段。

食品安全与食品卫生的区别，首先是侧重点不同：食品安全强调过程安全和结果安全的完整统一性与结合，而食品卫生在某种程度上也包括过程和结果的安全，但着重于过程安全，强调食品的过程措施和手段。其次是食品安全和食品卫生的范围不同：食品安全包括食品（食物）种植、养殖、加工、包装、贮藏、运输、销售、消费等环节的安全，而食品卫生通常情况下并不包括种植和养殖这两个环节的安全，它仅仅是整个食品链中的某一部分或者某一段。再次，食品安全是法律概念：1995年颁布《中华人民共和国食品卫生法》，为了适应新形势发展的需要，从制度上解决食品安全问题，在《中华人民共和国食品卫生法》的基础上修订、完善形成了2009年颁布的《食品安全法》。从食品卫生到食品安全，清晰地反映了食品立法思维的改变和更高的要求，问题食品带来的并非仅仅是"卫生"问题，而是关系到人民生命健康的"安全"问题。2015年对《食品安全法》进行了全面修订，形成了新《食品安全法》，对规范食品生产经营活动、监管体制和手段、保障食品安全发挥了重要作用，使食品安全整体水平得到提升。2015年版《食品安全法》对保证食品安全从而保证人民群众的生命安全与健康发挥重要作用。

2. 食品安全与食品质量的区别

食品安全和食品质量的区别在1996年世界卫生组织发布的《确保食品安全与质量：加强国家食品安全控制体系指南》中做了比较明晰的阐述："食品安全和食品质量二词有时令人混淆不清。食品安全涉及那些可能使食品对消费者健康构成危害（无论是长期的还是马上出现的危害）的所有因素。这些因素是毫无商量余地，必须消除的。食品质量包括可影响产品消费价值的所有其他特性。其包括一些不利的品质特性，如腐烂、脏物污染、变色、变味等，以及一些有利的特性，如食品的产地、颜色、香味、质地以及加工方法"。

食品安全是最低要求、是强制保障，食品质量是层次划分、是市场选择。食品质量是程度问题，质量差的食品并非都不能食用，而质量差的食品是否能够食用往往取决于该食品质量的程度和消费者基于自身的经济能力、辨别能力甚至是消费习惯，是否能接受该食品。食品安全的概念中不含有类似的等级划分,不安全的食品是禁止生产经营和食用的。

3. 食品安全与食品营养的区别

食品安全主要研究食品中危害或者潜在危害人体健康因素的控制与预防措施,包括食品安全风险评估、风险监测、安全评价等。食品营养则主要研究食品中营养物质在栽培、贮藏、加工中的变化,食品中营养成分的开发利用,食物营养价值评价方法,平衡膳食设计方法及食品营养强化技术等。

食品营养安全是指人们食用的食品在营养和成分等方面不对人体健康和长期生存繁衍构成威胁的确定程度。其主要包括食品营养种类安全、营养成分含量和质量安全。食品营养种类安全是指各种食品提供的营养在种类上是齐全的,不存在营养成分的缺失,也不存在人体所不需要的营养种类。营养成分含量安全是指各种食品提供的营养在含量上符合食品的质量要求,不存在营养成分含量不达标或超标情况,也不存在营养成分含量影响人体代谢和身体健康的情况。食品营养种类安全和营养成分含量安全都与人们的饮食习惯和食物消费方式密切相关。

食品安全、食品卫生、食品质量、食品营养之间的关系,既不是相互平行的,也不是相互交叉的,而是研究角度和出发点不同。食品卫生、食品质量、食品营养主要是从"科学性"的维度进行考量,食品安全则是在"科学性""社会性"和"政治性"三个维度上进行考量。

项目二 影响食品安全的因素

食品是人类生存和发展的基本需求之一,它可提供人体生长发育、维持生命及进行各种活动所需的能量和营养物质。食品还满足了人们日益增长的饮食文化和社会活动的需求,可以说,人类的活动时时刻刻都离不开食品。食品若不安全,也会危及人的健康和生命安全。影响食品安全的主要因素即食品安全危害。食品安全危害是指潜在损坏或危及食品安全和质量的因子或因素,包括生物、化学以及物理性的危害,对人体健康和生命安全造成危险。食品在种植或饲养、生长、收割或宰杀、加工、贮存、运输、销售到食用前的各个环节中,由于环境或人为的作用,可能受到有毒有害物质的侵袭而造成污染,使食品的营养价值和卫生质量降低,这个过程也称为食品污染。一旦食品含有这些危害因素或者受到这些危害因素的污染,就会成为具有潜在危害的食品。食品污染可以发生在食物链的各个环节,其差异较大,按污染物的性质可分为生物性污染、化学性污染、物理性污染三大类。

食品生物性污染的来源

食品生物性危害的防治

一、生物性污染

生物性污染是指生物(尤其是微生物)自身及其代谢过程、代谢产物(如毒素)对食品形成污染。生物性污染容易引发食源性疾病以及代谢毒素威胁人体健康,并具有不确定性和控制难度大的特点,是影响食品安全的最重要的因素之一(表1-1)。

表 1-1 常见生物性污染类型

污染类型	描述
细菌污染	细菌及其毒素产生的食品污染，细菌污染涉及面最广、影响最大、问题最多。控制食品的细菌污染是目前食品安全性问题的主要内容
真菌污染	主要包括霉菌及其毒素对食品的污染。致病性霉菌产生的霉菌毒素通常致病性更强，并伴有致畸、致癌性，是引起食物中毒的一种严重生物性污染
寄生虫污染	主要是人食用了含有寄生虫及其虫卵的畜禽和水产品后，引起人类感染寄生虫，危害人体健康
病毒污染	病毒有专一性、寄生性，虽不能在食品中繁殖，但食品为病毒提供了很好的生存条件，因此病毒以食品为载体，导致人类感染，而一旦发生感染，产生的后果将非常严重

生物性污染可引起食品的腐败变质，食用被生物性污染的食品，会危害食用者的健康，感染食源性疾病。凡是通过摄食而进入人体的病原体，使人体患感染性或中毒性疾病，统称为食源性疾病。生物性污染是食源性疾病的重要原因之一。

食源性疾病发生的基本特征：①在食源性疾病暴发流行过程中，食物本身并不致病，只是起了携带和传播病原物质的媒介作用；②导致人体患食源性疾病的病原物质是食物中所含有的各种致病因子；③人体摄入食物中所含有的致病因子可以引起以急性中毒或急性感染两种病理变化为主要发病特点的各类临床综合征。

食品的生物性污染往往导致食源性疾病的大规模暴发，对人类危害巨大。生物性食源性疾病是指食用了致病细菌、病毒、寄生虫、真菌毒素等污染的食品引起的疾病，这类食源性疾病所占比例最多，影响最大。

1. 细菌污染对食品安全的影响

（1）食品腐败变质　食品腐败变质，是指食品受到各种内外因素的影响，造成其原有化学性质或物理性质发生变化，降低或失去其营养价值和商品价值的过程。食品腐败变质将导致食品的营养价值降低，食用价值下降甚至丧失，更严重的是还可能危害食用者的健康。

食品腐败变质的危害主要表现在：①诱发食物中毒。有的食品被致病菌污染后，在适宜的温度、水分、pH 值和营养条件下大量繁殖，同时可产生毒素。食用已腐败变质的食品后极易发生细菌性食物中毒。②传播人畜共患病。如果污染食品的细菌是人畜共患病原菌，可能引起人畜共患病。如摄入了患炭疽病死亡的动物肉后，炭疽病原菌进入人体内，便可引起人的炭疽病；结核分枝杆菌也是人畜共患病的病原菌，牛易感染此菌，在病牛乳中常有结核分枝杆菌存在，如果消毒不彻底，人极易被此菌感染。

（2）食物中毒　细菌引起的食源性中毒或食物中毒是由于进食了含有毒素的食品。当污染食品的细菌在食品中生长繁殖达到一定数量、产生并蓄积大量毒素时，不仅可使食品腐败变质，影响食品的质量，降低食品的食用价值，而且对人体健康也可造成严重危害。当污染食品的细菌具有致病性时，也可以导致食用者发生食物中毒。

发生细菌性食物中毒的原因主要有三个：①食物在制备、运输、发放等过程中受到致病菌的污染；②被致病菌污染的食物在较高的温度存放，食品含有充足的水分、适宜的pH 值及营养条件，使这些致病菌大量生长繁殖或产生毒素；③被污染的食物未被烧熟煮透或煮熟后再次受到污染，食用后引起中毒。

各类细菌引起的食物中毒与食品种类、所处的地理环境、人们的生活习惯及细菌本身所具有的某些特性密切相关。食物中毒的一般特征包括：①病原体在食品中生长时产生毒素；②毒素可能具有热不稳定性或热稳定性；③摄入含有活性毒素而非活体微生物细胞的食物才会中毒；④症状通常出现得较快，在进食30min后立即出现；⑤毒素不同，产生的症状不同，肠毒素导致胃部的症状，神经毒素产生神经性症状；⑥不存在发热的症状。

（3）细菌污染食品的途径　食品在生产、加工、运输、贮藏、销售及食用过程中都可能受到细菌的污染。细菌对食品的污染主要通过以下几条途径实现。

① 食品原料的污染。食品原料包括动物和植物，它们在生长过程中可能受到来自大气、水、土壤等环境中无处不在的微生物的污染。

食品原料在收获或屠宰、运输、贮藏过程中还可以从外界感染不同种类的微生物。由于卫生条件不同，通过外源途径进入食品的微生物种类和数量也大不相同，致食品原料表面往往附着细菌，尤其在原料破损处有大量细菌聚集。在准备和制作食品时，会添加多种配料和添加剂，这些配料可能是致病菌和腐败菌的主要来源。各种香料中可能存在大量的霉菌的孢子和细菌芽孢。淀粉、糖和面粉可能含有嗜热细菌的芽孢。可可果、鸡蛋和巧克力中均会分离出致病菌。

② 食品加工过程中的污染。食品加工的环境不清洁，细菌随空气、水等污染食品原料、加工器具的表面而造成食品的污染。食品收获、运输、屠宰、加工和贮藏过程中需要很多的机械设备，来源于空气、原料、水和人体的各种微生物会附着于设备上，从而引起食品污染。微生物数量取决于环境和季节（相对湿度、营养物质、温度），即使食品最初的微生物含量很低，但经过繁殖也可达到很高的水平，从而导致食品大面积污染。用具与杂物如原料包装材料、运输工具、加工设备和成品包装容器及材料等未经消毒就接触食品，均可使食品受到细菌污染。当机械设备连续使用时间过长，微生物从最初的数量不断繁殖，也可成为产品生产过程中的一个持续性污染源。在某些设备中，小零件、不易进入的部分和某些材质可能不能被很好地清洗和消毒，这些死角就成了致病菌和腐败菌的来源。

③ 食品从业人员的污染。食品从生产到消费过程中，会接触到不同的食品处理人员，不仅包括农场和食品加工厂的工作人员，还包括餐馆、食堂、零售商店的工作人员，以及家庭处理食品的人员。从业人员直接接触食品（半成品、成品），其手、工作衣帽如果不经常清洗消毒，就会有大量的微生物附着而污染食品。操作人员的痰沫、鼻涕、唾液等带有的细菌，通过与食品接触或谈话、咳嗽、打喷嚏等都会直接或间接地污染食品。

④ 食品运输和销售过程中的污染。食品运输工具、容器不符合卫生要求，也会受到微生物的污染。散装食品的销售器具、包装材料等都可能成为食品的细菌污染源。对于特殊贮藏要求的食品（如冷鲜肉、冰冻海鲜、泡菜等）在运输和销售过程中如果未能严格控制贮藏条件（如温度、相对湿度、pH值等）则会导致细菌的大量生长繁殖，或二次污染。

⑤ 食品在烹调加工过程的污染。在食品（特别是需二次加热处理后才能食用的食品）烹调过程中，未能将食品烧熟煮透、生熟不分等不良操作，可能使食品中已经存在或污染的微生物大量生长繁殖，从而降低食品的安全性。在烹调完成后食用前未能按要求控制贮存温度和贮存条件而长时间存放的食品也会受到微生物的二次污染，以致人食用后引起食源性疾病。

（4）食品中常见的污染细菌　食品中常见的污染细菌如表1-2所示。

表 1-2　食品中常见的污染细菌

细菌名称	生长特征	食品污染状况	中毒症状
沙门菌	需氧或兼性厌氧，在 10～42℃时均生长，最适生长温度为37℃，生长的最适 pH 值为 7.2～7.4。对热、消毒药及外界环境的抵抗力不强。60℃ 20～30min 即被杀死。在水、乳及肉类中能存活几个月	主要存在于各种畜禽以及鼠类的肠腔中，并在动物中广泛传播而感染人群，通过食物传播疾病。食品的污染源可能来自被传染的啮齿类动物和昆虫的接触传播和污染沙门菌的动物性食品	表现为急性胃肠炎，潜伏期 6～12h，长者达 24h，表现头痛、恶心、面色苍白、出冷汗，继而出现呕吐、腹泻、体温升高，并有水样便，有时带脓血黏液，重者出现寒战、抽搐和昏迷等。病程一般 3～7d
致病性大肠埃希菌	需氧或兼性厌氧菌，对营养要求不高，在 15～45℃时均能生长，最适生长温度为37℃，最适 pH 值为 7.2～7.4。巴氏杀菌法可杀死绝大多数该菌，煮沸数分钟即杀死；对一般消毒药物敏感，水中含有 0.2 mg/L 的游离氯即可杀死	在土壤、水、粪便中可存活数月。传播途径主要是粪-口途径，以食源性传播为主要，水源性和接触性传播也是重要的传播途径。主要存在于乳品、肉类、水产品等，畜禽是本菌的贮存者	致病性大肠埃希菌食物中毒一般与人体摄入的菌量有关，通常摄食 10^8 个活菌的食品可使人致病。中毒症状主要为腹泻及急性胃肠炎
副溶血性弧菌	需氧或兼性厌氧菌，但在厌氧下生长非常缓慢，对营养要求不高，在普通营养琼脂或蛋白胨水中含有适量食盐即可生长。培养基中食盐浓度 3.5% 最为适宜，含 0.5% 则能生长，但在无盐的培养基中不生长。最适生长温度 37℃，最适 pH 值为 7.7～8.0。在淡水中存活不超过 2d，但在海水中能存活 47d	是分布极广的海洋性细菌，它大量存在于海产品上，也存在于其他食品如腌制肉类、禽类和淡水鱼类等。抵抗力不强，经 75℃ 5min，90℃ 1min 即可杀死。对酸敏感，在食醋中 5min 死亡，1% 醋酸 1min 可杀死	临床表现有 3 种类型，肠毒素引起的毒素型、活菌侵入肠黏膜引起的感染型；由二者共同作用引起的混合型。潜伏期为 2～40h，一般为 14～20h。主要症状为上腹部阵发性绞痛，继之有腹泻，每日 5～6 次，多者达 20 多次，开始为洗肉水样血便，后转为脓血便，但无里急后重现象，腹泻后出现恶心、呕吐，体温升高为 38～39℃。病程 2～7d，愈后良好
葡萄球菌	需氧或兼性厌氧菌，但在 20% CO_2 的环境中有利于毒素的产生。对营养要求不高，在普通培养基上生长良好，最适生长温度为 37℃，最适 pH 值为 7.2～7.4，某些菌株耐盐性强，在 10%～15% NaCl 培养基上生长。在干燥的脓汁和血液中可存活数月，能耐冷冻环境，耐盐性很强	在空气、土壤、水、粪便、污水及食物中都可存在，主要来源于动物及人的鼻腔、咽喉、皮肤、头发及化脓性病症，是引起创伤化脓和呼吸道感染的常见致病性球菌。污染食品后，在适宜的条件下生长繁殖，产生肠毒素，而引起食用者发生食物中毒。加热 80℃ 30 min 杀死	食用肠毒素污染的食物而引起中毒，表现为突然发病，在摄食后 1～6h 出现症状，主要为恶心、频繁呕吐、腹泻，在呕吐物和粪便中常带血，吐比泻重。中毒者体温不升高，病程 1～2d 痊愈
单核细胞增生李斯特菌	需氧及兼性厌氧菌，普通琼脂上生长不良，在含有血清或血液琼脂上生长较好，在加有 1% 葡萄糖及 2%～3% 甘油的肉汤琼脂上生长更佳。生长温度 3～45℃，最适温度 30～37℃，最适 pH 值为 7.0～8.0，20% CO_2 中培养有助于增加其动力。耐碱不耐酸，在 pH 值 9.6 能生长。耐盐，在 10% NaCl 溶液中可生长。耐冷不耐热，在 5℃低温条件下仍能生长。60～70℃ 5～10 min 可杀死。在 -20℃ 可存活一年；在 4℃的 20%NaCl 中可存活 8 周	通过人和动物粪便、土壤、污染的水源和人类带菌者直接和间接污染食品，以蔬菜、水果、乳品、肉品及水产品多见。虽然该菌也存在于植物和蔬菜中，并可污染食品器具和冰箱等，但报道的病例多是因食用动物源性食品而发病，特别是畜禽的鲜、冻肉及肉制品。中毒多发生在夏秋季节，原因主要是食用了未经煮熟、煮透的食品，冰箱内冷藏熟食品、乳制品取出后未经加热直接食用。冷藏食品不能抑制李斯特菌的繁殖	临床表现有两种类型：侵袭型和腹泻型。侵袭型的潜伏期在 2～6 周。病人开始常有胃肠炎的症状，最明显的表现是败血症、脑膜炎、脑脊膜炎、发热，有时可引起心内膜炎。对于孕妇可导致流产、死胎或婴儿健康不良等后果，对于幸存的婴儿则易患脑膜炎导致智力缺陷或死亡。少数轻症病人仅有流感样表现。病死率高达 20%～50%。腹泻病人的潜伏期为 8～24h，主要症状为腹泻、腹痛、发热。患者中毒后就医常需采用抗生素治疗

模块一　食品安全基础知识

2. 霉菌污染对食品安全的影响

（1）霉菌的污染　霉菌也称丝状真菌，是菌丝体比较发达但没有较大子实体的小型真菌的统称，其形态和构造比细菌复杂。霉菌种类繁多，广泛分布于空气、土壤、水体中。霉菌有极强的繁殖能力，菌丝体上任一片段在适宜条件下都能发展成新的个体，其主要依靠产生的无性或有性孢子进行繁殖。因其为孢子繁殖，产生大量微小的孢子通过空气很容易污染食品。因此，霉菌对所有食品的污染概率都很高，在粮食及其加工制成品、肉制品、乳制品、发酵食品中均发现过霉菌毒素。其中，玉米、大米、花生、小麦被霉菌污染得最多。霉菌污染食品后不仅可造成腐败变质，而且有些霉菌还可产生毒素，造成人畜霉菌毒素中毒。

霉菌毒素主要是指霉菌在其所污染的食品中产生的有毒代谢产物，它们可通过食品进入人和动物体内，引起人的急性或慢性中毒，损害机体的肝脏、肾脏、神经组织、造血组织及皮肤组织等。霉菌毒素通常具有耐高温，无抗原性，主要侵害实质器官的特性，而且霉菌毒素多数还具有致癌作用。霉菌毒素的作用包括减少细胞分裂，抑制蛋白质合成和DNA的复制，抑制DNA和组蛋白形成复合物，影响核酸合成，降低免疫应答等。如果人和动物一次性摄入含大量霉菌毒素的食物常会发生急性中毒，而长期摄入含少量霉菌毒素的食物则会导致慢性中毒和癌症。

（2）霉菌毒素的形成及特点　只有少数的霉菌种类在生长和繁殖过程中产生毒素，而产毒菌种中也只有一部分菌株产毒，而且同一菌株的产毒能力也会表现出可变性与差异性，同一菌种或菌株往往可以产生几种不同的毒素，而同一毒素也可由不同的菌种或菌株产生，通常将这些产生毒素的霉菌称为产毒霉菌。

产毒霉菌产生毒素需要一定的条件，并不是任何时候在任何条件下都能产生。霉菌污染食品后影响其生长繁殖及产毒的因素主要有食品基质、水分活度、温度、空气环境、霉菌种类等。

① 食品基质：不同的食品由于其所含的营养成分有较大差异，因此在不同的食品基质上霉菌生长的情况不同。霉菌一般在天然食品基质上比在人工培养基上更容易产毒。试验证实，同一霉菌菌株在同样培养条件下，以富含糖类的小麦、大米为基质比油料为基质产生的黄曲霉毒素多。

② 水分活度（A_w）：霉菌生长繁殖必须保持一定的水分活度。食品的 A_w 降至 0.93 以下时，除霉菌外，其他微生物的繁殖都受到一定的抑制。大多数霉菌生长的最小 A_w 为 0.8，旱生性霉菌的最小 A_w 可低至 0.6。产毒霉菌代谢产生毒素时，通常需要高于最小 A_w，同样，生长所需的最小 A_w 要低于实际生长条件。当 A_w 下降至低于霉菌生长所需的最低水平时，细胞在一段时间内仍保持活力，如果 A_w 大幅下降，一定数量的细胞将会失去活力，通常先快后慢。

③ 温度：不同种类的霉菌生长繁殖的最适温度是不一样的，大多数霉菌生长繁殖的最适宜温度为 25～30℃，在 0℃ 以下或 30℃ 以上不能产生毒素或产毒力减弱。一般来说，霉菌的产毒温度略低于生长最适温度。例如黄曲霉的繁殖温度为 6～46℃，最适生长温度 37℃ 左右，但产毒的最适温度为 28～32℃。

④ 空气环境：空气的相对湿度和流通状态的不同对不同的霉菌的繁殖和产毒会产生不同的影响。在不同的相对湿度中易于繁殖的霉菌也不同，相对湿度在80%以下时，主要是干生性霉菌如灰绿曲霉、白曲霉等繁殖；相对湿度在80%～90%时，主要是中生性霉菌如多数曲霉、青霉等繁殖；相对湿度在90%以上时，主要为湿生性霉菌如毛霉等繁殖。绝大多数霉菌是专性好氧菌，其繁殖和产毒需要有氧条件，在密闭的环境中不易生长和产毒；但毛霉、青绿曲霉是厌氧菌，并可耐受高浓度的CO_2。

⑤ 霉菌种类：不同种类的霉菌其生长繁殖速度和产毒能力是有差异的。霉菌毒素中毒性最强的有黄曲霉毒素、赭曲霉毒素、黄绿青霉素、红色青霉素及青霉酸等。目前已知有5种毒素可致癌，它们是黄曲霉毒素（B_1、G_1、M_1）、黄天精、环氯素、杂色曲霉毒素和展青霉素。

（3）主要产毒霉菌及其毒素

① 曲霉属及曲霉毒素。大多为腐生菌，分布极为广泛，土壤、空气、谷物和各类生物中均存在，在湿热适当的条件下，引起食品霉变；有机质分解能力很强。曲霉属中有些种如黑曲霉等被广泛用于酿酒、制酱等食品工业。曲霉属也是重要的食品污染霉菌，可导致食品特别是粮食及其制品发生腐败变质，有些菌种还产生毒素。可产生毒素的菌种有黄曲霉、赭曲霉、杂色曲霉、烟曲霉、构巢曲霉和寄生曲霉等。黄曲霉和寄生曲霉可以产生黄曲霉毒素，杂色曲霉和构巢曲霉等可产生杂色曲霉毒素。

曲霉毒素主要由曲霉属中的黄曲霉、赭曲霉、杂色曲霉、寄生曲霉等产生，是真菌毒素中最早发现的一类，主要有黄曲霉毒素、赭曲霉毒素、杂色曲霉毒素。

② 镰刀菌属及镰刀菌毒素。镰刀菌属也称镰孢菌属，在自然界广泛分布，侵染多种作物。包括的种很多，其中大部分是植物的病原菌，并能产生毒素。其产毒霉菌主要包括串珠镰刀菌、禾谷镰刀菌、三线镰刀菌、梨孢镰刀菌、雪腐镰刀菌、拟枝孢镰刀菌、木贼镰刀菌等。镰刀菌属产生的毒素主要有单端孢霉烯族化合物、串珠镰刀菌素、玉米赤霉烯酮和伏马菌素等。

③ 青霉属及青霉毒素。青霉属分布广泛，种类很多，经常存在于土壤和粮食及果蔬上。有些青霉菌种具有很高的经济价值，能产生多种酶及有机酸，而青霉也可引起水果、蔬菜、谷物及食品的腐败变质。有些种及菌株同时还可产生毒素，如岛青霉、橘青霉、展青霉、扩展青霉、黄绿青霉、红色青霉、斜卧青霉等。其中岛青霉可产生岛青霉毒素、橘青霉可产生橘青霉毒素、黄绿青霉可产生黄绿青霉素、扩展青霉可产生展青霉素。

3. 病毒污染对食品安全的影响

（1）食源性病毒 食源性病毒是指以食物为载体并能通过食物进行传播而导致人类患病的病毒，包括以粪口途径传播的病毒，如脊髓灰质炎病毒、轮状病毒、冠状病毒、环状病毒和戊型肝炎病毒，以及以畜产品为载体传播的病毒，如禽流感病毒、蛋白病毒和口蹄疫病毒等。在欧美国家，诺如病毒和甲肝病毒是危害最大的食源性病毒。

病毒具有严格的寄生性，只对特定动物的特定细胞产生感染，需要特异活细胞才能繁殖，因此，每类病毒都有其典型的宿主范围，在食品和环境中不繁殖。引起胃肠炎的病毒在不同宿主的各种条件下都具有感染性，也能够在活细胞之外存活，在环境中相当稳定，能够生存在无生命表面、手和干粪便的悬浮液中。多数病毒不耐热，但也存在一些非常耐热、不易被破坏的病毒。食源性病毒感染剂量低，只需较少的病毒即可引发感染，从病毒感染者的粪便中可以排出大量病毒粒子，因此，即使极少量的病毒感染也会对公众健康造成严重危害。

虽然病毒作为绝对的胞内寄生物，无法在人工的培养基质内繁殖，只能侵入宿主的活细胞中进行复制，但是任何食品都可以作为病毒的传播媒介，并且即使食品中含有微量的病毒都会引发疾病，因而许多与病毒相关的疾病都是食源性的。此外，食源性病毒由于其蛋白质衣壳的保护，对极端的酸碱环境即使是肠道中的消化酶也表现得非常稳定，有些病毒甚至可以在土壤、水、空气等自然环境中存留相当长的时间，例如脊髓灰质炎病毒可在污泥与水中存在10d左右。

（2）食品的食源性病毒污染　食源性病毒污染食品的主要途径是食品接触粪便或被粪便污染的水、土壤、手，呕吐物及其污染的水，感染者存在的环境等。没有证据表明直接或间接接触家畜及其产品如肉牛、猪、被污染的肉类可导致食源性病毒感染。食物链中食源性病毒传播途径如图1-1所示。

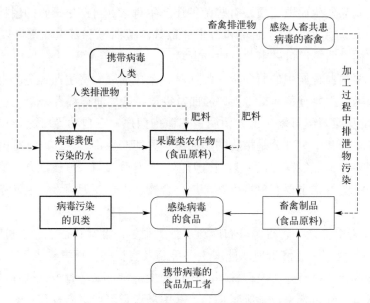

图1-1　食物链中食源性病毒传播途径

食品被病毒污染的方式可分为：原发性污染，即动物性食品包括家畜肉类、乳品、鸡蛋等和水生贝类在屠宰和制作前可能受到病毒的污染；继发性污染，主要是在食品加工过程或餐馆和家庭储备中造成的污染。病毒虽不能在食品中繁殖，但食品通常给病毒的存在提供了一个很好的条件。

致病的食源性病毒能够从两个不同的途径进入食物链，即人类和动物。甲型肝炎病毒和可以感染人类的诺如病毒都来源于人类本身。由于污染的肥料或者污水以及未经充分处理的灌溉用水的使用，使得水果和蔬菜等新鲜食物在农场的生长或收获过程中就有可能被污染。因此食用未经烹饪的生水果或蔬菜随后可能会引起食源性病毒的暴发。导致食源性病毒疾病的另一条途径是牡蛎、蛤和贻贝等贝类，这是由于其过滤性摄取食物的方式，可以将其生长环境中受污水污染的人类病原体浓缩并保持。

不同的病毒，其传播、感染的途径不同。例如，肝炎病毒主要是通过日常生活接触而经口传染，亦可由输入带有病毒的血液或血液制品而传染；输血、输液、预防接种、肌内注射时，注射器、针头等器具污染病毒而未彻底消毒，食品从业人员感染肝炎病毒未及时调离，食具消毒不严，食物或水源被病毒污染，也会造成肝炎病毒的感染传播，甚至大面积爆发。禽流感病毒的传播途径有以下3种，一是经过呼吸道飞沫与空气传播，病禽咳嗽和鸡叫时喷射出带有禽流感病毒的飞沫在空气中飘浮，人吸入呼吸道被感染发生禽流感。二是经过消化道感染。进食病禽的肉、病禽的蛋及其制品，病禽污染的水、食物，用病禽污染的食具、饮具，或用被污染的手拿东西吃，受到传染而发病。三是经过损伤的皮肤和眼结膜，容易感染禽流感病毒而发病。

污染也可能发生在食品加工完成之后，比如食品在准备和处理时受到携带病毒的食品加工者污染。在食品加工过程中大约有9.2%的感染病毒颗粒从携带者手上转移到了食品上。

（3）常见的食源性病毒

① 禽流感病毒。禽流感病毒是一种分节单股负链RNA病毒，是禽流感病的病原体，属于正黏病毒科流感病毒属的甲型流感病毒。呈多形性，其中球形直径为80～120nm，有囊膜。

② 诺如病毒，又称诺瓦克病毒，属于人类杯状病毒科诺如病毒属，是一组形态相似、抗原性略有不同的病毒颗粒。

诺如病毒为无包膜单股正链RNA病毒，二十面体结构，病毒粒子直径27～40nm。诺如病毒具有较强的耐受性，在0～60℃可存活，在室温下能耐受pH值2.7的环境下3h，在4℃ 20%的乙醚中可存活18 h，在普通饮用水（游离氯0.5～1.0mg/L）中不被灭活，但可被10 mg/L氯的水溶液灭活。

③ 甲肝病毒即甲型肝炎病毒，为甲型肝炎的病原，污染水源及水生贝类，可引起暴发性、流行性病毒性肝炎，是一种烈性肠道传染病，以损害肝脏为主，严重危害人类健康。甲肝病毒属于微小RNA病毒科嗜肝病毒属，为单股正链RNA，无包膜，球形颗粒，直径27nm。

④ 口蹄疫病毒是急性有高度传染性的人兽共患疾病——口蹄疫病的感染病毒。口蹄疫的临床特征是口腔（舌、唇、颊、龈、腭）黏膜和乳房的皮肤上形成的水疱和糜烂。世界动物卫生组织将口蹄疫列为A类动物传染病，中国把它列为"进境动物检疫一类传染病"。口蹄疫病毒属于小RNA病毒科，正二十面体结构，直径20～30nm，无包膜。

⑤ 轮状病毒是引起婴幼儿腹泻的主要病原体之一，是人类、哺乳动物和鸟类腹泻的重要病原体。

轮状病毒属于呼肠孤病毒科轮状病毒属，是双股RNA病毒。以两种形式存在：一种是含有完整外壳的实心光滑型颗粒，直径为70～75nm，另一种是不含外壳且仅含有内壳的粗糙型颗粒，直径为50～60nm，实心颗粒具有传染性。轮状病毒对理化因素有一定的抵抗力，耐乙醚和弱酸，在-20℃可以长期保存，56℃ 1h可被灭活。

4. 寄生虫污染对食品安全的影响

（1）食源性寄生虫 寄生虫是指专营寄生生活的动物，其中通过食品感染人体的寄生虫称为食源性寄生虫，主要包括原虫、节肢动物、蠕虫（包括吸虫、绦虫和线虫）。寄生关系是一种生物生活在另一生物的体表或体内，使后者受到危害，受到危害的生物称为宿主或寄主，寄生的生物称为寄生物或寄生体。寄生物从宿主中获得营养、生长繁殖并使宿主受到损害，甚至死亡。寄生虫特征为在宿主或寄主体内或附着于体外以获取维持其生存、发育或者繁殖所需的营养或者庇护的一切生物。寄生虫可以改变寄主的行为，以达到自身更好地繁殖生存的目的。人类若感染一些寄生在脑部的寄生虫，如终生寄生在脑部的弓形虫，反应能力会降低。

寄生虫在完成生活史的过程中，有的是幼虫在外界可直接发育至感染期而感染人体，称为直接型生活史；另一些需要中间宿主或媒介昆虫宿主，即虫体只有在中间宿主或媒介昆虫体内发育至感染阶段后才能感染人体，称为间接型生活史，部分寄生虫甚至需要两个宿主才能完成生活史（图1-2）。寄生虫与宿主的关系异常复杂，任何一个因素既不能看作是孤立的，也不宜过分强调，了解寄生关系的实质及寄生虫与宿主的相互影响是认识寄生虫病发生发展规律的基础，是寄生虫病防治的根据。

寄生虫通过多种途径污染食品和饮用水，经口进入人体，引起人的食源性寄生虫病的发生和流行，特别是能在脊椎动物与人之间自然传播和感染，发生人畜共患寄生虫病，对人类健康危害很大。

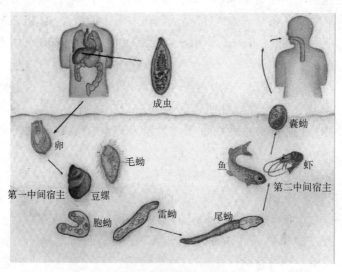

图1-2 寄生虫的传播途径

（2）食源性寄生虫病 食源性寄生虫病是指进食生鲜或未经彻底加热的含有寄生虫虫卵或幼虫的食品或水而感染的一类疾病的总称。目前我国食源性寄生虫病的流行趋势为从农村向城市转移；"南病北移"且种类增多；人兽共患寄生虫病不断增加；新现和再现食源性寄生虫病增加。

食源性寄生虫病的暴发流行与食物有关，病人在近期食用过相同的食物；发病集中，短期内可能有多人发病（如隐孢子虫病和贾第虫病）；病人具有相似的临床症状；寄生虫病流行具有以下特点：

① 地方性：指某种疾病在某一地区经常发生，无须自外地输入。

② 季节性：由于温度、相对湿度、雨量、光照等气候条件会对寄生虫及其中间宿主和媒介节肢动物种群数量的消长产生影响，因此寄生虫病的流行往往呈现出明显的季节性。

③ 传染性：寄生虫病可在人与人、人与动物及动物与动物之间传播。

④ 自然疫源性：有些人体寄生虫病可以在人和动物之间自然地传播，这些寄生虫病称为人兽共患寄生虫病。

（3）食品的寄生虫污染 食物在环境中有可能被寄生虫和寄生虫卵污染，如某些水果、蔬菜的外表面可被钩虫及其虫卵污染，食之可引起钩虫在人体寄生；猪、牛等家畜体内有时寄生有绦虫，人食用了带有绦虫包囊的肉，可染上绦虫病；某些水产品是肝吸虫等寄生虫的中间宿主，食用这些带有寄生虫的水产品也可造成食源性寄生虫病。食源性寄生虫病是由摄入含有寄生虫幼虫或虫卵的生的或未经彻底加热的食品引起的一类疾病，严重危害人的健康和生命安全。

寄生虫污染食品（图1-3）的主要途径有以下几条。

① 经水传播：不少寄生虫是经水而进入人体的。水源如被某些寄生虫的感染期虫卵或幼虫污染，人则可因饮水或接触疫水而感染，如饮用含血吸虫尾蚴的疫水可感染血吸虫。经饮水传播的寄生虫病具有病例分布与供水范围一致，不同年龄、性别、职业者均可发病等特点。

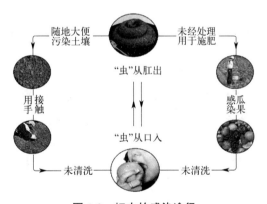

图1-3 蛔虫的感染途径

② 经食物传播：很多动物性食品中携带有寄生虫病原体，由于不良饮食习惯，造成病原体进入人体，引起食源性寄生虫病，如生食或半生食含感染期幼虫的猪肉可感染猪带绦虫、旋毛虫。另外我国不少地区均以人粪作为肥料，粪便中的感染期虫卵污染蔬菜、水果等是常见的传播途径。因此生食蔬菜或未洗净、削皮的水果等食品常成为某些寄生虫病传播的重要方式。

③ 经空气（飞沫）传播：有些寄生虫的感染期卵可借助空气或飞沫传播，如蛲虫卵可在空气中飘浮，并可随呼吸进入人体而引起感染。

④ 经节肢动物传播：某些节肢动物在寄生虫病传播中起着特殊而重要的作用，如蚊传播疟疾和丝虫病、白蛉传播黑热病等。

⑤ 经人体直接传播：有些寄生虫可通过人与人之间的直接接触而传播，如疥螨可由直接接触患者皮肤而传播。寄生虫进入人体的常见途径有：经口感染，如蛔虫、鞭虫、蛲虫等；经皮肤感染，如钩虫、血吸虫等；经胎盘感染，如弓形虫、疟原虫等；经呼吸道感染，如蛲虫、棘阿米巴等；经输血感染，如疟原虫等。

⑥ 经土壤传播：有些直接发育型的线虫，如蛔虫、鞭虫、钩虫等的卵需在土壤中发育为感染性卵或幼虫，因此人体感染与接触土壤有关。有的寄生虫卵对外界环境有很强抵抗力，如蛔虫卵能在浅层土壤中生存数年。

根据寄生虫病的流行传播特征，相对应采取的防治措施有如下方面。

① 控制与消灭传染源：由于市场开放，肉类、鱼类等食品供应渠道增加，疫区鱼类、活畜及畜产品大量流入非疫区，加上风行的生、冷猎奇的饮食方式，食源性寄生虫感染率不断上升。查治患者（包括带虫者）和病畜，控制流行区传染源的输入和扩散，是防止食品寄生虫污染的首要任务。

② 切断传播途径：切断寄生虫的生活史，包括杀灭媒介节肢动物和中间宿主，加强饮食卫生和环境卫生，做好粪便管理和水源管理等。要根据不同寄生虫的生活史特点，采取针对性有效措施，以阻断传播。

③ 改变生活方式和饮食习惯：不同地区的民族的一些特有的生活方式和饮食习惯是造成我国一些食源性寄生虫病严重流行的主要原因之一，如吃鱼片、醉蟹、生的动物血、生肉等均可能感染寄生虫而生病。饮用生水、饭前便后不洗手、喜吃凉菜生菜可能感染姜片吸虫病、肺吸虫病等。饲养宠物也会使患人兽共患疾病（狂犬病）和食源性寄生虫病（弓形虫病）等的概率增高。外出就餐增加的同时也增加了人们感染食源性寄生虫病的危险。

④ 防止交叉污染：操作食品时未严格做到生熟分开，如切肉及内脏的刀或砧板污染了猪带绦虫囊、牛带绦虫囊等，再切熟肉或凉菜，也可能成为感染这些寄生虫病的原因之一。采用生饲料的饲养方式虽然可提高畜禽的营养水平和饲料利用率，但同时也增加了畜禽感染寄生虫的风险。

⑤ 保护易感者：气候、地理环境对生物物种有着明显的作用。地理环境影响中间宿主的滋生与分布，自然因素对保虫宿主也有着明显的影响，一旦生态环境改变，寄生虫病就可能蔓延。近年来，不断有外出务工人员、学生和旅游者感染异地流行的食源性寄生虫病的报道。加强宣传教育，普及卫生知识，纠正不良习俗，注意个人与集体防护，特别要提高防病意识，以防止寄生虫病的感染。

食品的化学性危害

二、化学性污染

化学性污染指化学物质对食品的污染，食品中的化学危害包括食品原料中天然有毒物质、农药残留、兽药残留、食品加工过程中重金属等污染、添加或化学反应产生的各种有害化学物质。

1. 农药残留

农药是指用于预防、消灭或者控制危害农业、林业的病、虫、草和其他有害生物,以及有目的地调节植物、昆虫生长的化学合成的,或者来源于生物、其他天然物质的一种物质或者几种物质的混合物及其制剂。

(1) 食品中农药残留的来源 农药残留是指农药使用后残存于生物体、环境和食品中的农药母体、衍生物、代谢物、降解物和杂质的总称,残留的数量称为残留量,单位是 mg/kg(食品或食品农作物)。

食品中残留的农药主要来源(图1-4)有以下几方面。

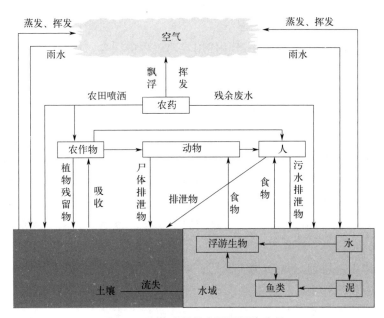

图 1-4 农药残留的来源及污染途径

① 直接污染:农药直接喷洒于农作物的茎、叶、花和果实等表面,一部分黏附于农作物表面,然后分解;另一部分被作物吸收进入植物内部,经过生理作用转运到植物的茎、叶、花和果实,代谢后残留于农作物中,尤其以皮、壳和根茎部的农药残留量高。大剂量滥用农药,造成食用农产品中农药残留,进而造成农产品污染。农产品在最后一次施用农药到收获上市之间的最短时间称为农药安全间隔期。在此期间,多数农药会逐渐分解而使农药残留量达到安全标准,不再对人体健康造成威胁,间隔期越短,残留量越高。在食品贮藏中,为了防治其霉变、腐烂或植物发芽,施用药品造成食用农产品直接污染。如在粮食贮藏中使用熏蒸杀菌剂,马铃薯、洋葱和大蒜用抑芽剂等,均可导致这些食品中农药残留。

② 间接污染:指农作物从污染的土壤、水体、大气中吸收农药残留于食品原料中。将农药施于农田、草场和森林后,有40%~60%的农药降落至土壤中,5%~30%扩散于大气中,这些环境中残留的农药随时间的增长和使用量的增加逐渐积累,土壤、水中的农药可通过作物根系吸收而进入植物组织内部和果实中,空气中的农药则通过雨水对土壤和水造成污染,再间接污染食用农产品,致使农产品、畜产品和水产品出现农药残留问题。另外,有些性质稳定、半衰期长的农药可在土壤中残留较长时间,如我国于1983年就全面禁止生产六六六、

DDT，但其影响至今尚未消除。

③ 食物链污染：农药污染环境后，经过食物链传递时，可发生生物富集、生物积累、生物放大，致使农药的轻微污染造成食品中农药的高浓度残留。如水中农药到浮游生物再到水产动物，水产动物可能成为高浓度农药残留的食品。藻类对农药的富集系数可达500倍，鱼贝类可达2000～3000倍，而食鱼的水鸟对农药的富集系数在10万倍以上。

④ 其他途径污染：在食品加工、运输及贮存过程中，出现交叉污染现象，可能造成农药对食品的污染，如使用被农药污染的容器，运输及贮存过程中食品与农药混放等。各种驱虫剂、灭蚊剂和杀蟑螂剂在食品工厂、家庭、公共场所等地方的使用可能造成非农用杀虫剂污染。意外事故和人为投毒也可能是农药污染的途径。

（2）食品中农药残留对人体的危害

① 急性中毒：急性中毒主要由生产和使用农药过程中误食、误服农药，或者食用喷洒了高毒农药不久的蔬菜和瓜果，或者食用因农药中毒而死亡的畜禽肉和水产品而引起。中毒后常出现神经系统功能紊乱和胃肠道症状，严重时会危及生命。

② 慢性中毒：长期食用农药残留超标的农产品或食品，虽不会引起消费者急性中毒，但会导致农药在体内累积而引发慢性中毒。进入人体的农药能否长期累积在人体内，取决于农药的脂溶性和在人体内代谢的快慢。目前使用的绝大多数有机合成农药都是脂溶性的，易残留于食品原料中，若长期食用农药残留量较高的食品，农药则会在人体内逐渐蓄积，可损害人体的神经系统、内分泌系统、生殖系统、肝脏和肾脏，引起结膜炎、皮肤病、不育、贫血等疾病。这种中毒过程较为缓慢，症状短时间内不明显，容易被人们所忽视，而其潜在的危害性很大。

③ "三致"作用：目前通过动物实验已证明，有些农药具有致癌、致畸和致突变作用，或者具有潜在"三致"作用。

（3）控制食品农药残留的措施　食品中农药残留对人体健康的损害是不容忽视的，为了确保食品安全，必须采取正确对策和综合防治措施，防止食品中农药残留。

① 加强农药管理，实施农药管理的法治化和规范化，加强农药生产和经营管理。我国颁布了《中华人民共和国农药管理条例》（2017年修订版），规定了农药的登记和监督管理工作，并实行农药登记制度、农药生产许可证制度、产品检验合格证制度和农药经营许可证制度。未经登记的农药不准用于生产、进口、销售和使用。

② 合理安全使用农药，根据农药的性质严格控制使用范围，严格掌握用药浓度、用药量、用药次数等，严格控制作物收获前最后一次施药的安全间隔期，使农药进入农副产品的残留尽可能减少。

③ 采取措施阻碍农药在环境和食物链中的转移污染，减少农药的生物富集、生物累积、生物放大，不使用农药残留量大的饲料喂养畜禽，防止和减少农药在生物体内的蓄积，可使肉、蛋、乳产品中农药残留量大大减少。加强农药在贮藏和运输中的管理工作，防止农药污染食品，或者被人畜误食而中毒。

④ 制定和完善农药残留限量标准，加强农药残留的检测。研究和推广农药残留的快速检测技术，使人们能准确、及时地了解农药残留的状况，以便将农药残留置于公众监督之下。

⑤ 积极研制和推广使用低毒、低残留、高效的农药新品种，尤其是开发和利用生物农

药,逐步取代高毒、高残留的化学农药。

⑥ 食品在加工生产中及农产品在食用前和烹调时,使用水洗、浸泡、碱洗、去皮、贮藏、蒸煮、生物酶等手段处理,不同程度地降低农产品中农药的残留量。

⑦ 在农业生产中,应采用病虫害综合防治措施,大力提倡生物防治。进一步加强环境中农药残留监测工作,健全农田环境监控体系,防止农药经环境或食物链污染食品和饮水。大力发展无公害食品、绿色食品和有机食品,开展食品卫生宣传教育,增强生产者、经营者和消费者的食品安全知识储备,严防食品中农药残留对人体健康和生命的危害。

2. 兽药残留

兽药是指用于预防、治疗、诊断动物疾病或者有目的地调节动物生理机能的物质(含药物饲料添加剂)。兽药主要包括:血清制品、疫苗、诊断制品、微生态制品、中药材、中成药、化学药品、抗生素、生化药品、放射性药品及外用杀虫剂、消毒剂等。

兽药残留是"兽药在动物源食品中的残留"的简称,是指动物产品的任何可食部分所含兽药的母体化合物及(或)其代谢物,以及与兽药有关的杂质。所以,兽药残留既包括原药,也包括药物在动物体内的代谢产物和兽药生产中所伴生的杂质。在《食品安全国家标准 食品中兽药最大残留限量》(GB 31650—2019)中兽药残留定义为"对食品动物用药后,动物产品的任何可食用部分中所有与药物有关的物质的残留,包括药物原型或/和其代谢产物"。

在动物源食品中较容易引起兽药残留量超标的兽药主要有抗生素类、磺胺类、硝基呋喃类、抗寄生虫类和激素类药物。

(1) 食品中兽药残留的来源 畜、禽、鱼等动物的饲养多采用集约化生产,在集约化饲养条件下,由于密度高,疾病极易蔓延,致用药频率增加;同时,由于改善营养和防病的需要,必然要在天然饲料中加入饲料添加剂来改善饲喂效果。这些饲料添加剂的主要作用包括完善饲料的营养特性、提高饲料的报酬、促进动物生长和预防疾病、减少饲料在贮存期间的营养物质损失以及改进畜、禽、鱼等产品的某些品质。饲料添加剂中的兽药则会残留于动物组织中,造成动物性食品原料中的兽药残留。动物性食品中残留兽药的来源(图1-5)主要有:在防治畜禽疾病过程中不严格遵守兽药的使用对象、使用期限、使用剂量以及休药期等规定,长期或超标准使用、滥用药物,导致兽药残留;在饲喂畜禽过程中,滥用兽药及其他违禁药品,尤其是把一些抗生素类及激素类药物作为畜禽饲料添加剂使用,企图达到既能预防和治疗许多病原微生物感染引起的疾病,又能促进动物生长的目的而导致的兽药残留;部分食品生产者在加工贮藏过程中,非法使用抗生素以达到灭菌、延长食品保藏期的目的,也可导致兽药在食品中残留。

动物用药后,其体内可能存在兽药的两类残留:第一类是以游离或结合形式存在的原药及其主要代谢物,除高亲脂性化合物外,其他化合物因代谢和排泄快,不会在动物体内蓄积。但这些物质可能具有毒性作用,而且被人摄入后在体内可能生成高度活化的中间产物(亲电子基团、自由基等),因而对消费者具有潜在的危害性。第二类是共价结合的代谢物,因其从机体排出相对较慢,它们的存在对动物有潜在的毒性作用。由于这类结合残留物在人体内不可能再活化,其生物利用率和含量均较低,因此可能对于消费者只表现出很低的毒作用。

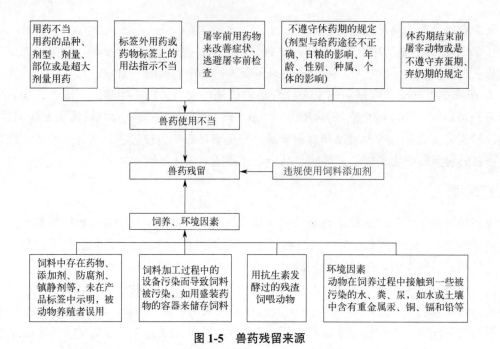

图 1-5　兽药残留来源

一般进入动物体内的兽药，代谢和排出体外的量与时间的推移呈正相关，即兽药在动物体内的浓度随时间的延长逐渐降低。兽药在食用动物不同器官和组织中的含量也不同，对兽药有代谢作用的脏器，如肝、肾，兽药的浓度相对较高。

（2）食品中兽药残留对人体的危害　食品中残留的兽药被吸收进入人体后，大部分药物可通过各种代谢途径，由粪便排出体外；另一部分药物则分布到全身各个器官，但在内脏器官尤其是肝脏内分布较多，而在肌肉和脂肪中分布较少，这些药物可对人体健康造成多重危害，主要表现在以下几点。

① 毒性作用：人长期摄入含残留兽药的动物性食品后，药物不断在体内蓄积，当浓度达到一定量后，就会对人体产生毒性作用。大多数药物残留会产生慢性中毒作用，但由于某些药物毒性大或药理作用强，再加上对添加兽药没有严格的控制，部分人由于食入药物残留超标的动物组织而发生急性中毒。

② 过敏反应和变态反应：经常食用一些含低剂量抗菌药物残留的食品能使易感的个体出现过敏反应，这些药物包括青霉素、四环素、磺胺类药物及某些氨基糖苷类抗生素等。它们具有抗原性，刺激机体内抗体的形成，造成过敏反应，严重者可引起休克，短时间内出现血压下降、皮疹、喉头水肿、呼吸困难等严重症状。

③ 细菌耐药性：经常食用含抗菌药物残留的动物性食品，体内敏感菌株将受到选择性的抑制，一方面具有耐药性的能引起人畜共患病的病原菌大量增加，另一方面带有药物抗性的耐药因子可传递给人类病原菌，当人体发生疾病时，就给临床治疗带来很大的困难。耐药菌株感染往往会延误正常的治疗过程。大量、频繁地使用抗生素，可使动物机体中的耐药致病菌很容易感染人类；而且抗生素药物残留可使人体中细菌产生耐药性，扰乱人体微生态而产生各种毒副作用。

④ 菌群失调：在正常条件下，人体肠道内的菌群在多年共同进化过程中与人体能相互适

应，对人体健康产生有益的作用。但是，过多应用药物会使这种平衡发生紊乱，造成一些非致病菌的死亡，使菌群的平衡失调，从而导致长期的腹泻或引起维生素的缺乏等反应，造成对人体的危害。菌群失调还容易造成病原菌的交替感染，使得具有选择性作用的抗生素及其他化学药物失去效果。

⑤ "三致"作用：苯并咪唑类药物是兽医临床上常用的广谱抗蠕虫病的药物，可持久地残留于肝内并对动物具有潜在的致畸性和致突变性。另外，残留于食品中的丁苯咪唑、苯咪唑和苯硫氨酯具有致畸作用，氯羟吡啶、雌激素则具有致癌作用。

⑥ 激素的副作用：激素类物质虽有很强的作用效果，但也会带来很大的副作用。人们长期食用含低剂量激素的动物性食品，由于积累效应，有可能干扰人体的激素分泌体系和身体正常机能，特别是类固醇类和 β- 兴奋剂类在体内不易代谢，其残留对食品安全威胁很大。

3. 食品添加剂

食品添加剂是指为改善食品品质和色、香、味及为防腐、保鲜和加工工艺的需要而加入食品中的人工合成或者天然物质。在《中华人民共和国食品安全法》中，强调包括营养强化剂。在《食品安全国家标准 食品添加剂使用标准》（GB 2760—2014）中强调食品用香料、胶基糖果中基础剂物质、食品工业用加工助剂也包括在内。

（1）**食品添加剂的安全性** 食品添加剂除具有有益作用外，也可能有一定的危害性，与其有效浓度或剂量、作用时间及次数、接触途径与部位、物质的相互作用与机体的机能状态等条件有关。物质的毒性大小用"半致死率（LD_{50}）"来表示，其值越小，物质的毒性越高，即用较小剂量即可造成毒害。因此不论其毒性强弱或剂量大小，对机体都有一个剂量—效应关系的问题，即只有达到一定浓度和剂量水平，才能显示其毒害作用。所以，所谓毒性是相对而言的，只要在一定的条件下使用时不呈现毒性，即可相对地认为对机体是无害的。

我国目前使用的食品添加剂都有充分的毒理学评价，并且符合食用级质量标准，因此只要其使用范围、使用方法与使用量符合食品添加剂使用卫生标准，一般来说其使用的安全性是有保证的。

（2）**食品添加剂的使用及存在的问题** 随着食品工业的发展，食品的品种越来越多，追求的色、香、味、形、营养等质量越来越高，在食品加工过程中使用的添加剂数量和种类也就越来越多。因此食品添加剂的安全使用就极为重要，在使用食品添加剂时注意以下要求。

① 不应对人体产生任何健康危害：各种食品添加剂都必须经过一定的安全性毒理学评价。在食品的生产、经营中，使用食品添加剂应符合食品添加剂使用标准，在《食品安全国家标准 食品添加剂使用标准》（GB 2760—2014）中规定了食品添加剂的使用原则、允许使用的食品添加剂品种、使用范围及最大使用量或残留量。

② 不应掩盖食品腐败变质：食品添加剂应有助于食品的生产、加工和贮存等过程，防止腐败变质，改善感官性状和提高产品质量等，而不得影响食品的质量和风味，不得掩盖食品的腐败变质。

③ 不应掩盖食品本身或加工过程中的质量缺陷或以掺杂、掺假、伪造为目的而使用食品添加剂：选用的食品添加剂应符合相应的质量指标，用于食品后不得分解产生有毒物质，用后能被分析鉴定出来。

④ 不应降低食品本身的营养价值：食品添加剂应有助于保持或提高食品本身的营养价值，而不应破坏食品的营养素，降低食品的营养价值。食品添加剂可作为某些特殊膳食用食品的必要配料或成分。

⑤ 在达到预期效果的前提下尽可能降低在食品中的使用量：鉴于有些食品添加剂具有一定毒性，应尽可能不用或少用，必须使用时应严格控制使用范围及使用量。

⑥ 可按照标准使用食品添加剂：以便于食品的生产、加工、包装、运输或者贮藏。选用食品添加剂时还要考虑价格低廉，使用方便、安全，易于贮存、运输和处理等因素。

一些食品和餐饮企业法律意识淡薄、道德缺失，不按照相关规定使用食品添加剂，对食品安全造成了一定的影响。食品添加剂使用中存在的问题主要体现在以下几方面。

① 使用非食品添加剂：是指在食品中将化工原料或药物当成食品添加剂使用，如"三聚氰胺毒奶粉事件"在奶粉中添加的三聚氰胺；辣椒酱及其制品、肯德基、红心鸭蛋等产品中添加的苏丹红；工业用火碱、过氧化氢和甲醛处理水发食品；在面条、米粉中添加用于漂白的吊白块（次硫酸氢钠甲醛）。

② 超限量使用食品添加剂：按照国家标准使用食品添加剂是安全的，但如果使用量超标，不但造成产品质量不合格，而且会对人体健康产生影响。多次在产品中检测出超标的苯甲酸钠或山梨酸钾，有些企业只为追求产品不变质而提高防腐剂的加入量，不能严格按标准规定的最大使用量控制添加量，而造成过量使用添加剂。

③ 超范围使用食品添加剂：在食品添加剂使用标准中不仅规定了食品添加剂的最大使用量，还规定了每一种添加剂的使用范围，不在规定范围内的食品不能使用这种添加剂。例如，柠檬黄是一种允许在膨化食品、冰激凌、果汁饮料等食品中使用的食品添加剂，但不允许在面制品中使用。

④ 产品标识不符合规定：《食品安全国家标准 预包装食品标签通则》（GB 7718—2011）中规定食品添加剂应当标示其在 GB 2760 中的食品添加剂通用名称。食品添加剂通用名称可以标示为食品添加剂的具体名称，也可标示为食品添加剂的功能类别名称并同时标示食品添加剂的具体名称或国际编码（INS 号）。有些食品生产企业不如实标示添加的食品添加剂，却宣传"不含任何食品添加剂""纯天然"等字样欺骗、误导消费者。有些食品生产企业在产品包装配料表中只是标注食品添加剂的类别，却不标明具体品种，有的在产品不明显的地方用很小的字体标示。这些行为等于剥夺了消费者的知情权和选择权，侵害了消费者的权益。

⑤ 使用过期或变质的食品添加剂：食品添加剂作为添加到食品中的物质，具有一定的保质期，只有在保质期内使用，其才有一定的功效，如果使用过期或者变质的食品添加剂，不但起不到预期效果，甚至还会因为在贮藏过程中可能发生的化学反应而产生有毒有害物质，影响人体健康。但是有些企业为了降低成本，以次充好，粗制滥造，这样生产的产品明显是对人体健康有危害的。

⑥ 使用国家标准不允许使用的食品添加剂：有些食品添加剂是国际标准或发达国家允许使用的，而我国并未批准使用，如过氧化苯甲酰（面粉增白剂）在国际标准及美国、加拿大、澳大利亚、新西兰标准中都可以使用，而我国已经禁用。焦糖色，我国不允许用于面包，而欧盟是允许用于麦芽面包中的。国际标准允许 TBHQ（抗氧化剂）用于食用冰，我国则不允

许使用。

4. 有害有机物

人类生产和生活的各个方面使用着大量的有机化合物，这些物质在使用后被有意或无意地排放到环境中转化为有毒有害物质，或在生物体内蓄积，或通过各种途径进入人体，对人体健康造成危害。影响食品安全的有机污染物主要有 N-亚硝基化合物、多环芳烃、杂环胺、丙烯酰胺等。

（1）N-亚硝基化合物　N-亚硝基化合物种类很多，基本结构为 =N—N=O，根据分子结构的不同，N-亚硝基化合物可分为 N-亚硝胺和 N-亚硝酰胺两大类，是亚硝酸与胺类特别是仲胺合成的一大类化学物质。

亚硝酰胺的化学性质活泼，在酸性和碱性条件中均不稳定。在酸性条件下，分解为相应的酰胺和亚硝酸，在弱酸条件下主要经重氮甲酸酯重排，放出 N_2 和羟酸酯；在碱性条件下亚硝酰胺可迅速分解为重氮烷。在紫外线作用下也可发生分解反应。由于亚硝酰胺的化学性质极其活泼，因此在自然界中存在的 N-亚硝基化合物主要是亚硝胺类。

自然界存在的 N-亚硝基化合物并不多，但其前体物质亚硝酸盐和胺类化合物却普遍存在，亚硝酸盐与胺在人体内或体外合适的条件下通过化合反应可生成 N-亚硝基化合物。由于硝酸盐可以在硝酸盐还原菌的作用下转化为亚硝酸盐，所以也将硝酸盐划入 N-亚硝基化合物的前体。

人体中 N-亚硝基化合物的来源有两种，一是由食物摄入，二是体内合成。无论是食物中的亚硝胺，还是体内合成的亚硝胺，其合成的前体物质都离不开亚硝酸盐和胺类，因此减少亚硝酸盐的摄入是预防亚硝基化合物危害的有效措施。其控制措施主要有以下几种。

① 防止食物霉变及其他微生物的污染，防止食品腐败变质而产生亚硝酸盐及仲胺。

② 控制食品加工中硝酸盐及亚硝酸盐的使用量。

③ 改进食品贮藏及加工方法，如采用低温贮藏、延长腌制时间、采用间接加热等减少亚硝胺的形成。

④ 利用阻断剂（如维生素 C、多酚类物质、大蒜素等）阻止食品中胺类与亚硝酸盐反应，以减少亚硝胺的合成。

⑤ 合理使用肥料，适当使用钼肥可降低蔬菜、水果中的硝酸盐和亚硝酸盐含量。

（2）**多环芳烃**　多环芳烃（PAHs）是指由两个或两个以上苯环连在一起所构成的化合物，如联苯、三联苯、萘、蒽、菲、苯并[a]芘等。多环芳烃随其分子量和结构的不同而具有不同的物理和化学性质。在室温下，所有的多环芳烃皆为固体，并具有高沸点、高熔点和蒸气压低等特点，易溶于苯、石油醚等有机溶剂。由于苯并[a]芘致癌性强、分布广、性质稳定，与其他多环芳烃又有一定的相关性，因此，常将苯并[a]芘作为多环芳烃类化合物的代表。

苯并[a]芘常温下为针状结晶，颜色浅黄，性质稳定，沸点 310～312℃，熔点 178℃，在水中溶解度为 0.5～6μg/L，稍溶于甲醇和乙醇，溶于苯、甲苯、二甲苯和环己烷等有机溶剂中。日光和荧光都可使苯并[a]芘发生光氧化作用，臭氧也可使之氧化。

自然环境中的多环芳烃含量极微,主要是由煤、石油、木材及有机高分子化合物的不完全燃烧产生的,食品中多环芳烃化合物主要来源于以下几个方面。

① 食品加工过程中形成的:烟熏食品时的熏烟中含有大量多环芳烃,也包括苯并[a]芘;烧烤时滴于火上的油脂焦化时发生热聚合反应形成苯并[a]芘而附着于食品表面;高温烹调时,油脂因高温裂解产生自由基,并发生热聚合生成苯并[a]芘。

② 包装材料污染:包装材料上的油墨和不纯的液状石蜡中含有多环芳烃,如果食品接触到未干的油墨和不合格的包装材料则会被多环芳烃污染。

③ 环境污染:大气、水和土壤如果含有多环芳烃,则可污染粮食作物、蔬菜和水果等食品原料,而带入食品中。

④ 意外污染:食品加工所使用机械设备中使用的机油发生遗漏,则可能污染到食品,而使食品受到多环芳烃的污染。

多环芳烃很容易吸收太阳光中可见光区和紫外光区的光,对紫外辐射引起的光化学反应尤为敏感。试验表明,同时暴露于多环芳烃和紫外线照射下会加速具有损伤细胞组成能力的自由基形成,破坏细胞膜,损伤DNA,从而引起人体细胞遗传信息发生突变。控制和预防多环芳烃的措施如下。

① 改进食品加工烹调方法:尽量少用熏、炸、炒等方式;熏制和烘烤食品时,避免食品直接接触炭火,使用熏烟洗净器或冷熏液;防止润滑油对食品的污染。

② 去除食品中的多环芳烃物质:对已经被多环芳烃污染的食品,可采取去毒措施。例如油脂可采用活性炭吸附去除多环芳烃;蔬菜水果可用清洗剂洗涤去除部分多环芳烃的污染;阳光和紫外线照射可使食品中多环芳烃含量降低。

③ 减少环境污染:尽量使用天然气或以燃油代替燃煤,从而减少环境对食品的污染;控制环境中的污染源是解决食品中苯并[a]芘等致癌性多环芳烃污染的根本途径。

（3）杂环胺　杂环胺具有共同的结构特点,即含有2~5个芳香环,在芳香环上至少含有一个氮原子,在环外均连有一个氨基。杂环胺主要引起致突变和致癌,有较强的致突变性,并能引发啮齿动物及灵长类动物肝脏、乳腺、结肠等多种器官肿瘤。食物中的杂环胺主要包括氨基咪唑氮杂芳烃（AIAs）和氨基咔啉类（ACS）两大类。氨基咪唑氮杂芳烃包括喹啉类、喹喔啉类、吡啶类、苯并噁嗪类,这类化合物在225~250℃易降解或者与其他物质发生反应,属于极性杂环胺。氨基咔啉类包括α-咔啉、γ-咔啉和δ-咔啉,属于非极性杂环胺。

食物中的杂环胺类化合物主要产生于高温烹调加工过程中,尤其是含蛋白质丰富的食品。食品中的杂环胺形成主要受烹调方式、烹调温度、烹调时间和食品成分等因素的影响,随着烹调温度和烹调时间的增加,食品中杂环胺的含量将增加。

美拉德反应与杂环胺的产生有很大关系,该反应可产生的杂环物质多达160余种,其中一些可进一步反应生成杂环胺。由于不同的氨基酸在美拉德反应中生成杂环化合物的种类和数量不同,故最终生成的杂环胺也有较大差异。脂肪对于杂环胺的生成可能起着很重要的作用,高脂肪的肉类比低脂肪的肉类加热后产生的杂环胺要少。食品中的水分是杂环胺形成的抑制因素,故炖、焖、煨、煮及微波炉烹调等温度较低、水分较多的烹调方法产生杂环胺的量较少。

（4）丙烯酰胺 丙烯酰胺是一种不饱和酰胺，白色晶体，分子量为70.08，熔点84～85℃，沸点125℃，易溶于水、甲醇、乙醇、丙醇、二甲醚、丙酮等溶剂，稍溶于乙酸乙酯、氯仿，微溶于苯，室温和稀酸性条件下稳定。当处于熔点以上温度、氧化条件及在紫外线的作用下，很容易发生聚合反应；遇碱水解成丙烯酸；当加热溶解时，可释放出强烈的腐蚀性气体和氮氧化物。丙烯酰胺在动物和人体均可代谢转化为致癌活性产物环氧丙酰胺。

丙烯酰胺，主要是由游离天冬氨酸（马铃薯和谷类中的代表性氨基酸）与还原糖发生美拉德反应而形成。食品加工中，主要在高糖、低蛋白质的植物性食物加热（120℃以上）烹调过程中形成丙烯酰胺，140～180℃为其生成的最佳温度，当加工温度较低时，丙烯酰胺的生成水平相当低。丙烯酰胺在食品加工中形成与以下因素有关：食品经过煎、炸、焙、烤等高温处理后容易产生丙烯酰胺，而经蒸、煮等处理丙烯酰胺生成较少；加工温度越高，丙烯酰胺生成越多，而温度在120℃以下，丙烯酰胺生成很少。丙烯酰胺生成量与高温处理持续的时间有关，随着时间的延长，丙烯酰胺的生成量增加；烘烤、油炸食品在烹调的最后阶段水分减少、表面温度升高后，其丙烯酰胺生成量更高；但咖啡除外，在焙烤后期丙烯酰胺的含量反而下降。加工原料中天冬酰胺和还原糖的含量与丙烯酰胺的生成有关，小麦粉是制作面包的主要原料，小麦粉中天冬酰胺浓度远低于还原糖，在小麦粉中增加天冬酰胺含量，制成的面包外壳中丙烯酰胺浓度大大升高；马铃薯中天冬酰胺浓度很高，利用天冬酰胺酶的酶解作用减少马铃薯中天冬酰胺含量，结果油炸后丙烯酰胺含量减少。

控制和预防丙烯酰胺的措施：改进食品的加工烹调方法，在煎、炸、烘、烤食品时，尽量避免温度过高或加热时间过长；提倡采用蒸、煮、煨等烹调方法；在加工过程中使用柠檬酸等有机酸以降低马铃薯的pH值，抑制丙烯酰胺的产生；加入含巯基的氨基酸或小肽如半胱氨酸、同型半胱氨酸、谷胱甘肽等促进丙烯酰胺的降解；采用真空油炸，降低油炸温度，尽量减少丙烯酰胺的产生。

5. 重金属

重金属污染指由重金属或其化合物造成的环境污染。其危害程度取决于重金属在环境、食品和生物体中存在的浓度和化学形态。重金属污染主要由采矿、废气排放、污水灌溉和使用重金属超标制品等人为因素所致。最引人关注的重金属污染主要是汞、镉、铅、铬以及类金属砷等。

（1）食品中重金属污染的来源（图1-6）

① 自然环境存在：有的地区因地理条件特殊，土壤、水或空气中本身存在有重金属元素，并且含量较高。在这些地区生存的动植物体内重金属元素的含量显著高于一般地区，其加工的食品中，重金属往往也有较高的含量。

② 工业"三废"的污染：工业废水、废渣不经处理或处理不彻底，直接或随雨水排入江、河、湖、海，水生生物通过食物链使重金属元素在体内逐级浓缩，由于生物具有富集作用，造成食品严重污染，如水中含汞量为0.01μg/L，而经过生物的逐级浓缩，可将其含量浓缩上百万倍。采用工业污水灌溉，往往因污水或污泥中重金属元素含量较高，施用后使土壤中重金属含量增多，作物可通过根部将其吸收浓缩于籽实中。工业"三废"造成土壤、水、空气的重金属物质通过食物链而进入到食品中，造成食品的重金属污染。

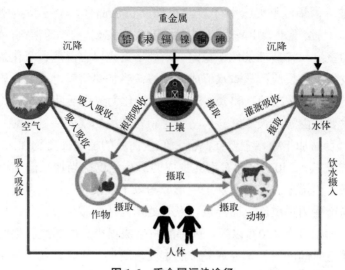

图 1-6 重金属污染途径

③ 利用被污染的食物作饲料：采用被污染的水产品、农作物、牧草等充作畜禽饲料，饲喂后重者引起中毒死亡，轻者则可使家禽、家畜的奶、蛋及其肉质遭受污染。人们摄食后，重金属物质又随食物转移于人的体内。

④ 食具容器、包装材料的污染：食品包装材料包括纸张、塑料、铝箔、马口铁、化纤、陶瓷、搪瓷、铝制品等，都含有有害金属，在一定条件下可成为食品的污染源。纸张在印刷时所用的油墨、颜料含有较多的铅；食具容器如陶瓷、搪瓷、铝制品等含有铅、砷、镉、锌、锑等存在溶出问题；罐头是由镀锡铁皮制成，当内层涂料不良时，由于内容物的腐蚀作用内壁和焊接处铅、锡等有害金属可溶出于食品中。

⑤ 食品生产加工和储运中的污染：食品在生产加工过程中，接触机械设备和各种管道如分解反应锅、白铁管、塑料管（有的用铅作稳定剂）、橡胶管等，在一定条件下其有害金属溶出成为食品的污染源。如有的酒厂生产蒸馏酒采用铅合金冷凝器，每千克酒中含铅量可达数十毫克。运输工具不洁而造成食品污染也常见，有些车、船装运过农药、化肥、矿石及其他化工原料后不加清扫或洗消不彻底，致使污染物散落在食品上，造成污染。

（2）重金属污染的危害

① 公害病：以各种化学状态或化学形态存在的重金属，在进入环境或生态系统后就会存留、积累和迁移，造成危害。例如随废水排出的重金属，即使浓度小，也可在藻类和底泥中积累，被鱼和贝的体表吸附，产生食物链浓缩，从而造成公害。日本的水俣病，就是因为烧碱制造工业排放的废水中含有汞，再经生物作用变成有机汞造成的；以及食用含镉大米引起的痛痛病；汽车尾气排放的铅经大气扩散等过程进入环境中，造成地表铅的浓度显著提高，致使人体内铅的吸收量增加了约 100 倍，损害了人体健康。

② 急、慢性中毒：铅、砷、汞等化学有害物质污染食品后，摄入一定量并超过机体解毒和生理代偿能力，可发生急、慢性中毒。

③ 致癌、致畸、致突变：食品中的重金属元素经消化道吸收，通过血液分布于体内组织和脏器，除了以原有形式为主外，还可以转变成具有较高毒性的化合物形式。多数重金属元

素在体内有蓄积性,可能产生致癌、致畸和致突变作用。例如六价铬,很容易通过消化道、呼吸道黏膜及皮肤侵入人体而具有致癌性。重金属元素可改变生物分子构象或高级结构。核苷酸负责贮存和传递遗传信息,一旦构象或结构发生变化,就可能引起严重后果,如致癌和先天性畸形。

三、物理性污染

物理性污染指食品生产加工过程中的杂质或放射性核素超过规定限量而对食品造成污染。

食品生产加工过程中的杂质包括各种可以称之为外来物质的、在食品消费过程中可能使人致病或致伤的、任何非正常的杂质。大多是由原材料、包装材料及在加工过程中由设备、操作人员等带来的一些外来物质,如玻璃碴、金属碎片、石头、塑料、木屑、鸟粪、小昆虫等。

1. 放射性物质污染对食品安全的影响

天然放射性物质在自然界中分布很广,存在于矿石、土壤、天然水、大气和动植物组织中,可以通过食物链进入食品中。一般认为,除非食品中的天然放射性物质的核素含量很高,其余基本不会影响食品安全。

放射性物质污染是指含有放射性物质的污染物污染了食品,食用被污染的食品就会造成内辐射,对人体危害极大。

在人类生活的环境中天然存在着一些放射性物质,主要来源于宇宙射线和环境中的放射性核素,包括土壤、岩石中含有的镭226、铷87、铀238等及其衰变产物。天然辐射源所产生未受人类活动影响的总电离辐射水平称为天然辐射本底,天然辐射本底一般不会给人造成不可接受的伤害,也不会给人类食物造成不可接受的污染。放射性物质污染主要来源于人类的一些活动,如矿藏开采、核武器的开发等。人类这些活动排放出放射性污染物若使环境的放射性水平高于天然本底或超过国家规定的标准,即为放射性污染。放射性污染物可能通过动植物富集而污染食品,进而对人类健康产生危害。

辐照食品是利用辐照灭菌保鲜技术生产的食品,其主要使用钴60、铯137等放射源产生γ射线对食品进行辐照处理,达到杀菌、杀虫、抑制蔬菜发芽、延迟果实后熟等目的。由于被辐照食品没有直接接触放射性同位素,因此不会造成放射性物质污染。同时,辐照技术与其他食品保藏方法相比有其独特的优势,辐照技术是对传统的食品加工和贮藏技术的重要补充。

(1) 放射性物质污染食品的途径

① 向植物体内转移。放射性核素污染了水、土壤、空气以后,含有放射性的沉降物、雨水等可直接从植物表面渗透入植物组织或渗入土壤被植物的根系吸收,植物的根系也可从土壤中吸收放射性核素。放射性核素向植物转移的量与气象条件、放射性核素和土壤的理化性质、土壤pH值、植物种类和使用化肥的类型等有关。叶类植物的表面积大,承受的放射性核素的量也大;带纤维或带壳的籽实污染量则相对较低。

② 向水生生物体内转移。进入水体的放射性核素可溶解于水或以悬浮状态存在,水体中的生物对放射性核素有明显的富集作用,浓集系数可达10^3。水生植物对水体中的锶89均

具有一定的富集能力，浓集系数多为 10～20。鱼体内的放射性核素可通过鳃和口腔进入，亦可由附着于其体表的放射性核素逐渐渗透进入体内。鱼及水生动物还可通过摄入低等水生植物或动物而富集放射性物质，表现出经食物链的生物富集效应，其浓集系数等于生物体内放射性核素浓度除以水中放射性核素浓度。由于含有放射性核素的水生生物残骸可长期沉积于海底并不断释放放射性核素，即使消除了人为放射性核素的污染源，该水体中的放射性核素亦可保持较长时间，使水生生物继续受到污染。

③ 向动物体内转移。动物饮用放射性核素污染了的水、呼吸被污染的空气、接触被污染的土地都会使放射性核素进入体内。放射性核素通过牧草、饲料和饮水等途径进入家禽和家畜体内，并蓄积于相应的组织器官中。通过食物链草食动物还富集植物中的放射性核素，以草食动物为食的动物会富集草食动物体内的放射性核素。因此，放射性核素向动物转移过程中常表现出生物富集效应。放射性核素最终进入人体的量取决于食品中的含量、各类食品在膳食中的比例及烹调方法等。

（2）放射性物质对人体的危害 放射性物质主要经消化道进入人体，而在核试验和核工业泄漏事故时，放射性物质经消化道、呼吸道和皮肤这三条途径均可进入人体而造成危害。食品放射性污染对人体的危害主要是由于摄入污染食品后放射性物质对人体内各种组织、器官和细胞产生的低剂量长期内照射效应，主要表现为对免疫系统、生殖系统的损伤和致癌、致畸、致突变作用。

2. 异物

异物污染主要是指食品中的杂质（砂石、草木、金属等），非食品固有的组成物质所造成的污染。其危害一般不容易消除、抑制或发现，人们通常忽略了异物污染对食品安全的危害，但它们是客观存在的，对消费者有很大的危险性，也使食品制造者的成本提高。异物污染是常见的消费者投诉问题，因为伤害立即发生或吃后不久发生，并且伤害的来源经常是容易确认的。表 1-3 中列出了有关异物污染及其来源、可能导致的危害。

表 1-3　常见异物污染的材料、潜在危害及来源

异物的材料	潜在危害	来源
玻璃	划伤、流血，需要外科手术查找或清除	瓶子、罐、器皿等玻璃类包装物
木屑	划伤、窒息、梗阻、感染，需要外科手术查找或消除	原料、货盘、盒子、建筑材料等
石头	窒息、梗阻、损伤牙齿	原料、包装材料、建筑材料等
金属	划伤、窒息、梗阻、感染，需要外科手术查找或消除	原料、包装材料、机械设备、电线、员工蓄意等
塑料	划伤、窒息、梗阻，需要外科手术查找或消除	原料、包装材料、货盘、加工运输等
昆虫	疾病、创伤、梗阻	原料、加工环境等
骨头	创伤、梗阻	原料、错误加工方法等
绝缘材料	窒息、石棉会长期身体不适	电路绝缘材料、管道、设备保温材料等
纸片、头发、尘埃	窒息、梗阻	原料、包装材料、加工过程的不规范等
机油、油漆、铁锈	疾病	不正常的机械设备、建筑材料等
其他	—	掺假、意外事故等

项目三　我国食品安全治理体系

一、食品安全监管体制

世界卫生组织和联合国粮食及农业组织的定义，食品安全监管是指"由国家或地方政府机构实施的强制性管理活动，旨在为消费者提供保护，确保从生产、处理、贮存、加工直到销售的过程中食品安全、完整并适于人类食用，同时按照法律规定诚实而准确地贴上标签"。按此定义，食品安全监管即指国家有关部门对食品是否安全进行的监督与管理，目的是使市场上的一切食品都处于安全状态。

《食品安全法》和《食品安全法实施条例》中明确规定：国务院设立食品安全委员会，国务院食品安全委员会负责分析食品安全形势，研究部署、统筹指导食品安全工作，提出食品安全监督管理的重大政策措施，督促落实食品安全监督管理责任。国务院食品安全监督管理部门依照本法和国务院规定的职责，对食品生产经营活动实施监督管理。

县级以上人民政府建立统一权威的食品安全监督管理体制，加强食品安全监督管理能力建设。县级以上人民政府食品安全监督管理部门和其他有关部门应当依法履行职责，加强协调配合，做好食品安全监督管理工作。乡镇人民政府和街道办事处应当支持、协助县级人民政府食品安全监督管理部门及其派出机构依法开展食品安全监督管理工作。

二、食品安全法治体系

我国的食品安全法治体系在不断完善，制定和实施食品安全法律法规是做好食品监管工作、实施依法监管、明确职责的重要前提，也是维护人民群众的生命健康，维护安全稳定的社会发展环境的必然要求。我国政府制定并实施了一系列与食品安全有关的法律法规，为我国食品质量安全的监督工作奠定了法律基础。

1. 食品安全法律结构

我国食品安全法律是以宪法为基础，主要通过《食品安全法》《中华人民共和国农产品质量安全法》等法律，《食品生产许可管理办法》《食品经营许可管理办法》等行政法规和地方性法规、规章相结合，以食品规范性文件和食品安全国家标准为技术依据的综合食品安全法律法规框架结构。法律、法规与标准相互配合、相互支持，为我国食品安全提供法律保障和技术支持。

2. 食品安全法律演变历程

1982年11月19日第五届全国人民代表大会常务委员会第二十五次会议通过并颁布的《中华人民共和国食品卫生法（试行）》，标志着我国食品卫生工作由以往的卫生行政管理走上了法制管理的轨道。1995年10月30日第八届全国人民代表大会常务委员会第十六次会议通过《中华人民共和国食品卫生法》，同时以中华人民共和国主席令第59号公布并正式实施。2009年2月28日第十一届全国人民代表大会常务委员会第七次会议通过并颁布的《中华人民共和国食品安全法》，针对我国食品安全领域所出现的一系列安全问题，建立了食品安全管理制度，是我国食品安全法治建设的一个里程碑，《中华人民共和国食品卫生法》同时废止。2013年《食品安全法》启动修订，2015年4月24日，新修订的《食品安全法》经第十二届全国人大常委会第十四次会议审议通过，于2015年10月1日起正式施行。2018年12月29日，经第十三届全国人民代表大会常务委员会第七次会议第一次修正。2021年4月29日经第十三届全国人民代表大会常务委员会第二十八次会议第二次修正。

新修订的《中华人民共和国食品安全法》共十章，包括总则、食品安全风险监测和评估、食品安全标准、食品生产经营、食品检验、食品进出口、食品安全事故处置、监督管理、法律责任和附则。由过去104条增至154条，字数由1.5万字增至3万字，贯彻了中共中央、国务院关于建立最严格覆盖全过程食品监管制度、加快政府职能转变和深化行政审批制度改革的精神，建立了统一权威的食品安全监管体制，回应了维护食品安全、保障人民群众生命健康的社会呼声，为未来食品安全监管工作指明了方向，具有较强的针对性和可操作性。

3.《食品安全法》

新修订的《食品安全法》主要内容包括以下几个方面。

（1）食品安全管理体制

① 对国务院有关食品安全管理部门的职责进行明确界定。国务院食品安全监督管理部门依照本法和国务院规定的职责，对食品生产经营活动实施监督管理。国务院卫生行政部门依照本法和国务院规定的职责，组织开展食品安全风险监测和风险评估，会同国务院食品安全监督管理部门制定并公布食品安全国家标准。国务院其他有关部门依照本法和国务院规定的职责，承担有关食品安全工作。

② 在县级以上地方人民政府层面，进一步明确工作职责，理顺工作关系。

③ 为防止各食品安全监管部门各行其是、工作不衔接，规定县级以上人民政府食品安全监督管理部门和其他有关部门应当加强沟通、密切配合，按照各自职责分工，依法行使职权，承担责任。

④ 为了使食品安全监管体制运行更加顺畅，规定国务院设立食品安全委员会，其职责由国务院规定。

（2）食品安全风险监测和评估

① 从食品安全风险监测计划的制订、实施等方面，规定了的食品安全风险监测制度。详细规定了风险监测计划调整、监测行为规范、监测结果通报等内容。

② 从食品安全风险评估的启动、具体操作、评估结果的用途等方面规定了完整的食品安全风险评估制度。

（3）食品安全标准

① 为防止食品安全标准畸高畸低，规定制定食品安全标准，应当以保障公众身体健康为宗旨，做到科学合理、安全可靠。同时明确规定，食品安全标准是强制执行的标准。除食品安全标准外，不得制定其他食品强制性标准。

② 明确了食品安全国家标准的制定、发布主体和制定方法。

③ 明确了食品安全地方标准和企业标准的地位。规定对地方特色食品，没有食品安全国家标准的，省、自治区、直辖市人民政府卫生行政部门可以制定并公布食品安全地方标准，报国务院卫生行政部门备案。食品安全国家标准制定后，该地方标准即行废止。国家鼓励食品生产企业制定严于食品安全国家标准或者地方标准的企业标准，在本企业适用，并报省、自治区、直辖市人民政府卫生行政部门备案。

（4）食品生产经营

① 明确了食品生产经营应当符合的要求和禁止生产经营的食品、食品添加剂、食品相关产品，并规定国家对食品生产经营实行许可制度，从事食品生产、食品销售、餐饮服务，应当依法取得许可。销售食用农产品和仅销售预包装食品的，不需要取得许可。

② 提出食品生产经营企业应当建立健全食品安全管理制度，并建立食品安全自查制度，定期对食品安全状况进行检查评价。

③ 要求食品经营者应当建立完备的查验记录制度，如食品经营者采购食品，应当查验供货者的许可证和食品出厂检验合格证或者其他合格证明等。

④ 对保健食品、特殊医学用途配方食品和婴幼儿配方食品等特殊食品实行严格监督管理。

⑤ 建立食品召回制度、停止经营制度。

⑥ 严格对食品标签、说明书和广告的管理。

（5）食品检验

① 明确食品检验由食品检验机构指定的检验人独立进行，食品检验实行食品检验机构与检验人负责制。食品检验报告应当加盖食品检验机构公章，并有检验人的签名或者盖章。食品检验机构和检验人对出具的食品检验报告负责。

② 明确对食品不得实施免检。同时明确规定，进行抽样检验，应当购买抽取的样品，不得向食品生产经营者收取检验费和其他费用。

（6）食品进出口

① 明确规定了进口的食品、食品添加剂、食品相关产品应当符合我国食品安全国家标准。进口的食品、食品添加剂应当经出入境检验检疫机构依照进出口商品检验相关法律、行政法规的规定检验合格。

② 完善了风险预警机制，规定了境外发生的食品安全事件可能对我国境内造成影响，或者在进口食品、食品添加剂、食品相关产品中发现严重食品安全问题的，国家出入境检验检疫部门应当及时采取风险预警或者控制措施，并向国务院食品安全监督管理、卫生行政、农业行政部门通报。接到通报的部门应当及时采取相应措施。

（7）食品安全事故处置

① 规定了制定食品安全事故应急预案及食品安全事故应急处置、报告、通报制度。发生食品安全事故的单位应当立即采取措施，防止事故扩大。事故单位和接收病人进行治疗的单位应当及时向事故发生地县级人民政府食品安全监督管理、卫生行政部门报告。

② 规定了县级以上人民政府食品安全监督管理部门接到食品安全事故的报告后，应当立即会同同级卫生行政、农业行政等部门进行调查处理，并依法采取多种措施，防止或者减

轻社会危害。

（8）监督管理

① 规定了食品安全风险分级管理和制定年度监督管理计划的相关制度，并且列举了食品安全监督检查的相应措施。

② 明确了建立食品生产经营者食品安全信用档案和在法定条件下对食品生产经营者的法定代表人或者主要负责人进行责任约谈的有关制度。

③ 强调了县级以上人民政府食品安全监督管理等部门应当公布本部门的电子邮件地址或者电话，接受咨询、投诉、举报。接到咨询、投诉、举报，对属于本部门职责的，应当受理并在法定期限内及时答复、核实、处理；对不属于本部门职责的，应当移交有权处理的部门处理，不得推诿。对查证属实的举报，给予举报人奖励。

（9）法律责任

① 关于民事赔偿责任，规定实行首负责任制，要求接到消费者赔偿请求的生产经营者应当先行赔付，不得推诿；同时规定了消费者在法定情形下可以要求十倍价款或者三倍损失的惩罚性赔偿金制度。

② 关于行政处罚，对各类涉及食品安全的违法行为的法律责任进行了规定。

③ 规定了对失职的地方政府负责人和食品安全监管人员的处分。依照规定的职责逐项设定相应的法律责任，细化处分规定；增设地方政府主要负责人应当引咎辞职的情形；设置监管"高压线"，对有瞒报、谎报重大食品安全事故等三种行为的，直接给予开除处分。

（10）附则 规定了食品安全法的用语含义、食品生产经营许可证的效力、特定食品的安全管理、食品安全监管体制调整和法的实施日期等。

4. 其他食品安全质量法律法规

其他食品安全质量法律法规见表1-4。

表1-4 其他食品安全质量法律法规

法律法规	立法宗旨	主要内容
《中华人民共和国产品质量法》	为了加强对产品质量的监督管理，提高产品质量水平，明确产品质量责任，保护消费者的合法权益，维护社会经济秩序	共6章74条，主要内容包括：第一章总则；第二章产品质量的监督；第三章生产者、销售者的产品质量责任和义务；第四章损害赔偿；第五章罚则；第六章附则
《中华人民共和国农产品质量安全法》	为了保障农产品质量安全，维护公众健康，促进农业和农村经济发展	共8章81条，主要内容包括：第一章总则；第二章农产品质量安全风险管理和标准制定；第三章农产品产地；第四章农产品生产；第五章农产品销售；第六章监督管理；第七章法律责任；第八章附则
《中华人民共和国食品安全法实施条例》	根据《中华人民共和国食品安全法》制定本条例	共10章86条，主要内容包括：第一章总则；第二章食品安全风险监测和评估；第三章食品安全标准；第四章食品生产经营；第五章食品检验；第六章食品进出口；第七章食品安全事故处置；第八章监督管理；第九章法律责任；第十章附则

续表

法律法规	立法宗旨	主要内容
《食品生产许可管理办法》	为规范食品、食品添加剂生产许可活动,加强食品生产监督管理,保障食品安全,根据《中华人民共和国食品安全法》《中华人民共和国行政许可法》等法律法规,制定本办法	共8章61条,主要内容包括:第一章总则;第二章申请与受理;第三章审查与决定;第四章许可证管理;第五章变更、延续与注销;第六章监督检查;第七章法律责任;第八章附则
《食品经营许可管理办法》	为规范食品经营许可活动,加强食品经营监督管理,保障食品安全,根据《中华人民共和国食品安全法》《中华人民共和国行政许可法》等法律法规,制定本办法	共8章57条,主要内容包括:第一章总则;第二章申请与受理;第三章审查与决定;第四章许可证管理;第五章变更、延续、补办与注销;第六章监督检查;第七章法律责任;第八章附则
《食品召回管理办法》	为加强食品生产经营管理,减少和避免不安全食品的危害,保障公众身体健康和生命安全,根据《中华人民共和国食品安全法》及其实施条例等法律法规的规定,制定本办法	共7章46条,主要内容包括:第一章总则;第二章停止生产经营;第三章召回;第四章处置;第五章监督管理;第六章法律责任;第七章附则

三、食品安全标准体系

1. 我国标准体系

根据《中华人民共和国标准化法》(1988年12月29日第七届全国人民代表大会常务委员会第五次会议通过,2017年11月4日第十二届全国人民代表大会常务委员会第三十次会议修订通过,自2018年1月1日起施行)的规定,我国标准包括国家标准、行业标准、地方标准和团体标准、企业标准。国家标准分为强制性标准、推荐性标准,行业标准、地方标准是推荐性标准。强制性标准必须执行,国家鼓励采用推荐性标准。

强制性国家标准由国务院批准发布或者授权批准发布。推荐性国家标准由国务院标准化行政主管部门制定。行业标准由国务院有关行政主管部门制定,报国务院标准化行政主管部门备案。地方标准由省、自治区、直辖市人民政府标准化行政主管部门制定;报国务院标准化行政主管部门备案,由国务院标准化行政主管部门通报国务院有关行政主管部门。企业可以根据需要自行制定企业标准,或者与其他企业联合制定企业标准。

推荐性国家标准、行业标准、地方标准、团体标准、企业标准的技术要求不得低于强制性国家标准的相关技术要求。国家鼓励社会团体、企业制定高于推荐性标准相关技术要求的团体标准、企业标准。

国家实行团体标准、企业标准自我声明公开和监督制度。企业应当公开其执行的强制性标准、推荐性标准、团体标准或者企业标准的编号和名称;企业执行自行制定的企业标准的,还应当公开产品、服务的功能指标和产品的性能指标。国家鼓励团体标准、企业标准通过标准信息公共服务平台向社会公开。企业应当按照标准组织生产经营活动,其生产的产品、提供的服务应当符合企业公开标准的技术要求。

县级以上人民政府标准化行政主管部门、有关行政主管部门依据法定职责,对标准的制定进行指导和监督,对标准的实施进行监督检查。

2. 我国食品安全标准体系

我国《中华人民共和国食品安全法》中明确规定了食品安全标准的制定原则、性质、内容、制定和公布、要求和程序、跟踪评价和执行等。

（1）**食品安全标准制定原则** 制定食品安全标准，应当以保障公众身体健康为宗旨，做到科学合理、安全可靠。

（2）**食品安全标准是强制执行的标准** 除食品安全标准外，不得制定其他食品强制性标准。

（3）**食品安全标准应当包括下列内容**

① 食品、食品添加剂、食品相关产品中的致病性微生物，农药残留、兽药残留、生物毒素、重金属等污染物质以及其他危害人体健康物质的限量规定。

② 食品添加剂的品种、使用范围、用量。

③ 专供婴幼儿和其他特定人群的主辅食品的营养成分要求。

④ 对与卫生、营养等食品安全要求有关的标签、标志、说明书的要求。

⑤ 食品生产经营过程的卫生要求。

⑥ 与食品安全有关的质量要求。

⑦ 与食品安全有关的食品检验方法与规程。

⑧ 其他需要制定为食品安全标准的内容。

（4）**食品安全国家标准制定、公布主体** 食品安全国家标准由国务院卫生行政部门会同国务院食品安全监督管理部门制定、公布，国务院标准化行政部门提供国家标准编号。

食品中农药残留、兽药残留的限量规定及其检验方法与规程由国务院卫生行政部门、国务院农业行政部门会同国务院食品安全监督管理部门制定。

屠宰畜、禽的检验规程由国务院农业行政部门会同国务院卫生行政部门制定。

（5）**制定食品安全国家标准要求和程序** 制定食品安全国家标准，应当依据食品安全风险评估结果并充分考虑食用农产品安全风险评估结果，参照相关的国际标准和国际食品安全风险评估结果，并将食品安全国家标准草案向社会公布，广泛听取食品生产经营者、消费者、有关部门等方面的意见。

食品安全国家标准应当经国务院卫生行政部门组织的食品安全国家标准审评委员会审查通过。食品安全国家标准审评委员会由医学、农业、食品、营养、生物、环境等方面的专家及国务院有关部门、食品行业协会、消费者协会的代表组成，对食品安全国家标准草案的科学性和实用性等进行审查。

（6）**食品安全地方标准** 对地方特色食品，没有食品安全国家标准的，省、自治区、直辖市人民政府卫生行政部门可以制定并公布食品安全地方标准，报国务院卫生行政部门备案。食品安全国家标准制定后，该地方标准即行废止。

（7）**食品安全企业标准** 国家鼓励食品生产企业制定严于食品安全国家标准或者地方标准的企业标准，在本企业适用，并报省、自治区、直辖市人民政府卫生行政部门备案。

（8）**食品安全标准公布和有关问题解答** 省级以上人民政府卫生行政部门应当在其网站

上公布制定和备案的食品安全国家标准、地方标准和企业标准,供公众免费查阅、下载。对食品安全标准执行过程中的问题,县级以上人民政府卫生行政部门应当会同有关部门及时给予指导、解答。

(9)食品安全标准跟踪评价和执行 省级以上人民政府卫生行政部门应当会同同级食品安全监督管理、农业行政等部门,分别对食品安全国家标准和地方标准的执行情况进行跟踪评价,并根据评价结果及时修订食品安全标准。

省级以上人民政府食品安全监督管理、农业行政等部门应当对食品安全标准执行中存在的问题进行收集、汇总,并及时向同级卫生行政部门通报。

食品生产经营者、食品行业协会发现食品安全标准在执行中存在问题的,应当立即向卫生行政部门报告。

3. 食品安全国家标准目录

① 通用标准。
② 食品产品标准。
③ 特殊膳食食品标准。
④ 食品添加剂质量规格及相关标准。
⑤ 食品营养强化剂质量规格标准。
⑥ 食品相关产品标准。
⑦ 生产经营规范标准。
⑧ 理化检验方法标准。
⑨ 微生物检验方法标准。
⑩ 毒理学检验方法与规程标准。
⑪ 兽药残留检测方法标准。
⑫ 农药残留检测方法标准。
⑬ 被替代(拟替代)和已废止(待废止)标准。

四、食品安全检验检测机构体系

我国食品安全检验检测机构依据《食品安全法》和国家有关认证认可的规定取得资质认定后,方可从事食品检验活动。但是,法律另有规定的除外。食品检验检测机构的资质认定条件和检验规范(表1-5),由国务院食品安全监督管理部门规定。

表1-5 食品检验检测机构的资质认定条件和检验规范

法规及标准	适用范围	发布机构
检验检测机构资质认定能力评价 检验检测机构通用要求(RB/T 214—2017)	所有检验检测领域	国家认证认可监督管理委员会
检验检测机构资质认定能力评价 评审员管理要求(RB/T 213—2017)	资质认定评审员管理依据	国家认证认可监督管理委员会
检验检测机构资质认定能力评价 食品复检机构要求(RB/T 216—2017)	食品复检机构名录公布的条件要求	国家认证认可监督管理委员会

续表

法规及标准	适用范围	发布机构
食品检验工作规范	食品检验机构应当确保其组织、管理体系、检验能力、人员、环境和设施、设备和标准物质等方面持续符合资质认定条件和要求,并与其所开展的检验工作相适应	国家食品药品监督管理总局(现国家市场监督管理总局)

五、食品安全风险监测体系

食品安全风险监测是指系统和持续收集食源性疾病、食品污染、食品中有害因素等相关数据信息,并应用医学、卫生学原理和方法进行监测。《食品安全法》中明确国务院卫生行政部门依照本法和国务院规定的职责,组织开展食品安全风险监测和风险评估。

1. 食品安全风险监测

(1) **食品安全风险监测制度** 国家建立食品安全风险监测制度,对食源性疾病、食品污染以及食品中的有害因素进行监测。国务院卫生行政部门会同国务院食品安全监督管理等部门,制订、实施国家食品安全风险监测计划。国务院食品安全监督管理部门和其他有关部门获知有关食品安全风险信息后,应当立即核实并向国务院卫生行政部门通报。对有关部门通报的食品安全风险信息及医疗机构报告的食源性疾病等有关疾病信息,国务院卫生行政部门应当会同国务院有关部门分析研究,认为必要的,及时调整国家食品安全风险监测计划。

省、自治区、直辖市人民政府卫生行政部门会同同级食品安全监督管理等部门,根据国家食品安全风险监测计划,结合本行政区域的具体情况,制定、调整本行政区域的食品安全风险监测方案,报国务院卫生行政部门备案并实施。

县级以上人民政府卫生行政部门会同同级食品安全监督管理等部门建立食品安全风险监测会商机制,汇总、分析风险监测数据,研判食品安全风险,形成食品安全风险监测分析报告,报本级人民政府;县级以上地方人民政府卫生行政部门还应当将食品安全风险监测分析报告同时报上一级人民政府卫生行政部门。食品安全风险监测会商的具体办法由国务院卫生行政部门会同国务院食品安全监督管理等部门制定。

(2) **食品安全风险监测工作** 承担食品安全风险监测工作的技术机构应当根据食品安全风险监测计划和监测方案开展监测工作,保证监测数据真实、准确,并按照食品安全风险监测计划和监测方案的要求报送监测数据和分析结果。食品安全风险监测工作人员有权进入相关食用农产品种植养殖、食品生产经营场所采集样品、收集相关数据。采集样品应当按照市场价格支付费用。

(3) **食品安全风险监测结果** 食品安全风险监测结果表明可能存在食品安全隐患的,县级以上人民政府卫生行政部门应当及时将相关信息通报同级食品安全监督管理等部门,并报告本级人民政府和上级人民政府卫生行政部门。食品安全监督管理等部门应当组织开展进一步调查。

2. 食品安全风险评估

食品安全风险评估，是指对食品、食品添加剂、食品中生物性、化学性和物理性危害因素对人体健康可能造成的不良影响所进行的科学评估，具体包括危害识别、危害特征描述、暴露评估、风险特征描述等四个阶段。危害识别是指根据相关的科学数据和科学实验，来判断食品中的某种因素会不会危及人体健康的过程。危害特征描述，是对某种因素对人体可能造成的危害予以定性或者对其予以量化。暴露评估，是通过膳食调查，确定危害以何种途径进入人体，同时计算出人体对各种食物的安全摄入量究竟是多少。风险特征描述是综合危害识别、危害特征描述和暴露评估的结果，总结某种危害因素对人体产生不良影响的程度。

对于农药、肥料、兽药、饲料和饲料添加剂等的安全性评估，根据《中华人民共和国农产品质量安全法》的规定，应当由农产品质量安全风险评估专家委员会进行安全性评估，但应当有食品安全风险评估专家委员会的专家参加。

有下列情形之一的，应当进行食品安全风险评估：

① 通过食品安全风险监测或者接到举报发现食品、食品添加剂、食品相关产品可能存在安全隐患的。

② 为制定或者修订食品安全国家标准提供科学依据需要进行风险评估的。

③ 为确定监督管理的重点领域、重点品种需要进行风险评估的。

④ 发现新的可能危害食品安全因素的。

⑤ 需要判断某一因素是否构成食品安全隐患的。

⑥ 国务院卫生行政部门认为需要进行风险评估的其他情形。

经食品安全风险评估，得出食品、食品添加剂、食品相关产品不安全结论的，国务院食品安全监督管理等部门应当依据各自职责立即向社会公告，告知消费者停止食用或者使用，并采取相应措施，确保该食品、食品添加剂、食品相关产品停止生产经营；需要制定、修订相关食品安全国家标准的，国务院卫生行政部门应当会同国务院食品安全监督管理部门立即制定、修订。

3. 食品风险交流

县级以上人民政府食品安全监督管理部门和其他有关部门、食品安全风险评估专家委员会及其技术机构，应当按照科学、客观、及时、公开的原则，组织食品生产经营者、食品检验机构、认证机构、食品行业协会、消费者协会以及新闻媒体等，就食品安全风险评估信息和食品安全监督管理信息进行交流沟通。

进行有效的风险交流应该包括：风险的性质、利益的性质、风险评估的不确定性、风险管理的选择四个方面的要素。

① 风险的性质：危害的特征和重要性，风险的大小和严重程度，情况的紧迫性，风险的变化趋势，危害暴露量的可能性，暴露量的分布，能够构成显著风险的暴露量，风险人群的性质和规模，最高风险人群。

② 利益的性质：与每种风险有关的实际或者预期利益，受益者和受益方式，风险和利益的平衡点，利益的大小和重要性，所有受影响人群的全部利益。

③ 风险评估的不确定性：评估风险的方法，每种不确定性的重要性，所得资料的缺点或不准确度，估计所依据的假设，估计对假设变化的敏感度，有关风险管理决定估计变化的效果。

④ 风险管理的选择：控制或管理风险的行动，可能减少个人风险的个人行动，选择一个特定风险管理选项的理由，特定选择的有效性，特定选择的利益，风险管理的费用和来源，执行风险管理选择后仍然存在的风险。

训练题

一、判断题

1. 《食品安全国家标准 预包装食品标签通则》（GB 7718—2011）规定了预包装食品标签的通用性要求，如果其他食品安全国家标准有特殊规定的，则可选择执行预包装食品标签的通用性要求或特殊规定。（   ）
2. 销售食用农产品可以不进行包装。（   ）
3. 制作现榨果汁、食用冰等可以使用自来水。（   ）
4. 保健食品生产企业对不能自行检验的项目，可参照相同产品检验结果或委托其他检验机构实施检验，留存检验报告。（   ）
5. 食品从业人员应当保持个人卫生，生产经营食品时，应当将手洗净，穿戴清洁的工作衣帽等。（   ）
6. 餐饮服务提供者必须依法取得《餐饮服务许可证》，按照许可范围依法经营，并在就餐场所醒目位置悬挂或者摆放《餐饮服务许可证》。（   ）
7. 食品生产许可证发证日期为许可决定作出的日期。（   ）
8. 李某新办一面粉生产企业，可借用他人的食品生产许可证进行生产。（   ）
9. 生产场所迁出原发证的食品安全监督管理部门管辖范围的，其生产许可证无须重新申请。（   ）
10. 食品生产企业食品生产许可证变更后，有效期必须自变更之日起重新计算。（   ）

二、选择题

1. （   ）应当建立境外出口商境外生产企业审核制度。
   A. 国家出入境检验检疫部门　　　B. 国务院市场监督管理部门
   C. 国务院卫生行政部门　　　　　D. 进口商
2. 国家对食品生产经营实行（   ）制度。
   A. 认证　　　B. 许可　　　C. 登记　　　D. 备案
3. 我国引起蜡样芽孢杆菌食物中毒常见的食品为（   ）。
   A. 海产品　　B. 米饭、米粉　　C. 凉拌蔬菜　　D. 包装饮用水
4. 食品安全监管部门对食品进行抽样检验应当购买抽样的样品，（   ）。
   A. 不得收取任何费用　　　　　　B. 可以收取检验费用
   C. 视检验复杂情况收取费用　　　D. 检验不合格的需收取费用
5. 下面关于食品安全的表述，正确的是（   ）。
   A. 经过高温灭菌过程，食品中不含有任何致病性微生物

B. 食品无毒、无害，符合应当有的营养要求，对人体健康不造成任何急性、亚急性或者慢性危害

C. 原料天然，食品中不含有任何人工合成物质

D. 虽然过了保质期，但外观、口感正常

6. 重大活动食品安全监督管理办法（试行）适用于（　　）以上党委、政府、人大、政协确定的具有一定规模和影响的政治、经济、文化、体育等重大活动期间食品安全监督管理工作。

　A. 乡级　　　　　　B. 县级　　　　　　C. 市级　　　　　　D. 省级

7. 从食品生产单位、批发市场采购食品原料的，应当查验、索取并留存（　　）。

　A. 消毒合格证　　　B. 健康证　　　　　C. 购物清单　　　　D. 产品合格证明

8. 食品安全管理人员应（　　）检查员工的健康状况。

　A. 每天　　　　　　B. 每周　　　　　　C. 每月　　　　　　D. 每年

9. 食品安全管理员职责不包括（　　）。

　A. 组织从业人员进行食品安全法律和食品安全知识培训

　B. 制定食品安全管理制度及岗位责任制度，并对执行情况进行督促检查

　C. 全面记录食品加工经营过程情况

　D. 组织从业人员进行健康检查，督促患有有碍食品安全疾病和病症的人员调离相关岗位

10. 下列处理不符合卫生安全要求食品的方法（　　）。

　A. 及时清除和销毁超过保质期的食品

　B. 设置专门的存放场所放置不符合要求的食品

　C. 销毁食品时为避免污染，应不拆封直接丢弃

　D. 销毁时应破坏食品原有的形态（如破坏包装、捣碎、染色等）

11. 食品生产经营的从业人员患（　　）疾病不得从事接触直接入口食品的工作。

　A. 痢疾，伤寒，甲型、戊型病毒性肝炎　　　B. 活动性肺结核

　C. 化脓性、渗出性皮肤病　　　　　　　　　D. 高血压、糖尿病

12. （　　）属于食品生产企业应当建立的食品原料、食品添加剂、食品相关产品的进货查验记录内容。

　A. 名称、规格、数量　　　　　　　　　　　B. 生产日期或者生产批号

　C. 保质期、进货日期　　　　　　　　　　　D. 供货者名称、地址、联系方式等内容

13. GB 14930.2—2012《消毒剂》标准中规定了食品工具、设备洗涤消毒剂的（　　）。

　A. 生产工艺　　　　　　　　　　　　　　　B. 卫生要求

　C. 杀灭细菌的指标　　　　　　　　　　　　D. 杀灭肝炎病毒的指标

14. 关于食品添加剂的使用，描述正确的是（　　）。

　A. 食品添加剂的使用必须符合《食品安全国家标准 食品添加剂使用标准》或国家卫健委的相关规定

　B. 不得以掺假为目的使用食品添加剂

　C. 不得为掩盖食品腐败变质而使用食品添加剂

　D. 不得以伪造为目的使用食品添加剂

15. 属于"常自律"具体措施的是（　　）。

　A. 接受培训和强化个人卫生习惯是关键

　B. 总结成果并制度化、规范化，及时有效地培训职工

　C. 持续推动，使之成为习惯化

　D. 每季度确定一周时间为"强化周"

模块一　食品安全基础知识

16. 同一批次产品至少包括（　　）相同。
    A. 同一企业　　　　　　　　　　B. 同一产品及名称
    C. 同一包装形式及规格　　　　　D. 同一生产日期及批号
17. 食物中毒发生后应对患者采取的措施包括（　　）。
    A. 立即停止食用中毒食品　　　　B. 采集患者排泄物和可疑食品等标本，以备检验
    C. 及时将患者送医院救治　　　　D. 带患者确认中毒现场
18. 废弃物暂存设施要求（　　）。
    A. 食品处理区内可能产生废弃物或垃圾的场所均应设有废弃物容器
    B. 废弃物容器应与加工用容器有明显的区分标志
    C. 废弃物容器应配有盖子，用坚固及不透水的材料制造
    D. 专间内的废弃物容器盖子应为非手动开启式
19. 关于食品安全管理员的表述正确的是（　　）。
    A. 大型餐饮单位应设专职食品安全管理员
    B. 供餐人数 500 人以上的食堂应设专职食品安全管理员
    C. 连锁经营的生产经营者应设专职食品安全管理员
    D. 其他餐饮经营者的食品安全管理员不可为兼职
20. 一般按病原物分类，可将食物中毒分为（　　）。
    A. 细菌性食物中毒　　　　　　　B. 真菌及其毒素食物中毒
    C. 动物性食物中毒　　　　　　　D. 化学性食物中毒

模块二
食品安全风险预警

学习目标

掌握食品安全预警系统的定义和功能，了解食品安全预警的相关方法，掌握食品安全突发事件应急处置的流程，了解食品安全预警系统的构建。

思政小课堂

事件一　"镉大米"事件

2020年4月21日，云南省昭通市镇雄县市场监督管理局集中销毁约99吨不合格大米，受到舆论广泛关注。4月24日，湖南省益阳市委宣传部称，经镇雄县市场监督管理局反馈，本次共销毁大米99吨，涉及15起案件。其中，重金属超标案（主要是镉超标）13起，没收大米约77吨，查处时间为2019年4~7月，涉及生产企业七家。大米包装袋上标注名称显示，七家企业均属湖南省益阳市赫山区。这七家涉事企业已被立案调查。大米标准中规定镉含量≤0.2mg/kg。镉的毒性较大，它对身体危害最严重的是结缔组织损伤、生殖系统功能障碍、肾损伤、致畸和致癌。食物中镉等重金属超标主要是土壤污染引起的，土壤污染造成有害物质在农作物中积累，并通过食物链进入人体，引发各种疾病，最终危害人体健康。

事件二　营养米粉重金属超标事件

杭州市场监督管理局在2014年二季度流通环节食品抽检中，发现××有限公司生产的AD钙高蛋白营养米粉严重铅超标。对此，浙江省市场监督管理局第一时间向省内各市市场监管局下发通知，在全省范围内开展了专项清查行动，对全省涉及经营该批次米粉的食品经营户进行了检查，封存9.4t问题批次产品。浙江省市监局约谈了生产企业××有限公司，并责成生产企业密切配合各地查处工作。2014年8月15日，××有限公司发布公告致歉，称召回问题批次的AD钙高蛋白营养米粉，并预防性召回与该批次产品所用同批脱脂豆粉原料的另外3个批次。消费者可以将包装盒、小票、个人收款银行卡信息、联系方式等以邮费到付形式快递寄送到其广州公司，公司协调退货。对召回的产品，××有限公司进行了单独封存，在政府监督部门的指导及监督下进行无害化彻底销毁。

通过学习，树立居安思危的危机意识，增强诚信意识，正确预防和处理化解食品安全风险，强化食品从业人员的社会责任和道德情操。

项目一　食品安全预警系统及功能

一、基本概念

近几年不断发生的食品安全事故，对国家和地区食品安全防控能力提出了更高的要求，这就要求我们进一步做好预警工作。

国际食品法典委员会提出，预警机制是风险评估分析过程中的一个非常重要的环节。如果从危害管理的方面来说，预警意味着对某个被预警因素的此刻状态及今后状态的预测，可以事先预告该预警因素危害状态的时间、地点及危害的严重程度，从而做出一些对应的防范措施。

安全预警，最早起源于德国的风险防范法则，其核心是强调公众通过前期的有效规划准备，减少或避免出现严重的破坏行为。通过有效的计划来减少破坏的行为，从而降低或避免对环境的破坏。一直以来，这一法则在其他领域逐步应用。当前，在食品安全和粮食安全领域也采取这一法则，食品预警体系成为全世界政府关注的焦点。

食品安全预警指对食品中有害物质的扩散与传播进行早期警示和积极防范，以避免对消费者的健康造成不利影响。

食品安全预警是一种预防性的安全保障措施。既然食品消费可能存在风险或潜在危害，为避免其影响，应采取积极的态度，即能够预先辨识食品成分中的危害物，了解其危害程度，对消费风险较大的食品事先告诫消费者谨慎食用，尽量将食品消费的风险控制在可接受的范围；另外，对消费者健康影响不明确的物质，要通过科学试验，评估其消费风险，建立有效的预防措施。只要食品对消费者构成的健康危害超过人们预期的风险承受度，无论这种危害是短期还长期影响，都需要采取一定的预防行为或在威胁发生之前采取高水平的健康风险保障措施，目的是降低安全隐患，减少不确定性影响，进而对人类不良的生产与消费行为加以有意识的引导。

食品安全预警系统，是通过对食品安全问题的监测、追踪、量化分析、信息通报预报等，建立一套针对食品安全问题的预警的功能体系，能够实现预警信息的快速传递和及时发布，类似于欧盟食品和饲料快速预警系统（Rapid Alert System for Food and Feed，RASFF）。食品安全预警系统是食品安全控制体系不可或缺的内容，是实现食品安全控制管理的有效手段。食品安全预警通过指标体系的运用来解析各种食品安全状态、食品风险与突变等现象，揭示食品安全的内在发展机制、成因背景、表现方式和预防控制措施，从而最大限度地减少灾害效应，维护社会的可持续发展。鉴于预警的关键在于及时发现高于预期的食品安全风险，通过提供警示信息来帮助人们提前采取预防性的应对策略，从这个意义上讲，预警管理的目标具体应包括：建立食品安全信息管理体系，构建食品安全信息的交流与沟通机制，为消费者提供充足、可靠的安全信息；及时发布食品安全预警信息，帮助社会公众采取防范措施；对重大食品安全危机事件进行应急管理，尽量减少食源性疾病对消费者造成的危害与损失。

一般来说，食品安全预警系统由食品安全预警分析和食品安全预警响应两个子系统组成，前者为后者提供判定的依据，后者则对前者得出的警情警报做出快速反应，采取不同的预警信息发布机制和应急预案。

二、食品安全预警系统功能

食品安全预警系统是指一套完整的针对食品安全问题的功能系统。建立食品安全预警系统，及时发布食品安全预警信息，可减少食品安全事故对消费者造成的危害及损失，加强政府对重大食品安全危机事件的预防和应急处置。

建立食品安全预警系统，是提升人民幸福指数的现实需要。食品安全突发事件具有突然性、广泛性、偶发性等特点，其影响范围广、波及人员多，往往对经济与社会发展带来重大的负面影响。建立我国食品安全高效的预警系统可以在相当大的程度上保障劳动者或消费者的安全、健康、卫生，防止公共危机的发生，提高国民的幸福指数。全面建成小康社会，就是要让我国人民拥有看得见、摸得着的获得感、幸福感和安全感，尤其是老百姓的饮食安全问题，更要将其全面解决。

建立食品安全预警系统，是提升我国政府公信力的现实需要。近些年，食品安全突发事件的发生不仅损害消费者的健康和生命安全，让消费者感到忧虑与无奈，也使人们对政府的治理能力产生了怀疑，降低了民众对政府的信任度。建立快捷、高效的食品安全预警系统对于消除公众的忧虑、提高公众对政府的信任度、树立政府形象具有重要意义。

食品安全预警系统要达到期望目的，需要完成的主要任务是：对已识别的各种不安全现象，进行成因过程和发展态势的描述与分析，揭示其发展趋势中的波动与异常，发出相应警示信号。因此，它需要具备如下功能。

（1）发布功能 通过权威的信息传播媒介和渠道，向社会公众快速、准确、及时地发布各类食品安全信息，实现安全信息的迅速扩散，使消费者能够定期稳定地获取充分的、有价值的食品安全信息。预警信息的发布，一方面可以不断强化消费者的食品安全和自我保护意识，另一方面可节约社会获取安全信息的成本，因而它是一种节约社会信息成本的制度安排和有效工具。

（2）沟通功能 食品安全管理是对食品供应链的安全管理，离不开供应商、制造商、分销商到消费者之间的密切合作，也离不开食品生产经营者、消费者与政府之间的有效沟通。政府需要定期收集、汇总食品安全信息，开展食品安全现状调查，了解食品安全基本状况，为政府制定统一的监管政策措施提供依据。消费者及时了解食品质量信息，有助于根据需要选择对自己身心没有危害或危害程度较低的食品。生产的产品质量信息被透明化后，可以对产品生产者的质量安全控制形成有效约束。

（3）预测功能 食品安全突发事件具有不可知性，在事件发生之初，很难在短时间内弄清事件暴发的确切原因，这会给民众造成一定的恐慌。预警在系统收集和分析监测资料的基础上，寻找食品生产经营过程中的不安全因子，对食品不安全现象可能引发的食源性疾病、疫病流行等进行预测，并将掌握的事件基本概况，及时准确地告知民众，采取措施迅速地控制局面，减少社会的动荡。

（4）**控制功能** 食品控制是由当地机关强制执行的一种调节活动，用来对消费者进行保护并确保所有的食品在生产、贮藏、加工和销售过程中对人体是安全、卫生和健康的，是符合安全和质量要求的。预警通过全面掌握相关环节和因素，协调各有关部门、机构的工作，形成综合性的预防和控制体系，因而是人们实现超前管理的有效工具，可帮助人们及早发现问题，并把问题解决在萌芽状态，减少不必要的损失。

（5）**避险功能** 不安全食品对消费者所造成的影响，不仅危害到人民的身心健康，而且影响到社会经济生活。预警功能的实现使得决策者和管理者在有限的认知能力和行为能力条件下，能够有效地把握未来的风险与管理决策安全，从而科学地识别、判断和治理风险，使之转化为安全。预警系统的正确运行，对于降低食源性疾病的危害和影响，保证社会稳定，促进社会可持续发展将起重要作用。

项目二　食品安全预警方法

食品安全预警研究方法可分为定性分析与定量数据预测两种。定性分析方法主要采用政策与理论分析得出预警结论，这种方法在食品管制研究、参与人对食品安全风险态度的分析、食品安全问题认知度等国内外相关研究中很常见，其中有数理统计数据，但数据主要来自问卷调查，非来自实验室检测。定量数据预测法是基于数据分析的预警方法，通过对日常监测所得实验室检测数据分析得到预警结论，是常见食品安全研究方法。我们主要讲解基于数据分析的预警方法。

一、层次分析法

1. 基本思想

层次分析法（the analytic hierarchy process，AHP），又称为多层次权重解析方法。20世纪70年代，由美国匹兹堡大学的著名运筹学家萨蒂提出的一种用于处理有限个方案的多目标决策分析方法。能够对复杂系统的结构构建、多级警兆指标排序、筛选和权重分配问题进行处理。

食品安全数据特点表现为复杂的非线性时序关系，同时包含异常数据，且时序数据中各个属性数据的量纲通常不相同，使得属性数据之间的数值没有可比性，层次分析法是解决这类问题的行之有效的方法。层次分析法将复杂的决策系统层次化，通过逐层比较各种关联因素的重要性来分析，以为最终的决策提供定量的依据。

层次分析法的基本思想是将复杂的问题层次化，即把这个体系表示成为简洁的递阶层次结构。通过决策者的判断对评价要素的重要性进行权衡并作出排序，即给各要素分配权重。多层次递阶结构清晰地将复杂系统内部各因素的关联展现出来，优先级排序有利于对复杂多要素问题作评价和决策，适用于错综复杂、难于定量问题的分析、判断和决策。

2. 基本步骤

层次分析法的具体步骤如下：

（1）建立递阶层次结构模型　首先，明确解决问题的范围、要求及目标、包含因素以及各元素之间的关系等问题，根据对问题的了解程度和初步分析，可以把决策问题中涉及的因素按层次排列。这些层次可以分为目标层、准则层和方案层等。用框图表示层次的递阶结构与元素的隶属关系，当某个层次包含的元素较多时，可将该层次进一步划分为若干子层。层次结构如图2-1所示。

（2）构造判断矩阵　构造判断矩阵的目的是将决策者对问题判断的非量化评价转为数字形式，为后续的排序提供数学运算的基础。判断矩阵是针对上一层次的某因素，本层次与之有关的各因素之间相对重要性的比较。反映了决策者对各因素相对重要性的认识。通过两两对比，按重要性等级赋值，进而实现由定性分析到定量分析的转化。

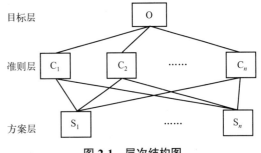

图2-1　层次结构图

（3）层次单排序与一致性检验　在层次结构图的基础上，分别建立各层次元素相对于上层某个因素的判断矩阵，并计算出判断矩阵的最大特征值及其对应的特征向量。判断矩阵的特征向量就是各层次各因素对上一层次某因素的相对重要性。为检查各个指标的权重之间是否存在矛盾之处，需要对判断矩阵进行随机一致性检验。

（4）层次总排序与一致性检验　层次总排序，也称为计算合成权重向量。总排序系数是自上而下，将单层重要性系数进行统一合成。根据层次单排序的结果，计算各层各因素对于目标层的合成权重，进行总排序。层次总排序的一致性检验是从目标层到方案层依次进行的。

二、支持向量机

1. 基本思想

支持向量机（support vector machines，SVM）是1963年提出的一种分类技术。其原理是基于统计学理论，是一种基于结构风险最小化原理的模式识别二分类器。在当时的情况下，该方向的研究还不够完善，针对模式识别的问题，人们往往倾向于采用更加保守成熟的方法。另一方面该方向在数学上相对更为艰涩，因此该方向的研究一直没有得到重视。支持向量机作为学习型机制与神经网络比较类似，不同之处是在原理层面，支持向量机主要使用的是数学方法和优化技术。

支持向量机是一种有着坚实理论基础的适用于少量样本的学习方法，可以用于处理线性和非线性分类问题，并且不同于传统统计方法从归纳到演绎的思维。支持向量机计算的复杂性仅取决于支持向量的数目，而不是样本属性的个数，可以用来处理高维数据，并且可以大大简化分类和预测问题。

与传统基于线性模型的统计方法不同，支持向量机对样本进行分类的过程是一个类似

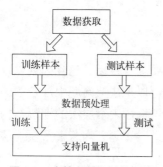

图 2-2 支持向量机结构示意

于"黑箱"的过程,适应性强,能够有效解决多种复杂的非线性问题。而食品安全风险预警正是一个适用支持向量机的复杂问题。使用支持向量机模型研究该问题时,将风险因素映射到一个高纬度的超平面中,基于统计学理论中的结构风险最小化原则进行分类,从而有效地解决问题中的非线性特征,并克服了其他分类方法中广泛存在的过拟合问题。且由于分类是基于结构风险最小化原则进行的,故而在食品安全风险预警的相关样本量较小的情况下也可以进行。图 2-2 为支持向量机结构示意。

2. 模型建立

SVM 的关键在于核函数。在很多问题中,样本向量在低维空间中没有清晰边界,但是存在某个高维空间使其相互分离,支持向量机正是根据这一原理进行分类的。

食品安全风险预警模型将食品安全风险预警问题看作一个分类问题,将收集的食品安全风险事件及事件原因等作为训练样本,将空间进行划分并得到相应分类器,建立起食品安全风险预警模型。对待评估的食品安全风险预警问题则使用该模型基于待评估问题的原因数据进行分类,并根据分类结果预警。

3. 应用范围

支持向量机方法在理论基础上有较强的优势,它能够保证找到的极值解就是全局最优解而非局部最小值,这也就决定了 SVM 方法对未知样本有较好的泛化能力。正因为这些优点,使得 SVM 在应用方面得到了很多领域相关学者的广泛重视,在回归估计、概率密度函数估计、模式识别等领域均有其应用成果,其中模式识别是 SVM 方法的主要应用领域。在模式识别方面,SVM 方法主要应用于手写数字识别、语音识别、人脸检测与识别、文本分类等方面。与传统 BP 神经网络预测模型对比,支持向量机预测模型有明显优势:支持向量机建模过程中引入的交叉验证法实现参数的自动寻优,克服 BP 神经网络隐含层神经元不易确定的缺陷,减少评价过程中主观因素的影响,提高预测结果的准确性。

三、BP 神经网络

1. 基本思想

人工神经网络(artificial neural networks,ANN)是人工智能与专家系统中对不确定性问题进行处理的重要工具。其具有高度解决问题的能力,更以并行处理、自学习、实时性等特点见长。人工神经网络通过大样本训练获得系统隐含规律,不需要严格的输入值间、输入输出值间假设关系,同时能够以区间数、模糊数等方式处理定性信息。人工神经网络以大脑生理变化过程、模仿大脑结构和功能作为基础,具有非线性函数逼近能力以及很强的表现能力与容错性。现在常用的人工神经网络模型是由若干个人工神经元按照一定的拓扑结构连接在一起构成的。随着网络在各个领域的普及,人工神经元网络的发展也有了长足的进步。目前，主要的人工神经网络模型已达到几十种。其中 BP 神经网络模型则是应用最为广泛的。BP 神经网络是一种前馈神经网络。它是由输入层、输出层以及若干隐含层节点构成的网络。

2. 基本步骤

BP 神经网络算法步骤，主要有以下几步。

① 初始化全部连接权的权重，一般设置成较小的随机数，以保证网络不会太早进入饱和状态；

② 取一个模式输入网络，计算出网络的输出值；

③ 确定输出值与期望输出值的误差，然后反向传播权重；

④ 对训练集的每个模式都重复②、③两步，直到整个训练误差达到能令人满意的程度为止。上述过程结束，网络获得一组最佳权值，该组最佳权值即为该模型的参数，然后对该模型进行检验，进而采用该模型进行预警。

3. 应用范围

人工神经网络凭借智能信息处理能力广泛应用于各个领域，其蕴含着的巨大潜力也日趋明显。采用人工神经网络后，许多用传统信息处理方法无法解决的问题都取得了良好的解决效果。

目前，人工神经网络主要应用在信息处理、自动化、工程、医学、经济等领域。

20 世纪 80 年代以来，神经网络的理论研究已在众多的工程领域中取得了丰硕的应用成果。近年来，我国水利工程领域的科技人员已成功地将神经网络的方法用于河川径流预测、砂土液化预测、岩体可爆破性分级及爆破效应预测等工程结构安全监测等许多实际问题中。通过人工神经网络，许多医学检测设备输出的极性和幅值常常能够提供有意义的诊断依据。此外，人工神经网络也常应用于信贷分析和市场预测等经济领域。

BP 神经网络结构简单，训练与调控参数丰富，是神经网络中应用最广泛的一种，在农产品加工时间选择、水果品质预测、检测分类、危害分析与关键控制点（hazard analysis and critical control point，HACCP）中关键控制点的判断；以及在模式识别等研究中有广泛应用。

四、贝叶斯网络

1. 基本思想

贝叶斯网络（Bayesian network）又称信念网络，或有向无环图模型，是一种概率图模型，是处理因果网络中不确定性的基础理论，是条件概率理论。条件概率表示事件 A 在另外一个事件 B 已经发生条件下的发生概率。条件概率表示为 $P(A|B)$，读作"在 B 条件下 A 的概率"。其网络拓扑结构是一个有向无环图（DAG）（图 2-3）。

其中的节点表示随机变量 $\{x_1, x_2 \cdots \cdots x_n\}$，它们可以是可观察到的变量，或隐变量、未知参数等。认为有因果

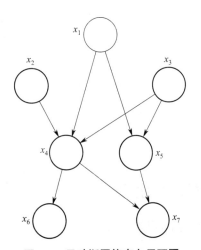

图 2-3　贝叶斯网络有向无环图

关系（或非条件独立）的变量或命题则用箭头来连接。若两个节点间以一个单箭头连接在一起，表示其中一个节点是"因"，另一个是"果"，两节点就会产生一个条件概率值。

例如，假设节点 E 直接影响到节点 H，即 E → H，则用从 E 指向 H 的箭头建立结点 E 到结点 H 的有向弧（E，H），权值（即连接强度）用条件概率 $P(H|E)$ 来表示。

简言之，把某个研究系统中涉及的随机变量，根据是否条件独立绘制在一个有向图中，就形成了贝叶斯网络。其主要用来描述随机变量之间的条件依赖，用圈表示随机变量，用箭头表示条件依赖。

2. 贝叶斯网络的使用

当前国际上有多种贝叶斯网络建模分析工具软件，以下介绍比较常见的几种。

BayesiaLab 是目前最为成熟、完善的软件，采用图形化建模界面，操作简单直观，提供脚本以方便条件概率分布的设定，用户可以选择精确算法或近似算法，支持结构和参数学习，最重要的是该软件支持动态贝叶斯网络建模分析。

Hugin Expert 包括一系列产品，自称是基于贝叶斯网络的人工智能领域的领先者，既可作为单个工具使用，也可集成到其他产品中。该产品支持面向对象贝叶斯网络展示。

MSBNx 是由微软开发的视窗界面软件，易于操作，计算精度高，而且提供了 API 接口（应用程序编程接口），供 VB 调用。但该软件只能对离散变量建模分析，用户不能选择推理算法，不支持结构学习和参数学习。

Netica 是一种图模型建模分析工具，其主要特点是提供图形化的建模界面和概率参数展示界面，而且提供了 API 接口，供 Java 调用。

贝叶斯网络具备很强的描述能力，既能用于推理，还能用于诊断，非常适合于安全性评估。利用贝叶斯网络进行概率安全评估的优点主要包括：

① 贝叶斯网络具有坚实的数学基础，具有描述多态性、非单调性、依赖关系和非确定性逻辑关系的能力。

② 贝叶斯网络所展现的因果关系易于理解，并且容易通过专家经验获取。

③ 贝叶斯网络可以通过参数学习实现网络的定量化，避免了主观性。

④ 贝叶斯网络的前向算法能够用于预计，而后向算法则可以用于诊断。

⑤ 贝叶斯网络易于整合各种证据，可以综合专家经验和测试、运行信息。

⑥ 存在高效率概率推理算法和各种成熟软件。

⑦ 贝叶斯网络可以对不同层次的子系统、系统进行建模分析，然后进行整合，能够较好地实现层次化；另外，面向对象贝叶斯网络引入了类、继承和参考的概念，使得模块化成为可能。

正是基于以上优点，近年来贝叶斯网络在可靠性、安全性领域中得了广泛关注。

五、关联规则

1. 基本思想

关联规则是数据挖掘中最活跃的研究方法之一，是一种在大型数据库中发现变量之间的有趣性关系的方法。它的目的是利用一些有趣性的量度来识别数据库中发现的强规则。最早是针对购物篮分析问题提出的,其目的是发现交易数据库中不同商品之间的联系规则。购物篮子里记录的是一次交易中商品的类别,通过分析大量的交易数据得出这些商品在每次购买行为中出现的规律。

关联规则属于描述性数据挖掘算法,是一种基于无监督学习的算法。与序列挖掘相比,关联规则学习通常不考虑在事务中或事务间项目的顺序。关联规则有效性的度量主要有两个指标,支持度和置信度。支持度是规则能涵盖的交易次数的比例,置信度是指基于前项的条件概率的估计。由于算法会产生大量的可能规则,因此通常采用最小支持度和置信度的阈值来筛选有效规则,缩小可选规则的范围。

2. 基本步骤

关联规则的主要工作包含下面两个方面:

(1)**发现频繁项集** 找出支持度大于或等于用户设置的最小支持度的项集。对于需要约束语义的规则,找出符合规范的项集。

(2)**生成关联规则** 由步骤一发现的频繁项集生成关联规则,并且这些关联规则的置信度不小于用户给定的最小置信度。如存在频繁项集 L,依次检查 L 的各个非空子集 X,生成关联规则 $X \Rightarrow L-X$,得出该关联规则的置信度,保留置信度不小于最小置信度的关联规则,其余舍弃。根据关联规则的性质,这个步骤可以简化为先将 L 的最大子集作为规则的前件进行检验,只有当条件满足时才有必要检验更小的子集。

因为生成关联规则过程不再扫描事务数据库,所以挖掘过程中主要工作是第一步:发现频繁项集。

挖掘关联规则的整个过程可以简化为如图 2-4 所示。

图 2-4 挖掘关联规则过程图

3. 应用范围

关联规则是继贝叶斯、支持向量机等机器学习方法之后的又一重要分类技术,广泛应用于文本分类、Web 文档分类、医学图像分类。在商业销售上,关联规则可用于交叉销售,以得到更大的收入;在保险业务方面,如果出现了不常见的索赔要求组合,则可能为欺诈,需要做进一步的调查;在医疗方面,可找出可能的治疗组合;在银行方面,对顾客进行分析,可以推荐感兴趣的服务等。

项目三 食品安全预警系统构建

系统结构状况决定系统功能,而预警系统结构受制于系统构成要素的不同作用方式与作用机理，系统要素的不同组合决定了预警系统结构的差异，制约着系统功能的实现。为保证预警功能的正常发挥，预警系统至少应由以下部分组成：预警信息采集系统、预警评价指标体系、预警分析与决策系统、报警系统和预警防范与处理系统等。

一、预警信息采集系统

预警信息采集系统是整个预警系统的基础，其主要职责是全面准确地搜集食用农产品的要素投入、生产加工、包装销售等方面的动态信息，以及消费者健康方面的资料和信息，并进行初步整理、加工、存储及传输。该系统是保证预警和应急机构获得高质量信息，充分识别、正确分析突发事件的前提条件。

显然，预警信息采集系统的主要任务是进行资料采集与初步分析，其中最重要的分析工作是对可能造成食品不安全的风险进行辨析和分类。食品安全风险的产生原因是各不相同的，比如食用农产品质量安全风险，按形成过程可分为生产过程中的安全风险（农药、品种、饲料、土壤、水）、加工环节中的安全风险（杂质、混杂、添加剂）和销售环节的安全风险（过期变质、有害包装物）等；按食品种类分，有粮食食用风险、畜产品（兽药、饲料）食用风险、蔬菜食用风险、水产品食用风险等；按控制政策的要求分，有产区风险、销区风险、整个供应链风险等。在正确评价安全风险的基础上，才能开展风险的预警管理工作。

二、预警评价指标体系

以风险信息为基础，借助一定的指标体系，对信息进行分析，提供量化考核标准。为了反映观察对象状况的危机程度并进行数据处理，需要利用统计学技术将各种监测数据转变为能揭示观察对象本质的有关指标，将每个指标值变换为分数值，并根据专家论证确定观察对象各指标的权重，计算出观察对象危险程度的综合分数，确定危险等级，并用相应的灯显示。预警评价的具体指标与数量根据预警内容的不同情况而有所不同，但都应遵循敏感性、独立性、可测性和规范性原则。

预警评价指标通常分为警情指标和警兆指标，警兆指标又分为景气警兆指标和动向警兆指标。警兆指标根据事物间现象间的表面联系来寻找，也可以根据事物间的因果联系来寻找。具体指标设计要根据预警对象来决定。指标筛选时要注重指标的测度能力、含义的重要性和全面性，且指标应准确灵敏、可靠充分。

三、预警分析与决策系统

预警分析与决策系统是利用采集系统提供的风险信息资料，计算出具体的指标值，并根据预先设定的警戒限（阈值），对不同预警对象进行预测和推断，甄别出高危品种、高危地区、高危人群等。一般警戒限的确定主要参考历史数据、国际通用标准和专家咨询法。由于界限值的界定带有一定的主观性，所以它必须根据实际情况不断地进行调整和完善。

食品安全预警分析与决策系统,主要职责是根据出现的警情来寻找食品不安全警兆,或者根据一些非直接指标显示的警兆,运用分析模型,判断食品安全警情发生可能性,前者为逆向推演,后者为正向推演。预警的本质是要确定食品不安全发生的风险概率,提供预警信息,因而预警工作的关键就是要运用预警推断系统,揭示食品安全运行的状态是否正常,以及异常现象出现的概率和原因。

四、报警系统和预警防范与处理系统

报警系统是建立在预警分析与决策系统基础上的,对地区的食品安全状况及其薄弱环节作出判断,找出食品安全控制中存在的重大问题,并及时通报给预警和应急机构,以便及时采取对策,防患于未然。报警系统一般由报警机构、报警制度、报警反馈等组成,其主要职责是及时获得警情信息,自动启动警情上报功能,给予不同程度的警情预报,用黄、橙、绿、红等警示灯显示,或者用巨警、重警、中警、轻警和无警表示警度。

预警防范与处理系统是预警机制形成的最后一个阶段,它根据报警系统的输出信号,针对不同地区、不同产品的食品安全状况,采取解决和消除危险的一系列办法和措施,使消费者处于一定警戒状态,防范与化解食品安全危害。

项目四　食品安全突发事件应急处置

一、应急决策体系

食品生产企业面对食品质量安全突发事件进行的应急决策,仅仅依靠某个个体或者某个部门是难以做到的,食品生产企业必须合理调动各类资源,协调各个部门,充分利用食品安全领域专家和应急领域专家的专业知识和丰富经验。如图 2-5 所示,构建食品生产企业应急决策体系。

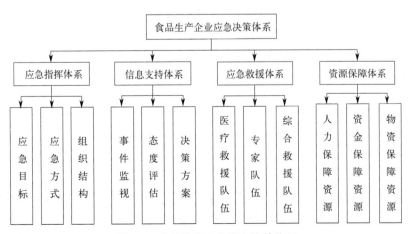

图 2-5　食品生产企业应急决策体系

1. 应急指挥体系

应急指挥体系主要包括食品质量安全突发事件预警、领导决策、组织指挥、协调管理等。当食品质量安全突发事件发生时,应急指挥体系需要迅速完成职能划分、现场救援指挥、资源协调和人力分配,保证食品生产企业应急决策高效运转。应急指挥体系的首要目标是应急救援,控制对消费者健康的伤害,在此基础上,将食品质量安全突发事件对企业的声誉打击、品牌损失控制到最低。

在食品安全事件发生后,政府能够有效控制和处理的关键在于能够及时地指挥和控制。按照《国家食品安全事故应急预案》的要求,在食品安全事件发生后,卫生行政部门依法组织对事故进行分析评估,确定事故级别。根据需要成立食品安全事件应急指挥部,根据突发食品安全事件的情况,组织、指挥、协调各部门及各级应急机构,通过信息搜集、专家咨询,迅速地实施先期处置,果断控制或切断事故发生源头,全力控制事件态势,严防扩散和次生、衍生事件发生。指挥部的职责就是统一指挥控制食品安全应急处置工作;及时发布信息,并根据事故发展态势及时调整;研究重大应急决策和部署相关的其他工作。应急指挥部的具体组织结构如下:

(1)国家重大食品安全事故应急指挥部 特别重大食品安全事故发生后,根据需要成立国家重大食品安全事故应急指挥部(简称国家应急指挥部),负责对全国重大食品安全事故应急处理工作的统一领导和指挥。国家应急指挥部办公室设在食品药品监管部门。国家应急指挥部成员单位根据重大食品安全事故的性质和应急处理工作的需要确定。

(2)地方各级应急指挥部 重大食品安全事故发生后,事故发生地县级以上地方人民政府应当按事故级别成立重大食品安全事故应急指挥部,在上级应急指挥机构的指导和本级人民政府的领导下,组织和指挥本地区的重大食品安全事故应急救援工作。重大食品安全事故应急指挥部由本级政府有关部门组成,其日常办事机构设在食品安全综合监管部门。

(3)重大食品安全事故日常管理机构 国家市场监督管理总局负责国家重大食品安全事故的日常监管工作。地方各级食品安全综合监管部门,要结合本地实际,负责本行政区域内重大食品安全事故应急救援的组织、协调及管理工作。

(4)专家咨询委员会 各级食品安全综合监管部门建立重大食品安全事故专家库,在重大食品安全事故发生后,从专家库中确定相关专业专家,组建重大食品安全事故专家咨询委员会对重大食品安全事故应急工作提出咨询和建议,进行技术指导。

2. 信息支持体系

信息支持体系是对食品质量安全突发事件发生后事件所处状态、情景要素、医疗救援的实时监测,完成信息的收集过程和决策信息的发布,使得医疗应急实施的过程中各类信息有效到达,提高食品生产企业对质量安全突发事件控制的效率,提高应急决策的联动性和整体性。

信息支持系统监测的信息包括:食品质量安全突发事件预警信息(事件趋势预测、后果分析、演化事件、疫情监测等预警信息)、情景信息、应急救援信息、应急资源信息、食品质量安全突发事件应急的知识管理信息等。

3. 应急救援体系

应急救援体系工作内容包括：应急救援方案执行，开展医疗救援；外部环境与企业内部决策系统的沟通，完善渠道信息的交流；食品质量安全突发事件的控制和消费者伤害的控制，优化舆论媒体环境；动态跟踪，实时监测，及时评估反馈食品质量安全突发事件中消费者健康动态；跟踪食品质量安全突发事件发展蔓延状态，更新应急救援数据，并对应急决策方案进行实时的评估优化，有弹性地作出更为合理有效的应对。

4. 资源保障体系

资源保障体系为食品生产企业作出应急决策提供物质保障，本书中资源保障主要是指对人力、资金、物资等资源的调度。人力资源不仅包括企业内部的人力资源，还包括食品质量安全突发事件中政府组织、医疗资源和媒体群众等社会力量。资金的合理调配和充足准备能够帮助食品生产企业顺利地开展应急活动，提高食品生产企业应急的效率。物资的调配能够帮助企业有效地控制食品质量安全突发事件中的不确定性因素，使得企业能够在有限的时间内有效减少损失，控制食品对消费者健康带来的危害和威胁。

二、应急对策

1. 生产企业内部应对策略

食品质量安全突发事件发生后企业必须迅速控制生产线、稳定内部员工情绪。生产线的控制能够帮助企业杜绝不安全食品的生产，员工情绪的稳定能够使得食品生产企业组织体系的运作和生产线的运作处于稳定有序的状态。企业正常的经营秩序能够帮助食品生产企业节省更多的人力、精力去应对食品质量安全突发事件，使企业安稳解决食品质量安全突发事件，还能够提升企业整体的凝聚力，增强企业的信心。

2. 生产企业外部应对策略

食品质量安全突发事件发生后食品生产企业必须迅速与新闻媒体取得有效联系，帮助企业稳定社会大众的心态，防止食品质量安全突发事件进一步恶化。首先是食品生产企业选择能够获得社会认同的企业相关人员作为此次食品质量安全突发事件的发言人，原因有二，其一是此次食品质量安全突发事件的受害者、当前受到影响的社会群体因对食品生产企业并不具有监督检查的权利，需要食品生产企业发声；其二是食品生产企业需要发言人来代表企业的形象，实现食品生产企业与外部环境的信息交换。其次，对于食品生产企业来说，食品质量安全突发事件波及的还包括企业的利益相关者，包括上游供应商、下游分销商和终端零售商，企业需要保护他们的利益，使这些群体和企业团结在一起，共同应对食品质量安全突发事件；最后，发言人必须保证信息的客观性，保证信息的及时和真实，并且态度诚恳，积极担负起企业的责任。当消费者的身体健康受到伤害，食品生产企业需要迅速与受害者取得沟通，及时开展对消费者的补偿等活动，以恢复消费者身体健康和稳定消费者心理状态为目标，尽量满足消费者对企业与产品的要求，可以给予适当的经济补偿。

3. 相关组织部门应对策略

食品质量安全突发事件中食品生产企业相关组织部门包括政府相关部门、相关医疗机构、相关社会组织等。首先是食品生产企业必须与政府相关部门保持良好的关系，尤其是在食品质量安全突发事件发生后，食品生产企业获得政府相关部门的信任与支持后，食品生产企业不仅能够获得更多的资源开展食品质量安全突发事件的应急活动，还能够与政府相关部门共同开展应急活动保证外部环境稳定。其次是食品生产企业必须与相关医疗机构保持良好的关系，尤其是在食品质量安全突发事件发生后，食品生产企业能够迅速获取医疗资源支持，有效开展医疗救援，并且对可能存在的疫情进行检测，防止食品质量安全突发事件恶化。最后是食品生产企业必须与相关社会组织（如红十字会、志愿者协会等组织）保持良好的关系，尤其是在食品质量安全突发事件发生后，食品生产企业能够迅速与相关社会组织取得联系，协调相关资源，及时控制食品质量安全突发事件的发展。

项目五　食品安全的责任

一、食品安全的行政责任

《中华人民共和国食品安全法》法律责任部分采取列举的方式，对违反法律规定，应承担行政责任的违法情形和处罚形式进行了具体的规定，主要有以下几大类行政责任。

1. 未经许可从事食品生产经营活动的法律责任

未取得食品生产经营许可从事食品生产经营活动，或者未取得食品添加剂生产许可从事食品添加剂生产活动的，由县级以上人民政府食品安全监督管理部门没收违法所得和违法生产经营的食品、食品添加剂以及用于违法生产经营的工具、设备、原料等物品；违法生产经营的食品、食品添加剂货值金额不足一万元的，并处五万元以上十万元以下罚款；货值金额一万元以上的，并处货值金额十倍以上二十倍以下罚款。

2. 生产经营禁止生产经营的食品的法律责任

第一，用非食品原料生产食品、在食品中添加食品添加剂以外的化学物质和其他可能危害人体健康的物质，或者用回收食品作为原料生产食品，或者经营上述食品；生产经营营养成分不符合食品安全标准的专供婴幼儿和其他特定人群的主辅食品；经营病死、毒死或者死因不明的禽、畜、兽、水产动物肉类，或者生产经营其制品；经营未按规定进行检疫或者检疫不合格的肉类，或者生产经营未经检验或者检验不合格的肉类制品；生产经营国家为防病等特殊需要明令禁止生产经营的食品；生产经营添加药品的食品，尚不构成犯罪的，由县级以上人民政府食品安全监督管理部门没收违法所得和违法生产经营的食品，并可以没收用于违法生产经营的工具、设备、原料等物品；违法生产经营的食品货值金额不足一万元的，并处十万元以上十五万元以下罚款；货值金额一万元以上的，并处货值金额十五倍以上三十倍以下罚款；情节严重的，吊销许可证，并可以由公安机关对其直接负责的主管人员和其他直接责任人员处五日以上十五日以下拘留。

第二，生产经营致病性微生物，农药残留、兽药残留、生物毒素、重金属等污染物质，以及其他危害人体健康的物质含量超过食品安全标准限量的食品、食品添加剂；用超过保质期的食品原料、食品添加剂生产食品、食品添加剂，或者经营上述食品、食品添加剂；生产经营超范围、超限量使用食品添加剂的食品，腐败变质、油脂酸败、霉变生虫、污秽不洁、混有异物、掺假掺杂或者感官性状异常的食品、食品添加剂；生产经营标注虚假生产日期、保质期或者超过保质期的食品、食品添加剂；生产经营未按规定注册的保健食品、特殊医学用途配方食品、婴幼儿配方乳粉，或者未按注册的产品配方、生产工艺等技术要求组织生产；以分装方式生产婴幼儿配方乳粉，或者同一企业以同一配方生产不同品牌的婴幼儿配方乳粉；利用新的食品原料生产食品，或者生产食品添加剂新品种，未通过安全性评估；食品生产经营者在食品安全监督管理部门责令其召回或者停止经营后，仍拒不召回或者停止经营。尚不构成犯罪的，由县级以上人民政府食品安全监督管理部门没收违法所得和违法生产经营的食品、食品添加剂，并可以没收用于违法生产经营的工具、设备、原料等物品；违法生产经营的食品、食品添加剂货值金额不足一万元的，并处五万元以上十万元以下罚款；货值金额一万元以上的，并处货值金额十倍以上二十倍以下罚款；情节严重的，吊销许可证。

3.食品生产过程不符合规定的法律责任

第一，生产经营被包装材料、容器、运输工具等污染的食品、食品添加剂；生产经营无标签的预包装食品、食品添加剂或者标签、说明书不符合本法规定的食品、食品添加剂；生产经营转基因食品未按规定进行标示；食品生产经营者采购或者使用不符合食品安全标准的食品原料、食品添加剂、食品相关产品，由县级以上人民政府食品安全监督管理部门没收违法所得和违法生产经营的食品、食品添加剂，并可以没收用于违法生产经营的工具、设备、原料等物品；违法生产经营的食品、食品添加剂货值金额不足一万元的，并处五千元以上五万元以下罚款；货值金额一万元以上的，并处货值金额五倍以上十倍以下罚款；情节严重的，责令停产停业，直至吊销许可证。

第二，食品、食品添加剂生产者未按规定对采购的食品原料和生产的食品、食品添加剂进行检验；食品生产经营企业未按规定建立食品安全管理制度，或者未按规定配备或者培训、考核食品安全管理人员；食品、食品添加剂生产经营者进货时未查验许可证和相关证明文件，或者未按规定建立并遵守进货查验记录、出厂检验记录和销售记录制度；食品生产经营企业未制定食品安全事故处置方案；餐具、饮具和盛放直接入口食品的容器，使用前未经洗净、消毒或者清洗消毒不合格，或者餐饮服务设施、设备未按规定定期维护、清洗、校验；食品生产经营者安排未取得健康证明或者患有国务院卫生行政部门规定的有碍食品安全疾病的人员从事接触直接入口食品的工作；食品经营者未按规定要求销售食品；保健食品生产企业未按规定向食品安全监督管理部门备案，或者未按备案的产品配方、生产工艺等技术要求组织生产；婴幼儿配方食品生产企业未将食品原料、食品添加剂、产品配方、标签等向食品安全监督管理部门备案；特殊食品生产企业未按规定建立生产质量管理体系并有效运行，或者未定期提交自查报告；食品生产经营者未定期对食品安全状况进行检查评价，或者生产经营条件发生变化，未按规定处理；学校、托幼机构、养老机构、建筑工地等集中用餐单位未按规定履行食品安全管理责任；食品生产企业、餐饮服务提供者未按规定制定、实施生产经营过程控制要求。由县级以上人民政府食品安全监督管理部门责令改正，给予警告；拒不改正的，处五千元以上五万元以下罚款；情节严重的，责令停产停业，直至吊销许可证。

4. 事故单位未依法处置、报告等不符合规定的法律责任

事故单位在发生食品安全事故后未进行处置、报告的，由有关主管部门按照各自职责分工责令改正，给予警告；隐匿、伪造、毁灭有关证据的，责令停产停业，没收违法所得，并处十万元以上五十万元以下罚款；造成严重后果的，吊销许可证。 未按要求进行食品贮存、运输和装卸的，由县级以上人民政府食品安全监督管理等部门按照各自职责分工责令改正，给予警告；拒不改正的，责令停产停业，并处一万元以上五万元以下罚款；情节严重的，吊销许可证。

5. 进出口食品不符合规定的法律责任

提供虚假材料，进口不符合我国食品安全国家标准的食品、食品添加剂、食品相关产品；进口尚无食品安全国家标准的食品，未提交所执行的标准并经国务院卫生行政部门审查，或者进口利用新的食品原料生产的食品或者进口食品添加剂新品种、食品相关产品新品种，未通过安全性评估；未遵守本法的规定出口食品；进口商在有关主管部门责令其依照本法规定召回进口的食品后，仍拒不召回。尚不构成犯罪的，由县级以上人民政府食品安全监督管理部门没收违法所得和违法生产经营的食品、食品添加剂，并可以没收用于违法生产经营的工具、设备、原料等物品；违法生产经营的食品、食品添加剂货值金额不足一万元的，并处五万元以上十万元以下罚款；货值金额一万元以上的，并处货值金额十倍以上二十倍以下罚款；情节严重的，吊销许可证。

6. 提供交易平台及交易场所违反规定的法律责任

第一，集中交易市场的开办者、柜台出租者、展销会的举办者允许未依法取得许可的食品经营者进入市场销售食品，或者未履行检查、报告等义务的，由县级以上人民政府食品安全监督管理部门责令改正，没收违法所得，并处五万元以上二十万元以下罚款；造成严重后果的，责令停业，直至由原发证部门吊销许可证。

第二，网络食品交易第三方平台提供者未对入网食品经营者进行实名登记、审查许可证，或者未履行报告、停止提供网络交易平台服务等义务的，由县级以上人民政府食品安全监督管理部门责令改正，没收违法所得，并处五万元以上二十万元以下罚款；造成严重后果的，责令停业，直至由原发证部门吊销许可证。

7. 技术及管理机构违反规定的法律责任

第一，承担食品安全风险监测、风险评估工作的技术机构、技术人员提供虚假监测、评估信息的，依法对技术机构直接负责的主管人员和技术人员给予撤职、开除处分；有执业资格的，由授予其资格的主管部门吊销执业证书。认证机构出具虚假认证结论，由认证认可监督管理部门没收所收取的认证费用，并处认证费用五倍以上十倍以下罚款，认证费用不足一万元的，并处五万元以上十万元以下罚款；情节严重的，责令停业，直至撤销认证机构批准文件，并向社会公布；对直接负责的主管人员和负有直接责任的认证人员，撤销其执业资格。

第二，食品安全监督管理等部门、食品检验机构、食品行业协会以广告或者其他形式向消费者推荐食品，消费者组织以收取费用或者其他牟取利益的方式向消费者推荐食品的，由有关主管部门没收违法所得，依法对直接负责的主管人员和其他直接责任人员给予记大过、降级或者撤职处分；情节严重的，给予开除处分。

8. 食品检验人员违反规定的法律责任

食品检验机构、食品检验人员出具虚假检验报告的，由授予其资质的主管部门或者机构撤销该食品检验机构的检验资质，没收所收取的检验费用，并处检验费用五倍以上十倍以下罚款，检验费用不足一万元的，并处五万元以上十万元以下罚款；依法对食品检验机构直接负责的主管人员和食品检验人员给予撤职或者开除处分；导致发生重大食品安全事故的，对直接负责的主管人员和食品检验人员给予开除处分。受到开除处分的食品检验机构人员，自处分决定作出之日起十年内不得从事食品检验工作；因食品安全违法行为受到刑事处罚或者因出具虚假检验报告导致发生重大食品安全事故受到开除处分的食品检验机构人员，终身不得从事食品检验工作。食品检验机构聘用不得从事食品检验工作的人员的，由授予其资质的主管部门或者机构撤销该食品检验机构的检验资质。

9. 政府、行政部门违反规定的法律责任

第一，对发生在本行政区域内的食品安全事故，未及时组织协调有关部门开展有效处置，造成不良影响或者损失；对本行政区域内涉及多环节的区域性食品安全问题，未及时组织整治，造成不良影响或者损失；隐瞒、谎报、缓报食品安全事故；本行政区域内发生特别重大食品安全事故，或者连续发生重大食品安全事故。县级以上地方人民政府有上述行为之一的，对直接负责的主管人员和其他直接责任人员给予记大过处分；情节较重的，给予降级或者撤职处分；情节严重的，给予开除处分；造成严重后果的，其主要负责人还应当引咎辞职。

第二，未确定有关部门的食品安全监督管理职责，未建立健全食品安全全程监督管理工作机制和信息共享机制，未落实食品安全监督管理责任制；未制定本行政区域的食品安全事故应急预案，或者发生食品安全事故后未按规定立即成立事故处置指挥机构、启动应急预案。县级以上地方人民政府有上述行为之一的，对直接负责的主管人员和其他直接责任人员给予警告、记过或者记大过处分；造成严重后果的，给予降级或者撤职处分。

第三，隐瞒、谎报、缓报食品安全事故；未按规定查处食品安全事故，或者接到食品安全事故报告未及时处理，造成事故扩大或者蔓延；经食品安全风险评估得出食品、食品添加剂、食品相关产品不安全结论后，未及时采取相应措施，造成食品安全事故或者不良社会影响；对不符合条件的申请人准予许可，或者超越法定职权准予许可；不履行食品安全监督管理职责，导致发生食品安全事故。县级以上人民政府食品安全监督管理、卫生行政、农业行政等部门有上述行为之一的，对直接负责的主管人员和其他直接责任人员给予记大过处分；情节较重的，给予降级或者撤职处分；情节严重的，给予开除处分；造成严重后果的，其主要负责人还应当引咎辞职。

第四，在获知有关食品安全信息后，未按规定向上级主管部门和本级人民政府报告，或者未按规定相互通报；未按规定公布食品安全信息；不履行法定职责，对查处食品安全违法行为不配合，或者滥用职权、玩忽职守、徇私舞弊。县级以上人民政府食品安全监督管理、卫生行政、农业行政等部门有上述行为之一，造成不良后果的，对直接负责的主管人员和其他直接责任人员给予警告、记过或者记大过处分；情节较重的，给予降级或者撤职处分；情节严重的，给予开除处分。

二、食品安全民事责任

我国食品安全民事责任的主要法律依据是《中华人民共和国民法典》（简称《民法典》），我国《民法典》第五条、第六条、第七条规定民事活动遵循的原则；第八条从事民事活动不得违反国家的法律，不得违背公序良俗；第九条规定了民事主体从事民事活动，应当有利于节约资源、保护生态环境。《民法典》以上五条规定说明了民事活动普遍适用的法律原则，食品生产企业在生产经营过程中违反民事法律规范的，应当承担相应的民事法律责任。民事法律责任的主要形式有停止侵害、排除妨碍、消除危险、返还财产、恢复原状、修理、重作、更换、继续履行、赔偿损失、支付违约金、消除影响、恢复名誉、赔礼道歉等。与食品安全相关的民事法律责任主要有以下几类。

1. 民事赔偿责任优先法律责任

违法食品生产经营者给他人造成了人身、财产或者其他损害的，将依法承担赔偿责任，其财产不足以同时承担民事赔偿责任和缴纳罚款、罚金时，先承担民事赔偿责任。

2. 民事赔偿损失首负法律责任

消费者赔偿首付责任制和惩罚性的赔偿制度，规定了食品生产和经营者接到消费者的赔偿请求以后，应该实行首负责任制和惩罚性赔偿制度，接到消费者赔偿要求的生产经营者，应当实行首负责任制，先行赔付，不得推诿；属于生产者责任的，经营者赔偿后有权向生产者追偿，属于经营者责任的，生产者赔偿后有权向经营者追偿等规定。

3. 承担相关民事法律责任

媒体编造、散布虚假食品安全信息的，除受到行政处罚或行政处分外，给公民、法人或者其他组织造成损害的，将依法承担消除影响、恢复名誉、赔偿损失、赔礼道歉等民事责任。

4. 承担民事连带法律责任

连带责任是指依照法律规定或者当事人约定，两个或者两个以上当事人对其共同债务全部承担或部分承担，并能因此引起其内部债务关系的一种民事责任。当责任人为多人时，每个人都负有清偿全部债务的责任，各责任人之间有连带关系。《食品安全法》有关承担连带责任的规定主要表现在八个方面。

第一，明知从事无证生产经营食品或无证生产食品添加剂的违法行为，仍为其提供生产经营场所或者其他条件的，由县级以上人民政府食品安全监督管理部门责令停止违法行为，没收违法所得，并处五万元以上十万元以下罚款；使消费者的合法权益受到损害的，应当与食品、食品添加剂生产经营者承担连带责任。

第二，明知生产经营有毒有害等不合格问题食品的，仍为其提供生产经营场所或者其他条件的，由县级以上人民政府食品安全监督管理部门责令停止违法行为，没收违法所得，并处十万元以上二十万元以下罚款；使消费者的合法权益受到损害的，应当与食品生产经营者承担连带责任。

第三，集中交易市场的开办者，柜台出租者、展销会的举办者允许未依法取得许可的食品经营者进入市场销售食品，或者未履行检查、报告等义务的，由县级以上人民政府食品安全监督管理部门责令改正，没收违法所得，并处五万元以上二十万元以下罚款；造成严重后果的，责令停业，直至由原发证部门吊销许可证；使消费者的合法权益受到损害的，应当与食品经营者承担连带责任。

第四，网络食品交易第三方平台提供者未对入网食品经营者进行实名登记、审查许可证，或者未履行报告、停止提供网络交易平台服务等义务的，由县级以上人民政府食品安全监督管理部门责令改正，没收违法所得，并处五万元以上二十万元以下罚款；造成严重后果的，责令停业，直至由原发证部门吊销许可证；使消费者的合法权益受到损害的，应当与食品经营者承担连带责任。

第五，食品检验机构出具虚假检验报告，使消费者的合法权益受到损害的，应当与食品生产经营者承担连带责任。

第六，认证机构出具虚假认证结论，使消费者的合法权益受到损害的，应当与食品生产经营者承担连带责任。

第七，广告经营者、发布者设计、制作、发布虚假食品广告，使消费者的合法权益受到损害的，应当与食品生产经营者承担连带责任。

第八，社会团体或者其他组织、个人在虚假广告或者其他虚假宣传中向消费者推荐食品，给消费者造成损害的，将与食品生产经营者承担连带责任。

三、食品安全刑事责任

食品安全相关犯罪是指食品链条中的种植养殖、生产加工、贮藏运输、销售等行为，违反《食品安全法》相关规定，危害或可能危害人民群众身体健康的，依照刑法规定构成犯罪的行为，依法追究刑事责任。食品安全相关的法律责任在《中华人民共和国刑法》（简称《刑法》）中的规定主要包括以下几大类。

1. 生产、销售不符合安全标准的食品法律责任

生产、销售不符合食品安全标准的食品，足以造成严重食物中毒事故或者其他严重食源性疾病的，处三年以下有期徒刑或者拘役，并处罚金；对人体健康造成严重危害或者有其他严重情节的，处三年以上七年以下有期徒刑，并处罚金；后果特别严重的，处七年以上有期徒刑或者无期徒刑，并处罚金或者没收财产。

2. 生产、销售有毒、有害食品法律责任

生产、销售的食品中掺入有毒、有害的非食品原料的，或者销售明知掺有有毒、有害的非食品原料的食品的，处五年以下有期徒刑，并处罚金；对人体健康造成严重危害或者有其他严重情节的，处五年以上十年以下有期徒刑，并处罚金；致人死亡或者有其他特别严重情节的，依照本法第一百四十一条的规定处罚。

3. 非法经营的法律责任

违反国家规定，未经许可经营法律、行政法规规定的专营、专卖物品或者其他限制买卖的物品的；买卖进出口许可证、进出口原产地证明以及其他法律、行政法规规定的经营许可证或者批准文件的；扰乱市场秩序，情节严重的，处五年以下有期徒刑或者拘役，并处或者单处违法所得一倍以上五倍以下罚金；情节特别严重的，处五年以上有期徒刑，并处违法所得一倍以上五倍以下罚金或者没收财产。

4. 食品安全监管类的法律责任

主要是指对食品生产经营负有安全监管责任的人员不履行《食品安全法》规定的职责或者滥用职权，造成严重后果的行为。这类犯罪行为，除了可能构成《刑法》第三百九十七条规定的滥用职权罪、玩忽职守罪以外，还可能构成以下罪名：一是《刑法》第二百二十九条规定的提供虚假证明文件罪、出具证明文件重大失实罪，即食品检验机构的人员违反法律规定，出具虚假检验报告的行为；二是《刑法》第四百一十二条规定的商检徇私舞弊罪、商检失职罪，这主要是指国家商检部门、商检机构的工作人员对进出口食品进行检验时徇私舞弊，伪造检验结果或严重不负责任，对应当检验的物品不检验，或延误出证、错误出证而致使国家利益遭受重大损失的行为；三是《刑法》第四百一十一条规定的放纵走私罪，海关工作人员没有要求出示出入境检验检疫机构签发的通知证明就予以放行，造成严重后果的，应当以放纵走私罪处罚；四是《刑法》第四百一十四条规定的放纵制售伪劣商品行为罪；五是《刑法》第四百零二条规定的徇私舞弊不移交刑事案件罪。

四、食品生产企业需关注的法律责任

新版《食品安全法》提高了食品生产企业的违法成本，强化地方政府、市场监督等部门的监督管理责任，具体见表2-1。

表 2-1　食品生产企业需关注的内容与责任来源清单

一、生产环境条件		
内容	责任来源	责任与惩戒
1.1 厂区无扬尘、无积水，厂区、车间卫生整洁	《食品安全法》第三十三条、GB 14881—2013《食品安全国家标准 食品生产通用卫生规范》3.2	《食品生产经营监督检查管理办法》第三十三条 发现食品生产经营者不符合监督检查要点表一般项目，但情节显著轻微不影响食品安全的，市场监督管理部门应当当场责令其整改。可以当场整改的，检查人员应当对食品生产经营者采取的整改措施以及整改情况进行记录；需要限期整改的，市场监督管理部门应当书面提出整改要求和时限。被检查单位应当按期整改，并将整改情况报告市场监督管理部门。市场监督管理部门应当跟踪整改情况并记录整改结果。不符合监督检查要点表一般项目，影响食品安全的，市场监督管理部门应当依法进行调查处理。 《食品生产经营监督检查管理办法》第三十一条　检查人员应当综合监督检查情况进行判定，确定检查结果。有发生食品安全事故潜在风险的，食品生产经营者应当立即停止生产经营活动
1.2 厂区、车间与有毒、有害场所及其他污染源保持规定的距离	《食品安全法》第三十三条、GB 14881—2013《食品安全国家标准 食品生产通用卫生规范》3.1 和 6.5	第四十九条　食品生产经营者有下列拒绝、阻挠、干涉市场监督管理部门进行监督检查情形之一的，由县级以上市场监督管理部门依照食品安全法第一百三十三条第一款的规定进行处理
1.3 卫生间应保持清洁，应设置洗手设施，未与食品生产、包装或贮存等区域直接连通	《食品安全法》第三十三条、GB 14881—2013《食品安全国家标准 食品生产通用卫生规范》5.1.5	
1.4 有更衣、洗手、干手、消毒设备、设施，满足正常使用	《食品安全法》第三十三条、GB 14881—2013《食品安全国家标准 食品生产通用卫生规范》5.1	《食品生产经营监督检查管理办法》第三十三条 发现食品生产经营者不符合监督检查要点表一般项目，但情节显著轻微不影响食品安全的，市场监督管理部门应当当场责令其整改。可以当场整改的，检查人员应当对食品生产经营者采取的整改措施以及整改情况进行记录；需要限期整改的，市场监督管理部门应当书面提出整改要求和时限。被检查单位应当按期整改，并将整改情况报告市场监督管理部门。市场监督管理部门应当跟踪整改情况并记录整改结果。不符合监督检查要点表一般项目，影响食品安全的，市场监督管理部门应当依法进行调查处理。 《食品生产经营监督检查管理办法》第三十一条　检查人员应当综合监督检查情况进行判定，确定检查结果。有发生食品安全事故潜在风险的，食品生产经营者应当立即停止生产经营活动
1.5 通风、防尘、照明、存放垃圾和废弃物等设备、设施正常运行	《食品安全法》第三十三条、GB 14881—2013《食品安全国家标准 食品生产通用卫生规范》5.1	
1.6 车间内使用的洗涤剂、消毒剂等化学品应与原料、半成品、成品、包装材料等分隔放置，并有相应的使用记录	《食品安全法》第三十三条、GB 14881—2013《食品安全国家标准 食品生产通用卫生规范》5.1	
1.7 定期检查防鼠、防蝇、防虫害装置的使用情况并有相应检查记录，生产场所无虫害迹象	《食品安全法》第三十三条、GB 14881—2013《食品安全国家标准 食品生产通用卫生规范》6.4	
二、进货查验结果		
内容	责任来源	责任与惩戒
2.1 查验食品原辅料、食品添加剂、食品相关产品供货者的许可证、产品合格证明文件，供货者无法提供有效合格证明文件的食品原料，有检验记录	《食品安全法》第五十条、GB 14881—2013《食品安全国家标准 食品生产通用卫生规范》7.2	《食品安全法》第一百二十六条：由县级以上人民政府食品安全监督管理部门责令改正，给予警告；拒不改正的，处五千元以上五万元以下罚款；情节严重的，责令停产停业，直至吊销许可证

续表

二、进货查验结果		
内容	责任来源	责任与惩戒
2.2 进货查验记录及证明材料真实、完整，记录和凭证保存期限不少于产品保质期满后六个月，没有明确保质期的，保存期限不少于二年	《食品安全法》第五十条、GB 14881—2013《食品安全国家标准 食品生产通用卫生规范》14.1	《食品安全法》第一百二十六条：由县级以上人民政府食品安全监督管理部门责令改正，给予警告；拒不改正的，处五千元以上五万元以下罚款；情节严重的，责令停产停业，直至吊销许可证
2.3 建立和保存食品原辅料、食品添加剂、食品相关产品的贮存、保管记录和领用出库记录	GB 14881—2013《食品安全国家标准 食品生产通用卫生规范》7	《食品生产经营监督检查管理办法》第三十三条 发现食品生产经营者不符合监督检查要点表一般项目，但情节显著轻微不影响食品安全的，市场监督管理部门应当当场责令其整改。可以当场整改的，检查人员应当对食品生产经营者采取的整改措施以及整改情况进行记录；需要限期整改的，市场监督管理部门应当书面提出整改要求和时限。被检查单位应当按期整改，并将整改情况报告市场监督管理部门。市场监督管理部门应当跟踪整改情况并记录整改结果。不符合监督检查要点表一般项目，影响食品安全的，市场监督管理部门应当依法进行调查处理。《食品生产经营监督检查管理办法》第三十一条 检查人员应当综合监督检查情况进行判定，确定检查结果。有发生食品安全事故潜在风险的，食品生产经营者应立即停止生产经营活动

三、生产过程控制		
内容	责任来源	责任与惩戒
3.1 有食品安全自查制度文件，定期对食品安全状况进行自查并记录和处置	《食品安全法》第四十七条	《食品安全法》第一百二十六条：由县级以上人民政府食品安全监督管理部门责令改正，给予警告；拒不改正的，处五千元以上五万元以下罚款；情节严重的，责令停产停业，直至吊销许可证
3.2 使用的原辅料、食品添加剂、食品相关产品的品种与索证索票、进货查验记录内容一致	GB 14881—2013《食品安全国家标准 食品生产通用卫生规范》8.1 和 14.1	《食品生产经营监督检查管理办法》第三十三条 发现食品生产经营者不符合监督检查要点表一般项目，但情节显著轻微不影响食品安全的，市场监督管理部门应当当场责令其整改。可以当场整改的，检查人员应当对食品生产经营者采取的整改措施以及整改情况进行记录；需要限期整改的，市场监督管理部门应当书面提出整改要求和时限。被检查单位应当按期整改，并将整改情况报告市场监督管理部门。市场监督管理部门应当跟踪整改情况并记录整改结果。不符合监督检查要点表一般项目，影响食品安全的，市场监督管理部门应当依法进行调查处理。《食品生产经营监督检查管理办法》第三十一条 检查人员应当综合监督检查情况进行判定，确定检查结果。有发生食品安全事故潜在风险的，食品生产经营者应立即停止生产经营活动
3.3 建立和保存生产投料记录，包括投料种类、品名、生产日期或批号、使用数量等	《食品安全法》第四十六条、GB 14881—2013《食品安全国家标准 食品生产通用卫生规范》14.1	《食品安全法》第一百二十六条：由县级以上人民政府食品安全监督管理部门责令改正，给予警告；拒不改正的，处五千元以上五万元以下罚款；情节严重的，责令停产停业，直至吊销许可证

续表

三、生产过程控制		
内容	责任来源	责任与惩戒
3.4 生产或使用的新食品原料，限定于国务院卫生行政部门公告的新食品原料范围内	《食品安全法》第三十七条	《食品安全法》第一百二十四条：尚不构成犯罪的，由县级以上人民政府食品安全监督管理部门没收违法所得和违法生产经营的食品、食品添加剂，并可以没收用于违法生产经营的工具、设备、原料等物品；违法生产经营的食品、食品添加剂货值金额不足一万元的，处五万元以上十万元以下罚款；货值金额一万元以上的，并处货值金额十倍以上二十倍以下罚款；情节严重的，吊销许可证。《刑法》一百四十条、一百四十一条、一百四十三条、一百四十四条
3.5 生产记录中的生产工艺和参数与企业申请许可时提供的工艺流程一致	《食品生产许可管理办法》第三十二条	《食品生产许可管理办法》第五十三条：由原发证的市场监督管理部门责令改正，给予警告；拒不改正的，处1万元以上3万元以下罚款
3.6 建立和保存生产加工过程关键控制点的控制情况记录	《食品安全法》第四十六条、GB 14881—2013《食品安全国家标准 食品生产通用卫生规范》8.1和14.1	《食品安全法》第一百二十六条：由县级以上人民政府食品安全监督管理部门责令改正，给予警告；拒不改正的，处五千元以上五万元以下罚款；情节严重的，责令停产停业，直至吊销许可证
3.7 生产现场无人流、物流交叉污染	《食品安全法》第三十三条、GB 14881—2013《食品安全国家标准 食品生产通用卫生规范》4.1	《食品生产经营监督检查管理办法》第三十三条 发现食品生产经营者不符合监督检查要点表一般项目，但情节显著轻微不影响食品安全的，市场监督管理部门应当当场责令其整改。可以当场整改的，检查人员应当对食品生产经营者采取的整改措施以及整改情况进行记录；需要限期整改的，市场监督管理部门应当书面提出整改要求和时限。被检查单位应当按期整改，并将整改情况报告市场监督管理部门。市场监督管理部门应当跟踪整改情况并记录整改结果。不符合监督检查要点表一般项目，影响食品安全的，市场监督管理部门应当依法进行调查处理。《食品生产经营监督检查管理办法》第三十一条 检查人员应当综合监督检查情况进行判定，确定检查结果。有发生食品安全事故潜在风险的，食品生产经营者应当立即停止生产经营活动
3.8 原辅料、半成品与直接入口食品无交叉污染	《食品安全法》第三十三条、GB 14881—2013《食品安全国家标准 食品生产通用卫生规范》4.1和5.1	
3.9 有温、湿度等生产环境监测要求的，定期进行监测并记录	GB 14881—2013《食品安全国家标准 食品生产通用卫生规范》5.1	
3.10 生产设备、设施定期维护保养并做好记录	GB 14881—2013《食品安全国家标准 食品生产通用卫生规范》5.1和5.2	
3.11 工作人员穿戴工作衣帽，生产车间内不得有与生产无关的个人或者其他与生产不相关物品，员工洗手消毒后进入生产车间	《食品安全法》第三十三条、GB 14881—2013《食品安全国家标准 食品生产通用卫生规范》5.1和6.3	

四、产品检验结果		
内容	责任来源	责任与惩戒
4.1 企业自检的，应具备与所检项目适应的检验室和检验能力，有检验相关设备及化学试剂，检验仪器设备按期检定	GB 14881—2013《食品安全国家标准 食品生产通用卫生规范》9.2	《食品生产经营监督检查管理办法》第三十三条 发现食品生产经营者不符合监督检查要点表一般项目，但情节显著轻微不影响食品安全的，市场监督管理部门应当当场责令其整改。可以当场整改的，检查人员应当对食品生产经营者采取的整改措施以及整改情况进行记录；需要限期整改的，市场监督管理部门应当书面提出整改要求和时限。被检查单位应当按期整改，并将整改情况报告市场监督管理部门。市场监督管理部门应当跟踪整改情况并记录整改结果。不符合监督检查要点表一般项目，影响食品安全的，市场监督管理部门应当依法进行调查处理。《食品生产经营监督检查管理办法》第三十一条 检查人员应当综合监督检查情况进行判定，确定检查结果。有发生食品安全事故潜在风险的，食品生产经营者应当立即停止生产经营活动
4.2 不能自检的，应当委托有资质的检验机构进行检验	GB 14881—2013《食品安全国家标准 食品生产通用卫生规范》9.1	

续表

四、产品检验结果		
内容	责任来源	责任与惩戒
4.3 有与生产产品相适应的食品安全标准文本，按照食品安全标准规定进行检验	《食品安全法》第五十二条	《食品安全法》第一百二十六条：由县级以上人民政府食品安全监督管理部门责令改正，给予警告；拒不改正的，处五千元以上五万元以下罚款；情节严重的，责令停产停业，直至吊销许可证
4.4 建立和保存原始检验数据和检验报告记录，检验记录真实、完整	《食品安全法》第五十一条、GB 14881—2013《食品安全国家标准 食品生产通用卫生规范》9.3	
4.5 按规定时限保存检验留存样品并记录留样情况	《食品安全法》第五十一条、GB 14881—2013《食品安全国家标准 食品生产通用卫生规范》9.3	

五、贮存及交付控制		
内容	责任来源	责任与惩戒
5.1 建立和保存不合格品的处置记录；不合格品的批次、数量应与记录一致	GB 14881—2013《食品安全国家标准 食品生产通用卫生规范》14.1	《食品生产经营监督检查管理办法》第三十三条 发现食品生产经营者不符合监督检查要点表一般项目，但情节显著轻微不影响食品安全的，市场监督管理部门应当当场责令其整改。可以当场整改的，检查人员应当对食品生产经营者采取的整改措施以及整改情况进行记录；需要限期整改的，市场监督管理部门应当书面提出整改要求和时限。被检查单位应当按期整改，并将整改情况报告市场监督管理部门。市场监督管理部门应当跟踪整改情况并记录整改结果。不符合监督检查要点表一般项目，影响食品安全的，市场监督管理部门应当依法进行调查处理。《食品生产经营监督检查管理办法》第三十一条 检查人员应当综合监督检查情况进行判定，确定检查结果。有发生食品安全事故潜在风险的，食品生产经营者应当立即停止生产经营活动
5.2 实施不安全食品的召回，有召回计划、公告等相应记录	《食品安全法》第六十三条、GB 14881—2013《食品安全国家标准 食品生产通用卫生规范》11、《食品召回管理办法》第三章	《食品召回管理办法》第三十八条：由市场监督管理部门给予警告，并处一万元以上三万元以下罚款
5.3 召回食品有处置记录	《食品安全法》第六十三条、GB 14881—2013《食品安全国家标准 食品生产通用卫生规范》11、《食品召回管理办法》第四章	

六、从业人员管理		
内容	责任来源	责任与惩戒
6.1 有食品安全管理人员、检验人员、负责人	《食品安全法》第四十四条、GB 14881—2013《食品安全国家标准 食品生产通用卫生规范》13	《食品安全法》第一百二十六条：由县级以上人民政府食品安全监督管理部门责令改正，给予警告；拒不改正的，处五千元以上五万元以下罚款；情节严重的，责令停产停业，直至吊销许可证
6.2 有食品安全管理人员、检验人员、负责人培训和考核记录	《食品安全法》第四十四条	
6.3 企业负责人在企业内部制度制订、过程控制、安全培训、安全检查以及食品安全事件或事故调查等环节履行了岗位职责并有记录	《食品安全法》第四十四条	

续表

六、从业人员管理		
内容	责任来源	责任与惩戒
6.4 建立从业人员健康管理制度，直接接触食品人员有健康证明，符合相关规定	《食品安全法》第四十五条	《食品安全法》第一百二十六条：由县级以上人民政府食品安全监督管理部门责令改正，给予警告；拒不改正的，处五千元以上五万元以下罚款；情节严重的，责令停产停业，直至吊销许可证
6.5 有从业人员食品安全知识培训制度，并有相关培训记录	《食品安全法》第四十四条	

七、食品安全事故处置		
内容	责任来源	责任与惩戒
7.1 有定期排查食品安全风险隐患的记录	《食品安全法》第一百零二条	《食品安全法》第一百二十六条：由县级以上人民政府食品安全监督管理部门责令改正，给予警告；拒不改正的，处五千元以上五万元以下罚款；情节严重的，责令停产停业，直至吊销许可证
7.2 有按照食品安全应急预案定期演练，落实食品安全防范措施的记录	《食品安全法》第一百零二条	
7.3 发生食品安全事故的，有处置食品安全事故记录	《食品安全法》第一百零三条	《食品安全法》第一百二十八条：由有关主管部门按照各自职责分工责令改正，给予警告

八、食品添加剂生产者管理		
内容	责任来源	责任与惩戒
8.1 原料和生产工艺符合产品标准规定	《食品安全法》第三十九条	《食品安全法》第一百二十二条
8.2 复配食品添加剂配方发生变化的，按规定报告	《食品生产许可管理办法》第三十二条	《食品生产许可管理办法》第五十三条：由原发证的市场监督管理部门责令改正，给予警告；拒不改正的，处1万元以上3万元以下罚款
8.3 食品添加剂产品标签载明"食品添加剂"，并标明贮存条件、生产者名称和地址、食品添加剂的使用范围、用量和使用方法	《食品安全法》第七十条	《食品安全法》第一百二十五条：没收违法所得和违法生产经营的食品、食品添加剂，并可以没收用于违法生产经营的工具、设备、原料等物品；违法生产经营的食品、食品添加剂货值金额不足一万元的，并处五千元以上五万元以下罚款；货值金额一万元以上的，并处货值金额五倍以上十倍以下罚款；情节严重的，责令停产停业，直至吊销许可证

九、其他规定		
内容	责任来源	责任与惩戒
9.1 食品生产经营者应当配合监督检查工作，按照市场监督管理部门的要求，开放食品生产经营场所，回答相关询问，提供相关合同、票据、账簿以及前次监督检查结果和整改情况等其他有关资料，协助生产经营现场检查和抽样检查，并为检查人员提供必要的工作条件	《食品生产经营监督检查管理办法》第二十六条	《食品生产经营监督检查管理办法》第四十九条，《中华人民共和国食品安全法》第一百三十三条：由有关主管部门按照各自职责分工责令停产停业，并处二千元以上五万元以下罚款；情节严重的，吊销许可证；构成违反治安管理行为的，由公安机关依法给予治安管理处罚
9.2 食品生产经营者应当按照检查人员要求，在现场检查、询问、抽样检验等文书以及收集、复印的有关资料上签字或者盖章	《食品生产经营监督检查管理办法》第三十四条	

九、其他规定		
内容	责任来源	责任与惩戒
9.3 食品生产者应当在生产场所的显著位置悬挂或者摆放食品生产许可证正本	《食品生产许可管理办法》第三十一条	《食品生产许可管理办法》第五十二条：由县级以上食品安全监督管理部门责令改正；拒不改正的，给予警告

？训练题

一、判断题

1. 日常监督检查结果为不符合，有发生食品安全事故潜在风险时，餐饮服务提供者应当边整改边经营。（　　）
2. 任何单位和个人不得对食品安全事故隐瞒、谎报、缓报；不得隐匿、伪造、毁灭有关证据。（　　）
3. 食品生产企业应当配合食品安全监督管理部门的风险分级管理工作，不得拒绝、逃避或者阻碍。（　　）
4. 根据《食品生产经营风险分级管理办法》，食品生产企业风险等级一经评定，无法调整。（　　）
5. 根据《食品生产经营风险分级管理办法》，食品生产企业风险等级分为好、中、差三个等级。（　　）
6. 根据《食品生产经营风险分级管理办法》，食品生产企业应当根据风险分级结果，改进和提高生产控制水平，加强落实食品安全主体责任。（　　）
7. 食品生产许可证应妥善保管，一经遗失、损坏将无法补办。（　　）
8. 被许可人以欺骗、贿赂等不正当手段取得食品生产许可的，由原发证的食品安全监督管理部门撤销许可，并处 1 万元以上 3 万元以下罚款。（　　）
9. 食品生产企业未按规定在生产场所的显著位置悬挂或者摆放食品生产许可证的，由县级以上地方食品安全监督管理部门责令改正；拒不改正的，给予警告。（　　）
10. 食品经营许可申请人应当对许可申请材料的真实性负责。（　　）

二、选择题

1. 食品生产企业有发生食品安全事故潜在风险的，应当（　　）并向所在地食品安全监督管理部门报告。
   A. 边生产边整改　　　　　　　　B. 在三日内停止食品生产活动
   C. 立即停止食品生产活动　　　　D. 保持正常生产
2. 根据《中华人民共和国食品安全法》，国家鼓励食品生产企业符合良好生产规范要求，实施（　　），提高食品安全管理水平。
   A. 食品安全自查　　　　　　　　B. 风险分级管理
   C. 危害分析与关键控制点体系　　D. 食品召回
3. 食品安全工作实行（　　），建立科学、严格的监督管理制度。
   A. 预防为主　　B. 风险管理　　C. 全程控制　　D. 社会共治
4. 食品生产企业（　　）的行为是国家鼓励的。
   A. 制定严于食品安全国家标准或者地方标准的企业标准

B. 建立食品安全追溯体系

C. 参加食品安全责任保险

D. 实施危害分析与关键控制点体系

5. 可能产生风险隐患的做法有（　　）。

A. 为了便于运输，保持拌料车间与原料仓库之间物料传递口处于常开状态

B. 包装车间垃圾和废弃物存放设施未加盖密闭

C. 产品成品离地离墙存放

D. 原料贮存仓库无通风设施

6. 餐饮服务提供者应当履行食品安全法定职责和义务有（　　）。

A. 严格制定并实施原料控制要求、过程控制要求

B. 开展食品安全自查，评估食品安全状况，及时整改问题，消除风险隐患

C. 及时妥善处理消费者投诉，依法报告和处置食品安全事故

D. 接受政府监管和社会监督，依法承担行政、民事和刑事责任

7. 生吃水产品存在较高的食品安全风险，加工不当可引起（　　）。

A. 细菌性食物中毒　　　　　　　　B. 食品口感不好

C. 食源性寄生虫病　　　　　　　　D. 食源性肠道传染病

8. 实施 HACCP 管理体系过程中必须注意的问题为（　　）。

A. 食品企业实施 HACCP 管理体系的主体

B.HACCP 管理体系中涉及的卫生要求大部分不是法定标准

C. 关键控制点的监控措施应快速、可操作

D.HACCP 管理体系与 GMP 与 SSOP 不存在联系

9. 作为改进活动的示例有（　　）。

A. 纠正　　　　B. 纠正措施　　　　C. 突变　　　　D. 监视和测量

10. 关于食品生产企业废弃物处理的说法，表述正确的是（　　）。

A. 易腐败的废弃物应尽快清除

B. 应制定废弃物存放和清除制度

C. 废弃物应定期清除

D. 车间外废弃物放置场所应与食品加工场所隔离防止污染

11. 县级以上食品药品监督管理部门履行餐饮服务食品安全监管职责，有权采取以下（　　）措施。

A. 进入生产经营场所实施现场检查，对生产经营的食品进行抽样检验

B. 查阅、复制有关合同、票据、账簿及其他有关资料

C. 依法带走违法涉案人员进行调查处理

D. 查封违法从事食品生产经营活动的场所

12. 食品标志应当标注生产者的（　　）。

A. 名称　　　　B. 地址　　　　C. 住所　　　　D. 联系方式

13. 有机磷农药的存放要求（　　）。

A. 专人保管　　　　　　　　　　　B. 储存在固定的专用场所

C. 可与食品一起存放　　　　　　　D. 不可与食品一起存放

14. 有关备餐操作的要求中正确的是（　　）。

A. 认真检查待供应食品，发现腐败变质或感官异常的，不得供应

B. 分派菜肴、整理造型的用具使用前消毒
C. 加工制作围边、盘花等的材料应符合食品安全要求，使用前应清洗消毒
D. 烹饪后至食用前超过 2 小时的食品，存放在常温环境中

15. 预防致病性大肠埃希菌食物中毒的措施包括（　　）。
A. 存放直接入口食品要低温冷藏
B. 食品加工过程做到生熟分开，防止食品生熟交叉污染
C. 养成良好个人卫生习惯，做到饭前便后洗手
D. 生吃瓜果前要清洗消毒

16. 为保持餐饮生产经营场所清洁，通常的措施包括（　　）。
A. 废弃物加盖封闭储存，并及时清除
B. 有良好的通风排烟系统和无油烟味
C. 风扇、空调应整洁无积尘，排风扇、通风口无油污堆积
D. 下水道通畅无异味

17. 预防致病性大肠埃希菌食物中毒的措施有（　　）。
A. 防止食品被人畜粪便、污水等污染　　B. 采购新鲜食品原料
C. 确保加工用水卫生　　D. 保证食品生产过程卫生

18. 属于预包装食品的包装上应当标明的事项有（　　）。
A. 名称、规格、净含量、生产日期　　B. 成分或者配料表
C. 生产者的名称、地址、联系方式　　D. 产品标准代号

19. 餐饮服务环节发生化学性食物中毒的常见原因为（　　）。
A. 食用了毒蕈、发芽土豆　　B. 食用了含禁用农药的蔬菜
C. 食用了未烧熟煮透的豆浆、四季豆　　D. 误将亚硝酸盐当作食盐

20. 食品企业应定期对合格供应商至少进行一次评价，评价内容主要包括（　　）。
A. 质量安全稳定性　　B. 物资交付及时性
C. 服务情况　　D. 相关资质证明文件的有效性

模块三
食品生产加工安全与控制

 学习目标

掌握食品生产加工场所、布局、设施设备、食材用料、从业人员、生产加工过程、仓储环节食品安全控制技术及方法；熟悉包装质量标准和标签的基本知识；了解食品标签标识、包装储运技术对食品安全控制的重要意义及有关技术要求。

 思政小课堂

事件一 菜籽油生产不合格事件

2022年5月，扬州市场监督管理局委托南京××检测中心对广陵区某超市经营的标称仪征市XX粮油有限公司生产的浓香菜籽油进行监督抽检。经检验，菜籽油中溶剂残留量实测值：19.0mg/kg，不符合GB/T 1536《菜籽油》溶剂不得检出的要求。根据GB/T 1536《菜籽油》中相关要求：压榨菜籽油是指利用机械压力挤压油菜籽制取的菜籽原油经精炼加工制成的油品，浸出菜籽油是指利用溶剂溶解油脂特性，从油菜籽料胚或预榨饼中制取的菜籽原油经精炼加工制成的油品，故检出溶剂残留可以确认加工工艺为浸出。而该公司生产并销售的浓香菜籽油标签标示加工工艺为压榨，虚假标注产品的加工工艺。依法认定，该公司生产的上述浓香菜籽油为标签含有虚假内容的食品。

事件二 某饮食有限责任公司体系审核不合格事件

某管理体系认证机构对XX饮食有限责任公司进行QMS和FSMS认证，该公司加工中心为6个社区养老服务驿站的老年人提供午餐的供餐服务。现场审核过程中，审核员发现在加工场所餐食分装间制备好的餐食分装在消毒后的塑料保温桶中，装了餐食的保温桶上没配有任何标签，陪同人员顾某（食品安全小组长）告知，一般会在装车前检查时再贴配送标签。在配送装车一直到达配送地分餐结束，审核员看到每个保温桶/箱贴有配送标签，但只标识了餐品的名称，未标注生产单位名称、地址、联系电话、食用时限提示等内容。不符合质量管理体系中8.5.2标识和可追溯性以及食品安全管理体系8.9.5撤回/召回的要求。企业相关人员对餐饮服务过程中的可追溯管理意识程度不够，同时对相关标准法规中标签管理的要求学习不到位，习惯性按普通餐饮产品对待，造成标签不规范，未能符合相关标准要求。

通过学习，要培养责任与使命担当的敬业精神、精益求精的传承与创新精神；诚实守信，对法律的敬畏感。要了解先进科学技术的发展趋势，我国在食品加工领域的世界领先地位，激发爱国热情。要具备对待科学的严谨态度，勇于探索的创新精神和终身学习的思想理念。

项目一 生产场所、布局与设施设备

食品加工场所、工艺设施规划内容主要包括：供水及排水、通风及排气、采光及照明、卫生与清洗消毒、更衣洗手、人流与物流、仓储及物流、不合格及废料处理、清洁工器具设施与设备配置，以及装修材料选择与装修建议等。

食品加工工艺布局设计成果文件主要有产品说明、产品加工流程图、平面布置图、人流/物流图、供水/排水网络图、卫生设施/设备配置建议、照明配置等。

一、选址与环境

1. 生产加工区选址

食品工厂厂址选择要求

食品生产加工企业选址原则一般包括以下几点。

① 生产加工区不应选择对食品有显著污染的区域。若某地对食品安全和食品宜食用性存在明显的不利影响，且无法通过采取措施加以改善，应避免在该地建厂。

应充分考虑水源、能源、交通、风向、污水及废弃物处理和可能带来污染的场所等条件。已经建成投产的工厂，应从硬件、软件等方面着手进行改善，结果要以不影响食品安全为准则。采取措施不能改善就应该重新选址进行搬迁。

显著污染的区域主要包括（表3-1）

表3-1 显著污染区域分类

序号	污染区域类别	污染区域包括内容
1	天然污染源	活动火山、放射性矿山等
2	工业污染源	煤矿、钢铁厂、水泥厂、炼铝厂、有色金属冶炼厂、磷肥厂、硝酸厂、硫酸厂、石油化工厂、化学纤维厂等重污染工厂
3	农业污染源	不合理施用化肥和农药的农场，定期喷洒防治虫害的森林地带，大片农膜覆盖区域等
4	运输污染源	大型货运中转站，车辆、飞机、轮船来往密集的场所
5	生活污染源	城市垃圾填埋场所、污水处理厂、人口密集卫生条件差的生活集聚区

显著污染的区域不包括以下区域或设施。

a. 工厂自带的配套污水处理设施、垃圾处理设施等。

b. 工厂内锅炉房、食堂、洗手间、大型制冷装置等可能导致污染的设施。

c. 原粮类原料验货区、装卸区、运输发货区等可能引起粉尘等污染的场所及其配套设施。

d. 易腐原料处理区、存放区、堆积区等与生产相关的区域。

采取的改善措施包括但不限于：

a. 机械回收农膜，微生物降解农药污染等。

b. 换土、去表层土和深耕翻土等。

c. 固化稳定化、氧化还原、农业修复、生物修复等土壤治理措施。

d. 减排、采用绿色能源，增加厂房密闭性、加装空气过滤设施等大气污染防护措施。

e. 采用过滤、沉淀、混凝、絮凝、膜过滤等物理、化学和生物修复措施。

② 生产加工区不应选择有害废弃物，以及粉尘、有害气体、放射性物质和其他扩散性污染源不能有效清除的地址。食品厂应当首选食品工业园。一旦发现生产加工区四周出现可能影响食品安全情况，需及时和工业园区管理部门及当地相关政府部门沟通，采取必要措施。

③ 生产加工区不应选择易发生洪涝灾害的地区，设计必要的防范措施。

洪涝灾害影响包括：影响水源卫生，易引起原料、成品仓储污染；易引起食品生产场所和设备受淹，形成食品安全隐患；易造成污水反流，影响生产加工区卫生或造成污染；灾后处置不当，直接引发食品安全问题；增加生产经营成本等。

已建地势低洼的工厂，应采取的防范措施有：加设围堤，建设坚固的厂房设施，设置良好的排水管网及地道，设置必备的应急设施（抽水泵、挡水沙）等；建立应急预案并定期演练，加强基础设施维护等。

④ 生产加工区周围不宜有虫害大量滋生的潜在场所，难以避开时应设计必要的防范措施。

已建与农田相邻的工厂，应采取如下防范措施：

a. 农田侧设立2.5m高的实体围墙。

b. 在围墙内至少5m进行地面硬化处理。

c. 维护生产加工区建筑，不允许存在害虫可以进入的裂缝或孔洞（10mm）。

d. 广泛采用门帘、纱网、防鼠板、防蝇灯、风幕等，准确绘制虫害控制平面图，标明捕鼠器、防鼠板、防蝇灯、室外诱饵投放点、生化信息素捕杀装置等放置的位置。

e. 坚持制定和执行虫害控制计划，并定期检查，一旦发现虫害痕迹，应追查来源，消除隐患。

加工区应距离粪坑、污水池、暴露垃圾场（站）、旱厕等污染源25m以上。水源宜采用自来水，热能宜采用燃气锅炉，电能充足。

2. 生产加工区环境

生产加工区环境一般要注意以下几方面要求。

① 应考虑环境给食品生产带来的潜在污染风险，并采取适当的措施将其降至最低水平。生产加工区的潜在污染风险主要包括：食品生产区域的环境卫生状况，绿化、地面、排水等设施的设置合理性和维护、保持状况，各功能区的设置合理性，虫害等不利因素的防治状况，卫生间、食堂、锅炉等辅助设施的设置和保持状况，原料仓储、运输等其他可能存在潜在影响的污染风险较高区域的设置及维护状况。

② 生产加工区应合理布局，各功能区域划分明显，并有适当的分离或分隔措施，防止交叉污染。废水、废气、废渣处理及垃圾回收站等应置于生产加工区全年最大频率风向的下风侧，不得露天堆放，设置围墙与生产区域进行隔离。

③ 厂区内的道路应铺设混凝土、沥青或者其他硬质材料；空地应采取必要措施，如铺设水泥、地砖草坪等方式，保持环境清洁，防止正常天气下扬尘和积水等现象的发生。生产加

工区内的道路不得裸露，应铺设耐碾压的混凝土，承受碾压不低于 $2\times10^5 N/m^2$。

④ 生产加工区绿化应与生产车间外墙保持至少 1m 的硬化距离，植被应定期维护，以防止虫害滋生。每天清扫和检查生产加工区及周围环境，及时清除害虫、老鼠藏匿的草丛、地洞等，清除树上的蜂巢、鸟巢等，必要时可使用杀虫剂进行杀灭；发现设施损坏，应及时维修，确保其完好。绿化宜为 10m 以下的针叶小乔木（如青松）、草坪等，不宜种植高大茂盛、根系过于发达的植物，不得种植有毒有害、吸引蜜蜂和蝴蝶的花草或杨柳等吐絮植物。

⑤ 防止食品污染，首先应注意生产区域的环境卫生，避免人畜粪便、污水和有机废物污染环境，控制虫害。

⑥ 生产、仓储等区域内不应饲养宠物。保安室等因需饲养警戒犬的应当用铁链圈养，警戒犬居所位置与食品生产区域之间应当有至少 10m 的硬化道路等隔离措施。

⑦ 宿舍、食堂、职工娱乐设施等生活区应与生产区保持适当距离或分隔。可通过单体建筑、承重墙、到顶的轻体墙等方式进行分隔。

二、工厂设计

1. 工厂设计原则

设计主要原则包括以下几个方面。
① 工艺设计与食品安全卫生管理相结合。
② 生产流程与布局合理优化。
③ 加工区域的食品卫生等级合理化。
④ 建筑结构对食品卫生影响最小化。
⑤ 注重食品卫生设施／设备的细节。
⑥ 规划设计与生产效率相结合。
⑦ 人流／物流／气流对食品卫生影响最小化。
⑧ 交叉污染控制合理化。
⑨ 确保加工用水／冰／蒸汽的安全卫生。

2. 工艺设计要求

① 厂房和车间的内部设计和布局应满足食品卫生操作要求，避免食品生产中发生交叉污染。

② 硬件应考虑空间大小、清洁程度不同区域隔离、人流物流分离、工艺流程顺畅等。

③ 厂房和车间的设计应根据生产工艺合理布局，预防和降低产品受污染的风险。主要考虑原辅料或产品间的交叉污染。包含人、物、空间气体间交叉污染三方面。不同清洁区域、人员净化、物料净化和其他辅助用房应分区布置，同时应考虑生产操作、工艺设备安装和维修、管线布置、气流流型，以及净化空调系统各种技术设施的综合协调。从而使厂房和车间的布置满足生产工艺过程要求，保证工艺流程顺畅，便于各生产环节互相衔接及加工过程的卫生控制。

生产区域的布局要顺应工艺流程，避免生产流程的迂回往返；物料传递路线尽量短捷，尽量利用室内传递设施；对于有位差的设备，应充分利用高位差进行布置，以节省动力设备及费用；车间人流、物流入口应尽量少；生产区域只布置必要的工艺设备，设备与设备之间具有一定的间隙便于开展生产、清洁、检查、维护工作。

④ 厂房和车间应根据产品特点、生产工艺、生产特性，以及生产过程对清洁程度的要求合理划分作业区，并采取有效分离或分隔。食品生产分为清洁作业区、准清洁作业区和一般作业区。一般作业区应与其他作业区域分隔。

⑤ 厂房内设置的检验室应与生产区域分隔。检验室应配备相关设备设施，确保检验用的化学试剂、实验用的废弃物等不出现在生产区域，以防被不当利用，危及食品安全。

⑥ 厂房的面积和空间应与生产能力相适应，便于设备安置、清洁消毒、物料存储及人员操作。生产车间和贮存场所的配置及使用面积与产品质量要求、品种和数量相适应。生产车间人均占地面积（不包括设备占位）不能少于 $1.5m^2$。

生产车间内设备与设备间、设备与墙壁之间，应有适当的通道或工作空间，其宽度一般应在 90cm 以上，保证员工操作（包括清洗、消毒、机械维护保养），不会因衣服或身体的接触而污染食品或内包装材料。

三、车间布局

食品生产加工区应按生产工艺过程的顺序进行合理布局，各功能区域划分明显，并有适当的分离或分隔措施，防止交叉污染。

行政、生活、生产、仓储和辅助功能区域应明确区分，不得互相干扰。生产加工区总平面布置、车间布置、施工要求，以及相应生产线性、动力性、生活性等辅助设施可参考《工业企业设计卫生标准》GBZ 1—2010、《洁净厂房设计规范》GB 50073—2013 等标准。

建筑物、固定装置、墙壁、地板以及车间其他有形设备均应保持良好的状态和清洁度。

不同清洁程度功能区域可通过单体建筑、承重墙、到顶的轻体墙等方式进行分隔；同等级清洁区域可采用划线标志、不同颜色的地墙漆等方式进行分离。

检验室原则上不宜设在生产区内，可设在办公楼内，可单独或毗邻生产车间建设，安置在一体化厂房建筑区域内与生产区分隔的适当位置。

检验室要求通风良好，环境整洁。应当设置更衣柜，配置称量间、干燥室、化学药品柜、文件柜、玻璃器皿柜、中央试验操作台（含纯净水洗涤池）、通风橱、留样间等设备设施。食品成品留样间也可设在生产区域独立的隔间，但需满足阴凉干燥的贮藏条件。

设备布局注意事项：

① 按工艺流程布局，合理垂直或水平流向。

② 易于人员操作和在线控制，原则上操作人员不得横跨生产线。如不能避免，则暴露的生产线应加便于清洁的可拆卸防护罩。

③ 与地面排污设施相协调，避免遮盖排水地漏。

④ 危险的移动部件（如吊机、升降台）考虑人员安全，应有相对固定位置。

⑤ 需要人工运输墩板，需使用无污染的方式覆盖运送。

四、给排水

食品生产用水与食品品质密切相关。水质的好坏直接影响食品的质量,常见的变色、褪色、着色、异臭、异味、混浊、沉淀、结晶、腐败等食品问题都极有可能是水质原因造成的。

食品工厂生产设备要求

食品工厂厂房要求

1. 供水设施

食品生产企业应能保证水质、水压、水量及其他要求符合生产需要。食品加工用水水质应符合《生活饮用水卫生标准》GB 5749—2022 的规定,对加工用水水质有特殊要求的食品应符合相应规定。冷却水、锅炉用水等食品生产用水的水质应符合生产需要。其中:

① 用于食品熟化、干燥室等处的加湿蒸汽的原水水质必须符合 GB 5749—2022 的规定。

② 用于盐水罐间接加热或制冷的媒介水质应符合 GB 5749—2022 的规定,或设置压力表监控压差,避免穿孔污染。

③ 配料采用净化水的食品用水,应当符合相关技术文件要求,如电导率小于 $20\mu s/cm$,一般 pH 值为 6.5~8.5。

④ 不得回收使用冷凝水作为生产加工用水。

食品加工用水与其他不与食品接触的用水(如间接冷却水、污水或废水等)应以完全分离的管路输送,避免交叉污染。各管路系统应明确标志(以不同颜色)以便区分。供水管道应尽可能短并避免盲端(即存有死水的地方)。

水可来源于自备水源或市政管网。自备水源指生产企业从地表水(如江河、水库等)、地下水(如井水等)抽取。自备水源及供水设施应符合有关规定。供水设施中使用的涉及饮用水卫生安全产品还应符合国家相关规定。

二次供水设施(储水池及管道)应依据《二次供水设施卫生规范》GB 17051—1997 等标准执行。

食品加工用水的贮水设备应以无毒、不会导致水质污染的材料构筑,应采取有效的措施防止落入异物,并定期清洗,必要时进行消毒。

涉水产品的使用应当符合《涉及饮用水卫生安全产品分类目录(2011 年版)》《新消毒产品和新涉水产品卫生行政许可管理规定》《关于利用新材料、新工艺和新化学物质生产的涉及饮用水卫生安全产品判定依据的通告》等相关规定的要求。

食品生产中的蒸汽不论其用途,必须符合食品卫生要求。直接喷射到食品和食品接触面的蒸汽,须经过滤,除去杂物。

2. 排水设施

排水系统的设计和建造应保证排水畅通、便于清洁维护;应适应食品生产的需要,保证食品及生产、清洁用水不受污染。排水系统入口应安装带水封的地漏等装置,以防止固体废弃物进入及浊气逸出。地漏与地面的连接处一定要保证密封吻合。排水系统出口应有适当措施(盖、网、栅)以降低虫害风险。网格孔径小于或等于 6mm。

室内排水的流向应由清洁程度要求高的区域流向清洁程度要求低的区域,且应有防止逆流的设计。宜采用地漏管网排污水，不宜设置排水明沟。如采用排水沟，侧面与底面交接处应有适当的弧度（曲率半径在3cm以上）且排水沟应有约3.0%的倾斜度。

污水在排放前应经适当处理，以符合国家污水排放的相关规定《污水综合排放标准》（GB 8978—1996）等标准要求，各食品加工行业有排放标准要求按照行业标准执行。

排水设施具体要求如下。

① 排水沟应采用硬质、不易渗水、耐腐蚀材料铺设。

② 内表面平整、易清洁，底部有圆弧便于清洁维护。

③ 排水沟无静止态污水。

④ 车间内排水系统入口应安装带水封的地漏等装置。

⑤ 生产加工区通往围墙外部、车间通往生产加工区等处的排水沟应加装孔洞不大于6mm的过滤网。

⑥ 生产加工场所内排水的流向应由清洁程度要求高的区域流向清洁程度低的区域，地漏足够，且应有防止逆流的设计。

五、卫生设施

1. 个人卫生设施

《食品安全国家标准 食品生产通用卫生规范》（GB 14881—2013）等对个人卫生设施进行了规定。

① 食品生产场所或生产车间入口处应设置更衣室；特殊食品（如婴童食品等）需要设置二次更衣室。更衣室应保证个人服装及其他物品与工作服分开放置。

a. 更衣室设于生产车间进口处，并靠近洗手设施。分设男女更衣室，其大小与生产人员数量相适应，更衣室内照明、通风良好，有消毒装置。

b. 更衣柜宜具备通风功能，紧贴地面或者离开地面便于打扫。更衣柜宜有多层分隔。使用更衣柜，只限于放置私人衣物，更衣柜采用不发霉、不生锈、内外表面易清洁的材料制作，柜顶下斜约45°。

c. 更衣室应当照明、空间充足，以便检查和清洁。

② 入口及车间内应设置阻挡式换鞋柜、不锈钢换鞋凳等设施，其规格型号应满足消毒需要。

③ 应根据需要设置卫生间，卫生间的结构、设施与内部材质应易于保持清洁；卫生间内的适当位置应设置洗手设施。卫生间不得与食品生产、包装或贮存等区域直接连通。应设置冲水式便池，配备便刷，每20人至少设1个蹲位。

④ 应在清洁作业区入口设置洗手、干手和消毒设施；应在车间作业区内适当位置加设洗手设施；与消毒设施配套的水龙头其开关应为非手动式（脚踏式或感应式）。

⑤ 洗手设施的水龙头数量应与同班次食品加工人员数量相匹配，应设置冷热水混合器确保20～50℃水温。洗手池应采用光滑、不透水、易清洁的材质制成，其设计及构造应易于清洁消毒。应在临近洗手设施的显著位置标示简明易懂的洗手方法。应设热烘干手装置，酒精喷雾消毒装置，200人以内，每10人设1个出水口，超过200人，每增加20人，增加

1个出水口。手消毒的程序是：双手及指甲用清水清洗（水龙头开关为非手动式）；用皂液洗，并用刷子刷；用清水冲洗；用50～100mg/L的有效氯溶液浸30 s；用清水冲洗；包装车间员工还应用干手器吹干。

⑥ 根据对食品加工人员清洁程度的要求，必要时应可设置风淋室、淋浴等设施。应设置风淋室（至少10s）、粘辊等工具或设施，减少头发等异物带入车间。进车间个人卫生整理顺序：整理头发→戴发网→戴工帽→穿工作上衣→穿工裤→换工鞋→除工服上的毛发→洗手消毒。

⑦ 更衣室处宜配置个人物品柜，原则上手机、钥匙等物品不得带入车间现场。必要时，应当使用相关防护口袋等。员工眼镜宜采用树脂镜片、全框等防脱落、防破碎。

⑧ 车间的入口处宜设置鞋底粘毛垫，宽度不小于门的宽度或是通道的宽度。

2. 废弃物存放设施

废弃物的收集和处置应符合国家关于危险废弃物管理如《中华人民共和国固体废物污染环境防治法》《生活垃圾分类制度实施方案》等相关法律法规的规定。

应配备设计合理、防止渗漏、易于清洁的存放废弃物的专用设施；车间内存放废弃物的设施和容器应标志清晰。必要时应在适当地点设置废弃物临时存放设施，并依废弃物特性分类存放。

厂房及车间内废弃物的存放容器或设施的容量应满足收集盛放生产过程中产生和积累的废弃物需要。避免使用其他产品或材料的包装物来充当废弃物的存放设施。

废弃物存放容器或设施应使用耐用、可清洁消毒和无吸附性材料制作，设计上应当能够防止昆虫和鼠类动物进入并防止泄露材料，内部可放置塑料袋或抗湿的纸袋，以方便废弃物的转运。

废弃物临时存放设施清理时间不超过24h，并应按固体、液体、危险废弃物等分类存放。

对废弃物进行集中分类收集，同时对存放设施和容器使用文字、图案或不同颜色等方式进行明确的标识。

采用脚踏开盖方式防止生产人员的手受到污染。

宜建设废弃物回收房，远离生产加工区域，同样需要防虫鼠害。

3. 通风设施

食品加工企业应有适宜的自然通风或人工通风设施；必要时应通过自然通风或机械设施有效控制生产环境的温度和相对湿度。通风设施应避免空气从清洁度要求低的作业区域流向清洁度要求高的作业区域。合理设置进排气口位置，进气口与排气口和户外垃圾存放装置等污染源保持适宜的距离和角度。进气口必须距地面2m以上，进、排气口应装有防止虫害侵入的网罩（孔径小于6mm）等设施。通风排气设施应易于清洁、维修或更换，通风口应装有耐腐蚀网罩。

需要对干燥室、包装间等空气进行过滤净化处理，应加装空气过滤装置并定期清洁。通入管制作业区的空气须经净化处理，加装空气过滤装置并定期清洁。必要时，在人工投料口等处应安装除尘设施。

在更衣室、洗手间、干燥房等有气体（蒸汽及有毒有害气体）产生而有可能污染食品的场所，设置排除、收集或控制装置。

六、清洗消毒设施

食品生产通用卫生规范对清洁消毒设施进行规定：食品加工企业应配备足够的食品、工器具和设备的专用清洁设施，必要时应配备适宜的消毒设施。应采取避免清洁、消毒工器具带来的交叉污染的措施。

① 食品加工企业应建立清洁、消毒设施的管理、检查和维修制度等。

② 清洁、消毒工器具应有良好的卫生设计，不会在生产过程中对产品带来污染，使用方法应能避免给食品带来化学污染，使用时防止交叉污染。

③ 用于清洁与产品直接接触面的工具应当标识清晰，便于与其他清洁工具相区分。

④ 清洁工器具（水刮、地拖、刷子、小铲刀等）应坚实耐用，不易掉下碎屑、没有空心体，禁止使用金属清洁球、木质杆扫帚（拖把）等易腐蚀易伤害设备设施、易交叉污染的清洁工器具。使用纤维丝等扫帚时应当采用良好防护罩，无破损无毛边，避免脱落造成异物污染。

⑤ 清洁工具应处于良好状态，以免老化、脱落等带来物理污染。所有清扫、清洁工具上严禁粘缠胶带、铁丝等临时修复措施。

⑥ 清洁消毒工器应定置管理，具有良好陈列架，不使用时离地存放在专用架上保持干燥。

⑦ 应配置可用于冲洗地面、设备表面及内表面的高压水枪，良好支架。

⑧ 设备机台宜采用真空吸尘器干法预清洁，不同吸嘴用于清洁不同地方。

项目二　食品原辅材料安全与控制

一、禁止性规定

1. 法律法规对禁止性规定要求

《食品安全法》中规定，禁止生产经营下列食品、食品添加剂、食品相关产品：

① 用非食品原料生产的食品或者添加食品添加剂以外的化学物质和其他可能危害人体健康物质的食品，或者用回收食品作为原料生产的食品。

② 致病性微生物、农药残留、兽药残留、生物毒素、重金属等污染物质以及其他危害人体健康的物质含量超过食品安全标准限量的食品、食品添加剂、食品相关产品。

③ 用超过保质期的食品原料、食品添加剂生产的食品、食品添加剂。

④ 超范围、超限量使用食品添加剂的食品。

⑤ 营养成分不符合食品安全标准的专供婴幼儿和其他特定人群的主辅食品。

⑥ 腐败变质、油脂酸败、霉变生虫、污秽不洁、混有异物、掺假掺杂或者感官性状异常的食品、食品添加剂。

⑦ 病死、毒死或者死因不明的禽、畜、兽、水产动物肉类及其制品。

⑧ 未按规定进行检疫或者检疫不合格的肉类，未经检验或者检验不合格的肉类制品。

⑨ 被包装材料、容器、运输工具等污染的食品、食品添加剂。

⑩ 标注虚假生产日期、保质期或者超过保质期的食品、食品添加剂。

⑪ 无标签的预包装食品、食品添加剂。

⑫ 国家为防病等特殊需要明令禁止生产经营的食品。

⑬ 其他不符合法律、法规或者食品安全标准的食品、食品添加剂、食品相关产品。

《食品安全法实施条例》禁止性规定保健食品、特殊医学用途配方食品、婴幼儿配方食品等特殊食品不属于地方特色食品，不得对其制定食品安全地方标准。食品生产企业不得制定低于食品安全国家标准或者地方标准要求的企业标准。

2. 餐饮服务对禁止性规定要求

餐饮服务提供者委托餐具饮具集中消毒服务单位提供清洗消毒服务的，应当查验、留存餐具饮具集中消毒服务单位的营业执照复印件和消毒合格证明。保存期限不得少于消毒餐具饮具使用期限到期后6个月。

餐具饮具集中消毒服务单位应当建立餐具饮具出厂检验记录制度，如实记录出厂餐具饮具的数量、消毒日期和批号、使用期限、出厂日期，以及委托方名称、地址、联系方式等内容。出厂检验记录保存期限不得少于消毒餐具饮具使用期限到期后6个月。消毒后的餐具饮具应当在独立包装上标注单位名称、地址、联系方式、消毒日期和批号及使用期限等内容。

3. 食品生产加工小作坊禁止生产加工的食品品种目录

我国传统食品制造业小作坊众多，风险隐患突出，历来是食品安全控制的难点和监管痛点。2015年来，全国多省、多地级市食品安全监督管理有关部门，根据地方食品生产加工小作坊、小餐饮和食品摊贩有关管理条例，陆续制定出台了地方的食品生产加工小作坊禁止生产加工的食品品种目录。

为进一步指导地方市场监管部门加强对食品生产加工小作坊的监管，督促落实小作坊食品安全主体责任，确保小作坊食品质量安全，市场监管总局2020年2月6日专门印发了《关于加强食品生产加工小作坊监管工作的指导意见》，实行小作坊食品"负面清单"管理。省级市场监管部门要依据《食品安全法》、食品小作坊地方性法规和相关制度规定，结合地方传统食品特色、消费习惯和食品安全状况，统一制定小作坊食品目录管理制度，建立禁止小作坊生产加工食品的"负面清单"。

4. 学校食品经营禁止性规定

教育部、国家市场监督管理总局、国家卫生健康委员会联合发布了《学校食品安全与营养健康管理规定》（2019年4月1日起施行）。规定中小学、幼儿园一般不得在校内设置小卖部、超市等食品经营场所，确有需要设置的，应当依法取得许可，并避免售卖高盐、高糖及高脂食品。学校自主经营的食堂应当坚持公益性原则，不以营利为目的。实施营养改善计划的农村义务教育学校食堂不得对外承包或者委托经营。

5. 禁止性规定解读

（1）食品中不得添加药品　《食品安全法》第38条规定，生产经营的食品中不得添加药品，但是可以添加按照传统既是食品又是中药材的物质。

既是食品又是药品的物品、可用于保健食品的物品、保健食品禁用物品名单详见卫生部（现国家卫生健康委员会）《关于进一步规范保健食品原料管理的通知》（卫法监发［2002］51号）及附件，如表3-2所示。

表3-2　保健食品原料及禁用物品名单

类别	名单
既是食品又是药品的物品名单（按笔画顺序排列）	丁香、八角茴香、刀豆、小茴香、小蓟、山药、山楂、马齿苋、乌梢蛇、乌梅、木瓜、火麻仁、代代花、玉竹、甘草、白芷、白果、白扁豆、白扁豆花、龙眼肉（桂圆）、决明子、百合、肉豆蔻、肉桂、余甘子、佛手、杏仁（甜、苦）、沙棘、牡蛎、芡实、花椒、赤小豆、阿胶、鸡内金、麦芽、昆布、枣（大枣、酸枣、黑枣）、罗汉果、郁李仁、金银花、青果、鱼腥草、姜（生姜、干姜）、枳椇子、枸杞子、栀子、砂仁、胖大海、茯苓、香橼、香薷、桃仁、桑叶、桑椹、橘红、桔梗、益智仁、荷叶、莱菔子、莲子、高良姜、淡竹叶、淡豆豉、菊花、菊苣、黄芥子、黄精、紫苏、紫苏籽、葛根、黑芝麻、黑胡椒、槐米、槐花、蒲公英、蜂蜜、榧子、酸枣仁、鲜白茅根、鲜芦根、蝮蛇、橘皮、薄荷、薏苡仁、薤白、覆盆子、藿香
可用于保健食品的物品名单（按笔画顺序排列）	人参、人参叶、人参果、三七、土茯苓、大蓟、女贞子、山茱萸、川牛膝、川贝母、川芎、马鹿胎、马鹿茸、马鹿骨、丹参、五加皮、五味子、升麻、天门冬、天麻、太子参、巴戟天、木香、木贼、牛蒡子、牛蒡根、车前子、车前草、北沙参、平贝母、玄参、生地黄、生何首乌、白及、白术、白芍、白豆蔻、石决明、石斛（需提供可使用证明）、地骨皮、当归、竹茹、红花、红景天、西洋参、吴茱萸、怀牛膝、杜仲、杜仲叶、沙苑子、牡丹皮、芦荟、苍术、补骨脂、诃子、赤芍、远志、麦门冬、龟甲、佩兰、侧柏叶、制大黄、制何首乌、刺五加、刺玫果、泽兰、泽泻、玫瑰花、玫瑰茄、知母、罗布麻、苦丁茶、金荞麦、金樱子、青皮、厚朴、厚朴花、姜黄、枳壳、枳实、柏子仁、珍珠、绞股蓝、胡芦巴、茜草、荜茇、韭菜子、首乌藤、香附、骨碎补、党参、桑白皮、桑枝、浙贝母、益母草、积雪草、淫羊藿、菟丝子、野菊花、银杏叶、黄芪、湖北贝母、番泻叶、蛤蚧、越橘、槐实、蒲黄、蒺藜、蜂胶、酸角、墨旱莲、熟大黄、熟地黄、鳖甲
保健食品禁用物品名单（按笔画顺序排列）	八角莲、八里麻、千金子、土青木香、山莨菪、川乌、广防己、马桑叶、马钱子、六角莲、天仙子、巴豆、水银、长春花、甘遂、生天南星、生半夏、生白附子、生狼毒、白降丹、石蒜、关木通、农吉痢、夹竹桃、朱砂、米壳（罂粟壳）、红升丹、红豆杉、红茴香、红粉、羊角拗、羊踯躅、丽江山慈姑、京大戟、昆明山海棠、河豚、闹羊花、青娘虫、鱼藤、洋地黄、洋金花、牵牛子、砒石（白砒、红砒、砒霜）、草乌、香加皮（杠柳皮）、骆驼蓬、鬼臼、莽草、铁棒槌、铃兰、雪上一枝蒿、黄花夹竹桃、斑蝥、硫黄、雄黄、雷公藤、颠茄、藜芦、蟾酥

（2）食品动物中禁止使用的药品和化合物清单　为进一步规范养殖用药行为，保障动物源食品安全，根据《兽药管理条例》有关规定，农业农村部2019年修订了《食品动物中禁止使用的药品及其他化合物清单》（农业农村部公告第250号）。

（3）食品中不得违法添加非食用物质或滥用食品添加剂　国务院食品安全监督管理部门会同国务院卫生行政等部门根据食源性疾病信息、食品安全风险监测信息和监督管理信息等，对发现添加或者可能添加到食品中的非食品用化学物质和其他可能危害人体健康的物质，制定《食品中可能违法添加的非食用物质和易滥用的食品添加剂名单》（第1-5批汇总）

和《食品中可能违法添加的非食用物质和易滥用的食品添加剂名单》（第 6 批）及检测方法并公布。

（4）不得使用回收食品作为原材料生产加工食品　使用回收食品作为原材料生产加工食品的问题受到消费者和食品行业的普遍关注。为切实保护广大消费者的合法权益，进一步规范食品生产加工经营秩序，提高食品质量安全水平，促进食品工业健康发展，根据《中华人民共和国产品质量法》等有关规定，原国家质检总局发布了《关于严禁在食品生产加工中使用回收食品作为生产原料等有关问题的通知》（国质检食监〔2006〕619 号），所有食品生产加工企业不得使用回收食品作为原材料生产加工食品。其中回收食品包括：

① 由食品生产加工企业回收的在保质期内的各类食品及半成品。

② 由食品生产加工企业回收的已经超过保质期的各类食品及半成品。

③ 因各种原因停止销售，由批发商、零售商退回食品生产加工企业的各类食品及半成品。

④ 因产品质量安全问题而被行政执法单位扣留、罚没的各类食品及半成品。

《中华人民共和国食品安全法》规定食品生产经营者应当对变质、超过保质期或者回收的食品进行显著标示或者单独存放在有明确标志的场所，及时采取无害化处理、销毁等措施并如实记录。这里所称回收食品是指已经售出，因违反法律、法规、食品安全标准或者超过保质期等原因，被召回或者退回的食品。但不包括因标签、标志或者说明书不符合食品安全标准而被召回的食品。

（5）食品标签、广告禁止性规定　《食品安全法》规定食品和食品添加剂的标签、说明书，不得含有虚假内容，不得涉及疾病预防、治疗功能。生产经营者对其提供的标签、说明书的内容负责。

食品广告的内容应当真实合法，不得含有虚假内容，不得涉及疾病预防、治疗功能。食品生产经营者对食品广告内容的真实性、合法性负责。

保健食品的标签、说明书不得涉及疾病预防、治疗功能，内容应当真实，与注册或者备案的内容相一致，载明适宜人群、不适宜人群、功效成分或者标志性成分及其含量等，并声明"本品不能代替药物"。

二、原辅料及食用农产品

食品生产加工中的原料很多，包括农业初级产品和工业添加剂，一般习惯上将农业初级产品看做食品的原材料，而工业添加剂作为食品辅料。

农业初级产品按生产方式可分为植物性食品原料、畜禽类产品原料和水产品原料，按照产品的形式分类如表 3-3 所示。

表 3-3　农业初级产品按照产品的形式分类

序号	原料	原料名称
1	谷类及制品	小麦、稻米、玉米、大麦、小米、荞麦、燕麦
2	薯类、淀粉及制品	马铃薯、红薯、淀粉
3	干豆及制品	大豆、绿豆、赤豆、芸豆、蚕豆

续表

序号	原料	原料名称
4	蔬菜类及制品（根菜类、叶菜类、鲜豆菜和豆苗类、茄果类、瓜菜类、菌藻类）	萝卜、芹菜、葱、姜、蒜、韭菜、白菜、甘蓝、菜花、生菜、油麦菜、莴苣、莲藕、豆角、豆芽、茄子、辣椒、黄瓜、冬瓜、南瓜、苦瓜、丝瓜
5	水果类	甘蔗、苹果、橘子、香蕉、蛇果、蜜桃、西梅、葡萄、枣、无花果、柚子、桂圆、火龙果、红毛丹、荔枝、榴莲、杧果、山竹、猕猴桃
6	坚果、种子类	核桃、杏仁、瓜子、花生、板栗、松子、腰果、开心果、南瓜子、西瓜子
7	畜肉、禽肉	猪肉、羊肉、牛肉、驴肉、鹿肉；鸡肉、鸭肉、鹅肉
8	乳类及制品	牛奶、羊奶
9	蛋类	鸡蛋、鸭蛋、鹅蛋
10	水产品	鱼、虾、贝、蟹
11	茶及制品	红茶、绿茶、黑茶、白茶

食品生产加工单位应建立食品原材料供应商审核制度和审核标准，了解供应商的企业资质信用情况。主要审核的资质材料包括：供应商营业执照副本；卫生许可证；企业执行标准；生产许可证等。

进口商品在国内未进行商标注册的，进口商要出示承诺书，注明该类商品今后涉及的一切侵权、冒用商标等行为均由进口商承担。供应商为进出口贸易公司时提供中华人民共和国外商投资企业批准证书或对外贸易经营者备案登记表、生产商生产许可证，自有品牌需提供全国工业产品生产许可证委托加工备案申请书。

全部资质材料应查看正本或清晰的正本复印件，同时留存企业盖章复印件。供应商经营范围应在资质材料中限定的有效范围内。商标注册人应与营业执照注册人一致，如不一致则需核准转让注册商标证明。

采购人员在供应商自评的基础上，依据同行业标准或企业执行标准，通过照片、图片和其他资料进行考评。食品安全管理部门对上报材料进行复评，并有一定比例的抽检，对供应商进行实地考察。实地考察模块应具体明确。

对高风险、技术含量低、非知名品牌及自有品牌供应商进行实地考察。食品生产加工企业应严格按照企业产品执行标准的要求组织生产，确保产品的理化、卫生、感官等质量指标符合国家法律、法规和强制性标准规定。

审核加盖供应商公章的有效资信材料：商品条码系统成员证书；属专利性质商品的专利证书；商品进入该地区销售的许可证；商品检验报告；保健食品批准证书；绿色食品证书；原产地域专用标志证明；酒类批发许可证；国产酒类专卖许可证；酒类流通备案登记表；动物防疫合格证；有机农产品证书；无公害农产品产地认定证书；农业转基因生物标识审查认可批准文件等。

1. 一般要求

食品生产加工者应建立食品原料、食品添加剂和食品相关产品的采购、验收、运输和贮存管理制度，确保所使用的食品原料、食品添加剂和食品相关产品符合国家有关要求。不得将任何危害人体健康和生命安全的物质添加到食品中。

① 建立食品原料、食品添加剂、食品相关产品进货查验记录制度，记录食品原料、食品添加剂、食品相关产品的名称、规格、数量、供货者名称及联系方式、进货日期等内容。

② 建立食品原料控制程序，首先应建立食品原料的验收标准，原料验收标准应符合或高于相应的标准或其他强制性标准，生产工厂可通过查验原料供应商提供的资质证明、检验报告等，对原料进行监控检验以确保原料符合验收要求。

③ 根据需要建立原料的监控检验计划，包括致病菌、重金属、农兽药残留、可能的非法添加物质等模块。监控计划的频次可以按照风险等级、供应商评估、以往的监控结果等因素制订和修改，如监控频次可按每批、每月、每季、每半年或每年等。

④ 在采购、验收、检验、使用等任何环节发现原料"不符合"时，都应制订相应的纠正措施，并能够确保正确执行。例如，在原料验收阶段发现有原料重金属污染物超过《食品安全国家标准 食品中污染物限量》GB 2762—2022 要求时，应与供应商分析原料"不符合"的范围和原因，并采取退、换货处理等措施。

⑤ 在生产前检验阶段，如发现原料出现感官异常，应将相关原料单独放置，尽快检验怀疑指标，如确认不合格后，不得投料使用。

2. 采购

采购的食品原料应当查验供货者的许可证和产品合格证明文件。供应商资质证明及合格证明材料的具体要求如表 3-4、表 3-5 所示。

按下列要求查验供应商资质证明及合格证明材料并记录、存档。为确保真实性，索取的以下材料为复印件的，均需生产经营主体加盖相应行政公章或检验专用章，鼓励采用电子凭证。产品供应商、批次、数量等应与发票信息一致。

表 3-4　既是食品又是药品的物品名单中无食品生产许可证的需提供资料

序号	企业类型	产品类型	需提供证件
1	药品生产企业	中药饮片	营业执照、药品生产许可证、药品生产质量管理规范认证证书（GMP）及检验报告
2	药品经营企业	中药饮片	营业执照、药品经营许可证、药品经营质量管理规范认证证书（GSP）
			药品生产企业的营业执照、药品生产许可证、药品生产质量管理规范认证证书（GMP）及检验报告
		中药材	营业执照、药品经营许可证、药品经营质量管理规范认证证书（GSP）
3	药品批发企业	中药材	营业执照、药品经营许可证、检验报告
4	药品零售企业	中药材	营业执照、药品经营许可证
5	食品添加剂生产企业	食品添加剂	营业执照、食品生产许可证、型式检验报告、产品出厂报告或第三方检验报告
6	食品经营企业	食药同源	营业执照、食品经营许可证
			需提供生产企业的营业执照、食品生产许可证、型式检验报告
7	食品经营企业	餐饮服务	营业执照、食品经营许可证（原《餐饮服务许可证》）
8	生产企业	食品相关产品	营业执照、全国工业产品生产许可证（未纳入发证范围的不需要）、型式检验报告、产品出厂报告或第三方检验报告
		消毒产品	营业执照、卫生许可证、《卫生许可批件》（未纳入许可范围的不需要）、型式检验报告、产品出厂报告或第三方检验报告

续表

序号	企业类型	产品类型	需提供证件
9	经营企业	食品相关产品	营业执照 所供货食品相关产品生产企业的《全国工业产品生产许可证》（未纳入发证范围的不需要）、型式检验报告
9	经营企业	消毒产品	营业执照 所供货消毒产品生产企业的《营业执照》、《卫生许可证》、《卫生许可批件》（未纳入许可范围的不需要）、型式检验报告、产品出厂报告或第三方检验报告
10	供货者	食用农产品 肉类	①生产者：《营业执照》（或农民个人身份证）、产地证明、提供检疫合格证明、肉类检验合格证明等； ②销售者：《营业执照》（或农民个人身份证）、产地证明、检疫合格证明、肉类检验合格证明等证明文件； ③进口食用农产品，提供出入境检验检疫部门出具入境货物检验检疫证明等证明文件
10	供货者	食用农产品 其他农产品	①生产者：《营业执照》（或农民个人身份证）、产地证明、有关部门出具的食用农产品质量安全合格证明或者生产者自检合格证明等； ②销售者：《营业执照》（或农民个人身份证）、产地证明、有关部门出具的食用农产品质量安全合格证明或者销售者自检合格证明等； ③进口食用农产品，提供出入境检验检疫部门出具入境货物检验检疫证明等证明文件

表 3-5　进出口、特殊种类的产品索证要求

序号	类别	索证要求
1	进口食品原料	中国境内出口食品的出口商或者代理商、进口食品的进口商备案证明和《入境货物检验检疫证明》，对于进口应当办理进境动植物检疫许可的食品原料，《进境动植物检验检疫许可证》；对应证书的批次产品检验报告
2	出口产品中使用的食品原料	列入实施备案管理原料目录的应索取原料种植场、养殖场备案证明
3	进口食品添加剂	索取《入境货物检验检疫证明》，对于进口应当办理进境动植物检疫许可的食品添加剂（如：明胶），《进境动植物检验检疫许可证》
4	食用盐	索取食盐批发企业（含取得食盐批发许可证的食盐定点生产企业）《食盐批发企业许可证》，定点生产企业《食品生产许可证》和合格证明文件
5	食品加工用水来自公共供水单位	食品加工用水水源来自公共供水系统的，原则上应当索取《卫生许可证》及定期第三方检验报告，并实时自行监测。 若来自城市自来水供水和自建设施供水的公共供水企业，还应索取《城市供水企业资质证书》
6	地理标志产品、绿色食品、有机食品等	索取地理标志产品专用标志注册登记文件、绿色食品使用证书、有机产品认证证书
7	采购易制毒化学品等国家有特殊管制措施的产品	《易制毒化学品品种目录》产品（如硫酸、盐酸、甲苯、三氯甲烷、乙醚等）须符合当地公安等监管部门的要求

注：为加强食盐质量安全监督管理，保证食盐质量安全，根据《中华人民共和国食品安全法》《食品生产许可管理办法》《食盐质量安全监督管理办法》的规定，国家市场监督管理总局办公厅发布《关于对食盐定点生产企业核发食品生产许可证的通知》（市监食生〔2020〕15号），对食盐定点生产企业核发《食品生产许可证》。食盐定点生产企业申请食品生产许可，应按照食品生产许可分类的"调味品"类别提出，类别编号为"0306"，名称为"食盐"。品种明细为：①食用盐：普通食用盐、低钠食用盐、风味食用盐、特殊工艺食用盐，并根据加碘情况在品种明细名称后注明"加碘"或"未加碘"；②食品生产加工用盐。考虑到新冠肺炎疫情防控工作，许可证核发工作原则上于2020年7月31日前完成。

3. 运输

① 食品原料运输的方式主要为：铁路运输、水路运输、公路运输、航空运输。

② 食品原料运输工具和容器应保持清洁、维护良好，必要时应进行消毒。食品原料不得与有毒、有害物品同时装运，避免污染食品原料。

③ 食品原料运输中应避免日光直射、备有防雨防尘设施；根据食品原料的特点和卫生需要，必要时还应具备保温、冷藏、保鲜等设施。

④ 严禁食品原料与有毒、有害物质同车、同船、同机运输和同库存放。运输工具应当保持清洁，根据食品原料的特点和卫生需要，必要时还应具备保温、冷藏、保鲜等设施。

⑤ 食品原料在生产加工区内装卸和运输时应备有防雨措施，避免雨淋，在贮存中应避免日晒、雨淋和污染，依照食品原料的保存条件和要求或根据食品原料供应商推荐的贮存条件对食品原料予以贮存，并对贮存温度进行监控和记录，有湿度要求的应配备除湿设备或保持湿度恒定设施；应定期对垫仓板、推车等食品原料运输工具和容器进行清洁维护，必要时进行消毒。

⑥ 市内运输或短途运输食品原料，应使用符合卫生要求的车、船、容器。装卸过程中，不得接触地面。长途运输食品原料的车辆、船、飞机和容器，以及有关的货场、站台、码头、仓库等，必须符合卫生要求，并经检查合格后装运。

⑦ 对物料运输车辆温度及卫生有特殊要求的，应对运输车辆的温度及卫生情况进行查验。如有必要应记录运输车辆的车牌号等追溯信息。

4. 查验

食品原料必须经过验收合格后方可使用。经验收不合格的食品原料应在指定区域与合格品分开放置并明显标记，并应及时进行退、换货等处理。

对照原料质量验收标准，检查运输车辆的卫生情况，无污染物、危险物品残留，如煤渣、油污、泥土、木屑、金属碎屑等，不和其他易污染食品的非食品物质混运。

对无法提供合格证明文件的食品原料，应当依照食品安全标准进行检验。

依据国家和企业有关卫生标准与规范的要求，对所有购进的原辅材料进行严格的质量和卫生检查，对于不合格原材料拒绝接收。原材料验收人员应具有简易鉴别原材料质量、卫生的知识和技能。

进行原材料检验时应按该种原材料质量卫生标准或卫生要求进行，认真核对货单，包括：产品名称、数量、批号、生产日期、出厂日期、保质期、产地及厂家，检查该产品的卫生检验合格证及检验报告，检查货物的卫生状况：外观、色泽、气味；对冷冻食品要注意检查是否有解冻现象。查验的基本要求：

① 购入的原料，应具有一定的新鲜度，具有该品种应有的色、香、味和组织形态特征，不含有毒有害物质，也不应受其污染。

② 肉禽类原料必须来自非疫区，无注水现象，必须有兽医卫生检验合格证。

③ 水产类原料必须采用新鲜的活冷冻的水产品，其组织有弹性、骨肉紧密联结，无变质和被有害物质污染的现象。

④ 蔬菜必须新鲜，无虫害、腐烂现象，不得使用未经国务院卫生行政部门批准使用的农药，农药残留不得超过国家限量标准。

⑤ 某些农、副产品原料在采购后，为便于加工、运输和贮存而采取的简易加工应符合卫生要求，不应造成对食品的污染和潜在危害，否则不得购入。

⑥ 重复使用的包装物或容器，其结构应便于清洗、消毒。要加强检验，有污染者不得使用。

5. 贮存

《中华人民共和国食品安全法实施条例》规定食品生产经营者不得在食品生产、加工场所贮存非食品用化学物质和其他可能危害人体健康的物质。食品生产经营者委托贮存、运输食品的，应当对受托方的食品安全保障能力进行审核，并监督受托方按照保证食品安全的要求贮存、运输食品。受托方应当保证食品贮存、运输条件符合食品安全的要求，加强食品贮存、运输过程管理。接受食品生产经营者委托贮存、运输食品的，应当如实记录委托方和收货方的名称、地址、联系方式等内容。记录保存期限不得少于贮存、运输结束后2年。

（1）仓储设施

① 应具有与所生产产品的数量、贮存要求相适应的仓储设施。企业应根据不同规模和操作需要设置食品储存库房和存放设施，如冰箱、存放架（柜）等。

② 库房应用无毒、坚固、易清扫材料建成。仓库地面应平整，便于通风换气。仓库的设计应易于维护和清洁，防止虫害藏匿，并应有防止虫害侵入门帘、挡鼠板、风幕等装置。还宜设置自动感应快速门。

③ 应设置防鼠、防虫、防蝇、防潮、防霉的设施，并能正常使用。建议门帘重合大于3cm，底部小于1cm；挡鼠板高大于50cm；风幕风速大于2m/s。

④ 原料、半成品、成品、包装材料等应依据性质的不同分设贮存场所、分区域码放，并有明确标识，防止交叉污染。必要时仓库应设有温湿度控制设施并记录。

⑤ 贮存物品应与墙壁、地面保持适当距离，以利于空气流通及物品搬运。通常为离地10cm、离墙（柱）50cm。

⑥ 危险化学品及危险废弃物要求统一管理，设置专库贮存。贮存危险品的库房应远离生产车间和原辅物料仓库。

清洁剂、消毒剂、杀虫剂、润滑剂、燃料等物质应分类别安全包装，明确标志并专人管理，应与原料、半成品、成品、包装材料等分隔放置，防盗、防火管控。

⑦ 仓库的门能及时关闭，设置粘捕式灭虫灯、粘鼠板。粘捕式灭虫灯安装高度1.5～1.8m，每周至少进行一次点检清洁。

⑧ 库房可分常温库和冷库，冷库又包括高温冷库（冷藏库）和低温冷库（冷冻库），确保满足原辅物料贮存的特殊要求。冷库（包括冰箱）应注意保持清洁、及时除霜；冰箱、冰柜和冷藏设备必须正常运转并标明生、熟用途，冷藏库、冰箱（柜）应设外显式温度（指示）计并正常显示。低温冷库（冷冻库）温度必须低于-18℃，高温冷库（冷藏库）温度必须保持在0～10℃；冷藏设备、设施不能有滴水，结霜厚度不能超过1cm。冷库内不可存放腐败变质食品和有异味食品。食品之间应有一定空隙，直接入口食品与食品原料应分库冷藏。

⑨ 必须设置机械通风及除湿设施，并应经常开窗通风。

（2）贮存要求

① 食品仓库实行专间专用，不得存放有毒有害物品（如杀鼠杀虫剂、洗涤消毒剂等），不得存放药品、杂物及个人生活用品等。

② 食品原料贮存时必须依照食品原料的特性，做到分类、分架、分层、分库、隔墙离地上架存放。食品成品、半成品及食品原料应分开存放。

各类食品有明显标志，有异味或易吸潮的食品应密封保存或分库存放，易腐食品要及时冷藏、冷冻保存，植物性食品、动物性食品和水产品冷藏冷冻时应分类摆放。

③ 食品原料储存中应避免日光直射、备有防雨防尘设施；根据食品原料的特点和卫生需要，必要时还应具备保温、冷藏、保鲜等设施。

④ 食品原料仓库应设专人管理，建立管理制度，定期检查质量和卫生情况，及时清理变质或超过保质期的食品原料。库房管理者每日按以上要求进行库房管理，主管（或指定检查人员）进行监督检查并记录温度，并将每日检查情况进行记录，根据记录的不合格问题，及时进行整改。

⑤ 出货时做到先进先出或接近保质期先出。仓库每月检查库内食品原料距离过期日的情况，建议对保质期在6个月以上的原料，在接近过期日2个月之内时，统计并通报给生产调度和品管等相关部门。及时清理过期或变质的食品原料，超过保质期的食品原料不得用于生产。

⑥ 加工前宜进行感官检验，必要时应进行实验室检验；检验发现食品安全指标异常的原料不得使用；只应使用经确认合格的食品原料。

三、食品添加剂

市场监管总局办公厅《关于规范使用食品添加剂的指导意见》（市监食生〔2019〕53号），为督促食品生产经营者（含餐饮服务提供者）落实食品安全主体责任，严格按标准规定使用食品添加剂，进一步加强食品添加剂使用监管，防止超范围超限量使用食品添加剂，扎实推进健康中国行动，提出了以下指导意见。

① 食品生产经营者对生产加工的食品应当制定产品标准或者确定产品配方，按照《食品安全国家标准 食品添加剂使用标准》（GB 2760—2014）规定的食品添加剂的使用原则、允许使用的食品添加剂品种、使用范围及最大使用量或残留量，规范使用食品添加剂。

② 食品生产经营者应当加强生产加工制作过程控制，配备符合要求的计量器具，由专人负责投料，准确称量食品添加剂，并做好称量和投料记录，保证食品添加剂的使用符合产品标准或者产品配方。

③ 食品生产经营者生产加工食品使用复配食品添加剂的，应当对复配食品添加剂中所包含的各单一品种食品添加剂的实际名称、含量进行确认计算，确保食品中含有的食品添加剂符合食品添加剂使用标准。

④ 食品生产经营者应当加强食品原辅料控制和检验，对食品原辅料中带入的食品添加剂合并计算，防止因原辅料带入导致食品添加剂的超范围超限量使用。

⑤ 食品生产经营者生产加工食品应当尽可能少用或者不用食品添加剂。积极推行减盐、减油、减糖行动。科学减少加工食品中的蔗糖含量，倡导使用食品安全标准允许使用的天然甜味物质和甜味剂取代蔗糖。

食品生产经营者严格按照 GB 2760、GB 14880 等食品添加剂使用标准使用食品添加剂，防止超范围超限量使用食品添加剂。

1. 专店采购

采购食品添加剂应当查验供货者的许可证和产品合格证明文件。食品添加剂必须经过验收合格后方可使用。

食品生产企业应向食品添加剂供应商索要生产许可证明文件、年度型式检验报告或特定模块的权威分析报告等，并保存备查。

合格证明文件通常包括：对食品添加剂的采购要求，如采购计划、采购清单或采购合同等；食品添加剂现行有效的产品标准；合格供应商清单目录。供应商应提供食品添加剂生产商的营业执照。纳入生产许可的应提供生产许可证。进口食品添加剂应索取口岸食品卫生监督检验机构出具的卫生证明。贸易商应提供营业执照，特殊要求的需提供产品流通许可证等信息。对于供应商资质材料应归档管理并及时更新。

对无法提供合格证明文件的食品添加剂可拒收或依照食品安全标准进行检验，经检验合格后方能投入使用。

建立专门的食品添加剂的验收、领用台账，经验收合格后方可使用，同时也应建立合格供应商台账，确保各类有效证照齐全，合格证明完备。

2. 运输和专区存放

（1）**运输** 运输食品添加剂的工具和容器应保持清洁、维护良好，并能提供必要的保护，避免污染食品添加剂。

食品添加剂在生产加工区内装卸和运输时应备有防雨措施，避免雨淋，在贮存中应避免日晒、雨淋和污染，依照食品添加剂的保存条件和要求或根据食品添加剂供应商推荐的贮存条件对食品添加剂予以贮存，并对贮存温度进行监控和记录，有湿度要求的应配备除湿设备或保持湿度恒定的措施；应定期对垫仓板、推车等食品添加剂运输工具和容器进行清洁维护，必要时进行消毒。食品添加剂不得与有毒、有害物品同时装运，避免污染食品原料。

对照食品添加剂验收标准，检查运输车辆的卫生情况，无污染物、危险物品残留，如煤渣、油污、泥土、木屑、金属碎屑等，不和其他易污染食品的非食品物质混运。运输食品添加剂的推车和容器应定期清洁，没有破损，维护良好，能提供必要的保护，以确保不会污染食品添加剂。如有必要应记录运输车辆的车牌号等追溯信息。

（2）**专区存放** 食品添加剂的贮藏应有专人管理，定期检查质量和卫生情况，及时清理变质或超过保质期的食品添加剂。仓库出货顺序应遵循先进先出的原则，必要时应根据食品添加剂的特性确定出货顺序。

食品添加剂入库时，仓管员要对添加剂的品种、数量、规格、保质期、卫生情况等进行检查，禁止超保质期或不符合要求的食品添加剂入库。食品添加剂入库后要设立专库或专柜，并由专人管理，不得与非食用产品或有毒有害物品混放，出入库要做好严格的登记，记录保存两年。

食品添加剂要定位存放，分门别类，标识清楚，以防止误用及污染，放置要离地离墙、通风干燥，应保持库内整洁卫生，防鼠防潮。

（3）专人负责及记录 食品添加剂领用及发料必须建立台账，根据要求填写领料单或相应记录表格（表3-6）。领取食品添加剂时根据需用的品名和需用量对号领取，领取时应检查保质期情况，拒绝领用超保质期的食品添加剂，对于需要从大包装分装使用的，应在分装的包装上标识清楚，防止误用，仓库内应保留原包装样品直至该批食品添加剂全部使用完毕。记录表格至少保存两年。

食品添加剂出货时做到先进先出或近效期先出。仓库每月检查库内食品添加剂距离过期日的情况，建议对保质期在6个月以上的添加剂，在接近过期日2个月之内时，统计并通报给生产调度和品管等相关部门，及时清理过期或变质的食品添加剂，超过保质期的食品添加剂不得用于生产。

表3-6 食品添加剂采购及出入库登记表

生产企业名称：

添加剂名称	规格	数量	采购						入库			出库		
			生产批号/日期	保质期	供货者	联系电话	进货日期	采购签字	入库数量	入库时间	库管员签字	出库数量	出库时间	领用人签字

四、食品相关产品

直接接触食品的材料等相关产品涉及食品安全，《食品安全法》要求对其实施与食品同样严格的生产许可证管理。食品生产经营者采购食品包装材料、容器、洗涤剂、消毒剂等食品相关产品应当查验产品的合格证明文件，实行许可管理的食品相关产品还应查验供货者的许可证。食品包装材料等食品相关产品必须经过验收合格后方可使用。

① 应向食品相关产品供应商索要生产许可证明、年度型式检验报告或特定模块的权威分析报告等,并保存备查。

② 应专门建立食品相关产品验收、领用台账,经验收合格后方可使用,同时也应建立合格供应商台账,确保各类证照齐全有效及产品合格。

③ 经查验符合要求的食品相关产品,及时接收入库,建立收货编码并记入台账,其中收货编码应能反映收货日期和来货顺序等信息,以便进行追溯。及时填写收货验收报告,连同相应查验的资料交品管部作为放行依据。

④ 对无法提供合格证明文件的食品相关产品可拒收或依照食品安全标准进行检验,经检验合格后方能投入使用。

⑤ 盛装食品原料、食品添加剂、直接接触食品的包装材料或容器,其材质应稳定、无毒无害,不易受污染;加工过程使用的设备和工器具,接触食品的机械设备、操作台、传送带、管道等设备;塑料筐、托盘、刀具等工器具的制作材料,必须无毒、无味、抗腐蚀、不变形、不渗透、不生锈且可重复清洗和消毒,传送带的制作材料必须达到卫生级的要求;用于制造食品生产设备、食品容器和工器具的不锈钢,应采用具有极强的防锈、耐腐蚀性能奥氏体型不锈钢,应符合《食品安全国家标准 食品接触用金属材料及制品》GB 4806.9—2016 的规定;用于制造接触食品的塑料容器、工具材料有聚乙烯、聚丙烯、聚苯乙烯等;用于包装食品的材料必须符合食品安全标准,不得含有有毒有害物质。

⑥ 食品厂生产加工工厂应设置与清洁区域相连独立的缓冲间,暂存内包装材料和使用过的零料,内包装材料去除外包装后由缓冲间进入清洁区。食品原料、食品添加剂和食品包装材料等进入生产区域时应有一定的缓冲区域或外包装清洁措施,以降低污染风险。食品原辅料、食品添加剂进入车间时应进行外包装检查,确保一切正常。外观脏污需清洁处理,消除污染风险。如发现破损、虫害侵袭的物料应适当地存放在隔离的区域并有可视化标签告知不能使用。

⑦ 运输食品相关产品的推车、垫仓板、容器等应定期清洁,维护良好,能提供必要的保护,避免污染食品原料和交叉污染。

⑧ 食品相关产品的贮藏应有专人管理,定期检查质量和卫生情况,及时清理变质或超过保质期的食品相关产品。

⑨ 收货入库后,物品摆放要离墙离地,货物卡要及时填写悬挂,发货后及时登记,当批使用结束及时将货物卡收回;及时填写收货验收报告,连同相应查验的资料交品管部作为放行依据。

⑩ 出货时做到先进先出或近效期先出。仓库每月检查库内食品相关产品距离过期日的情况,建议对保质期在 6 个月以上的包装材料,在接近过期日 2 个月之内时,统计并通报给生产调度和品管等相关部门。

⑪ 食品相关产品在加工使用前,由操作人员再次进行感官检查,发现异常时须立即停用并上报,并由品管或工艺部门对有异常的产品进行有效评估,有条件的应进行实验室检验,只有产品能通过正常的分选等方法处理后满足相关指标的方可使用。

项目三　从业人员管理与考核

一、从业人员健康

从业人员健康包括身体健康、心理健康。

食品工厂人员管理要求

1. 身体健康

接触直接入口食品的从业人员如果罹患某些疾病，可能对食品造成污染，导致疾病传播，影响食品安全。《食品安全法》要求食品生产经营者应当建立并执行从业人员健康管理制度。患有国务院卫生行政部门规定的有碍食品安全疾病的人员，不得从事接触直接入口食品的工作。

为落实《食品安全法》《中华人民共和国传染病防治法》，国家卫生和计划生育委员会（现国家卫生健康委员会）牵头组织制定了《有碍食品安全的疾病目录》。目录包括：①霍乱；②细菌性和阿米巴性痢疾；③伤寒和副伤寒；④病毒性肝炎（甲型、戊型）；⑤活动性肺结核；⑥化脓性或者渗出性皮肤病。国家卫生健康委员会将适时根据食品安全需要、相关疾病预防控制情况等因素对目录进行调整。

2. 心理健康

心理健康是指心理的各个方面及活动过程处于一种良好或正常的状态。心理健康的理想状态是保持性格完美、智力正常、认知正确、情感适当、意志合理、态度积极、行为恰当、适应良好的状态。

3. 健康管理

食品生产加工单位应建立并执行食品加工人员健康管理制度。从事接触直接入口食品加工及经营人员应当每年进行健康检查，取得健康证明，并经上岗卫生培训后才能上岗工作。

食品加工人员如患有痢疾、伤寒、甲型病毒性肝炎、戊型病毒性肝炎、消化道传染病等，以及患有活动性肺结核、化脓性或者渗出性皮肤病等有碍食品安全的疾病，或有明显皮肤损伤未愈合的，应当调整到其他不影响食品安全的工作岗位。并加强以下三个方面的监督检查。

① 查阅企业质量管理文件，检查从业人员健康检查制度和健康档案制度，保存对直接接触食品人员健康管理的相关记录文件。

② 查阅企业质量管理文件及记录，建立和保存对从业人员的食品质量安全知识培训记录文件，现场检查工作人员，了解近期进行食品安全知识培训的掌握情况。

③ 查阅生产环节在岗人员名单，核实生产人员的健康证明，并现场查看人员健康证明等信息。

4. 提高食品从业人员职业道德的措施

对于个别食品从业者的种种道德缺失行为，我们应刚柔并济、教育与法律督促相结合对其加强道德教育，提高他们的职业道德、强化他们的社会责任，从源头上解决食品安全问题。

① 营造人人关注食品安全的良好氛围。食品卫生管理部门要在全社会加强食品安全科普宣教力度，全面开展食品安全诚实守信的宣传教育，提倡食品生产加工企业和从业者弘扬诚实守信的道德风尚，增强全社会的信用意识，做诚信企业和从业者，让消费者放心；大力表扬诚实守信的人和事，营造人人讲职业道德、讲社会责任、人人监督食品安全的良好舆论氛围。

② 加强企业从业人员的职业道德教育。有关部门、行业组织和食品生产经营单位要建立完善的培训制度，坚持先培训后上岗，定期培训从业人员。对所有食品从业人员，尤其是企业所有人、负责人和质量安全管理员，以及小作坊、小摊贩、小餐饮从业人员，开展食品安全知识、法律知识及行业道德伦理的宣传教育培训，教育食品从业人员恪守职业道德，不得从事任何违法生产、加工、贮存、流通、销售食品的行为。鼓励检举揭发不法行为，对检举揭发者予以奖励，并保护检举者的合法权益。

③ 加强行政监管部门人员职业道德教育。要教育执法人员在执行公务和履行职责时，要时刻以维护人民的利益为根本出发点和落脚点，要时刻保持高度的警惕性和思想道德觉悟，做到不为钱所动，不为利所从，以法律为准绳秉公执法，对违法违规、危害国家人民的食品企业和个人要依照法律进行严厉制裁。

④ 以严苛的法律督促从业者践行职业道德。一方面完善食品安全法律、法规的建设。另一方面加强法律法规的执行监督，重典治乱，对制售毒假食品的企业和个人要移送司法机关追究刑事责任，提高制售毒假食品的风险成本，使其永无"东山再起"的基础和条件；对监管不到位、责任不到位的部门和个人要实行责任倒查制度，从严处理，最终起到惩前毖后的作用，使践行职业道德成为全行业从业人员的自觉行动。

总之，食品安全问题需要道德的约束与保障，要依靠加强各方面的职业道德教育，增强各方面的社会责任感来从源头上来解决。只有各方面实现了道德生产、道德经营，百姓才能吃上放心食品。

二、从业人员卫生

进入食品加工场所前应整理个人卫生，防止污染食品。进入作业区域应规范穿着洁净的工作服，并按要求洗手、消毒；头发应藏于工作帽内或使用发网约束。不应配戴饰物、手表，不应化妆、染指甲、喷洒香水；不得携带或存放与食品生产无关的个人用品。应急药箱、记录笔、手机、钥匙等均应妥善管控。

使用卫生间、接触可能污染食品的物品或从事与食品生产无关的其他活动后，再次从事接触食品、食品加工器具、食品设备等与食品生产相关的活动前应洗手消毒。

1. 个人卫生要求

保持加工人员个人卫生的清洁、卫生，避免因个人不良卫生习惯及卫生状况而造成对产品的污染。加工人员保持健康、卫生。要求如下：

① 所有生产加工人员，包括品控人员、生产质检人员及生产管理人员，进出生产加工区域，应更换清洁的工作衣。

② 加工人员按规定穿戴衣、鞋、帽、口罩；头发不得外露，男士不得留胡须、长发，女士长发应当盘扎；不得戴耳环、戒指、手镯、手表和涂指甲油；不得浓妆艳抹、喷香水；不得将任何与生产无关的物品带入车间；不留长指甲，露出部分小于或等于 1mm。

③ 加工人员因工间休息、就餐、上卫生间或其他特殊情况离开生产现场，须更换工作衣后才能离开，任何人不得穿工作衣离开生产现场。

④ 所有生产加工人员，包括品控人员、生产质检人员及生产管理人员进入生产区须按规定对手部进行消毒。

⑤ 生产期间有下述情况的，加工人员须对手重新进行清洗消毒程序：手被污染物污染，接触到不洁物品等；连续包装超过 4h 的；从事与生产无关的其他活动后。

⑥ 生产加工人员须经常保持个人的清洁卫生，做到"三勤"（洗澡、剪发和修指甲）。对不符合个人卫生要求的现场加工人员，管理人员应立即督促其整改，必要时进行停职教育。

⑦ 在开工前车间入口设立卫生监督岗，保证进车间的所有人员符合上述个人卫生要求。

⑧ 维护及机修人员等非生产加工人员进出车间，也须按规定保持个人的卫生清洁。

⑨ 所有现场参观人员不得进入生产现场，应在参观走廊内进行参观。

⑩ 生产质检人员在生产过程中对人员卫生进行检查并记录。

⑪ 所有从事食品生产加工、检验及生产管理人员、质量管理人员都须进行健康检查，未经健康检查的人员，不得从事食品的加工。

⑫ 凡患有痢疾、伤寒、病毒性肝炎、消化道性传染病（包括病原携带者）、活动性肺结核、化脓性或渗出性皮肤病及其他有碍食品卫生的患者，不得从事食品的加工。

⑬ 凡在生产加工期间或其他原因引起手部受伤的，应及时包扎，适合继续工作的，须经防护后再进行工作；不适合继续工作的，车间主任应及时调离其原岗位。

⑭ 各车间设专人检查车间进出人员的健康状况，并记录检查结果。

⑮ 公司每年对所有的食品从业人员至少要进行一次健康检查并取得健康证。

⑯ 所有新参加工作或临时参加工作的人员，应及时进行体检，取得健康证方可上岗。

⑰ 由行政后勤部负责进行职工的健康检查，建立职工健康证档案。

⑱ 由各加工车间及时调离工伤人员，并记录《车间职工工伤调岗意见单》。

2. 工作服的卫生管理

① 不同卫生要求的生产区域员工工作服有明显的区别。

② 同一生产区域内管理人员、检验人员与操作人员的工作服也有明显的区别。

③ 车间工作服宜采用粘扣或拉链扣，无纽扣、无金属、无外口袋。

④ 工作帽能保证头发不外露，必要时加戴有发套的工作帽。

⑤ 工作鞋为白色胶底鞋，便于清洁消毒。

⑥ 口罩应当采用医用 4 层（含）以上纱布制作，防尘、防菌，佩戴口罩应当覆盖口鼻。

⑦ 设备维修人员进入有卫生要求的区域应更换符合该区域卫生要求工作服。

⑧ 工作服只能在规定的生产区域穿着，穿工作服时不得进入卫生间、食堂、非规定的生产区域或非生产区域。

⑨ 工作服、帽集中管理，统一组织清洗、消毒。

清洁操作区岗位从业人员的工作服、帽要定期清洗更换，建议：4月至10月，每天清洗一次，11月至次年3月，每2天清洗一次。

3. 来访者要求

来访者参观或非食品加工人员不得进入食品生产场所。特殊情况进入时应遵守和食品加工人员同样的卫生要求，参观过程中不得触摸生产设施及加工产品。

三、食品安全培训与考核

食品生产经营企业应当配备食品安全管理人员，加强对其培训和考核。经考核不具备食品安全管理能力的，不得上岗。

食品生产加工单位应建立食品生产相关岗位的培训制度，对食品加工人员及相关岗位的从业人员进行相应的食品安全知识培训。通过培训促进各岗位从业人员遵守食品安全相关法律法规标准，增强执行各项食品安全管理制度的意识和责任，提高相应的知识水平。

根据食品生产不同岗位的实际需求，制定和实施食品安全年度培训计划并进行考核，做好培训记录。

当食品安全相关的法律法规标准更新时，应及时开展培训。定期审核和修订培训计划，评估培训效果，并进行常规检查，以确保培训计划的有效实施。

项目四　生产加工过程食品安全与控制

一、设立食品安全小组和配备人员

食品工厂加工过程的卫生要求

食品生产经营单位应配备专职的食品安全专业技术人员、管理人员，并建立保障食品安全的管理制度。

食品生产加工单位法人代表为食品品质安全第一负责人。应设置食品安全管理部门，组织开展食品品质安全日常管理工作，全权负责品质与食品安全培训、监督、检查、指导业务。

应设立食品安全小组，至少配备1名专职的食品安全管理人员，每增加2千万元年产值宜增配1名。亿元产值的大型集团公司的研发部、采购部、生产部、事业部及网络经营单位应配备专职或兼职的食品安全管理人员。

食品安全管理人员应按规定参加食品安全培训。应掌握食品安全的基本原则和操作规范，能够判断潜在的危险，采取适当的预防和纠正措施，确保有效管理。

食品企业应建立相应的食品卫生管理机构,如食品安全部、品控部或质量部,对本单位的食品卫生工作进行全面管理。人员由经过食品专业培训的专职或兼职人员组成,负责宣传和贯彻食品卫生法规和有关规章制度,监督、检查在本单位的执行情况,定期向食品卫生监督部门报告;制订和修改本单位的各项卫生管理制度和规划;组织卫生宣传教育工作,培训食品从业人员;定期进行本单位从业人员的健康检查,并做好善后处理工作。

其他工作内容还有:①工厂设计的卫生管理;②企业卫生标准的制定(包括 HACCP 体系的建立);③原材料的卫生管理;④生产过程的卫生管理;⑤原材料及产成品的卫生检验;⑥企业员工个人卫生的管理;⑦成品储存、运输和销售的卫生管理;⑧虫害和鼠害的控制。

二、食品安全管理制度、记录

食品生产经营企业应该承担法定责任,应建立健全食品安全管理制度,明确各岗位的食品安全责任,强化过程管理。

食品生产企业在生产过程中建立健全食品安全管理制度、记录台账,不仅是企业依法落实主体责任,加强生产管理应有之责,还可以从源头上保障安全。而且对发生食品安全事故后及时追溯、采取有效措施非常重要。

按照《食品安全法》《食品生产许可审查通则》《食品生产经营日常监督检查管理办法》《食品生产通用卫生规范》等法律法规标准要求,食品生产企业应该建立相关关键点控制制度、记录。

各生产单位应当根据实际食品安全管理制度、流程、标准,制定本单位适用的相关记录表格。

食品安全管理制度应与生产规模、工艺技术水平和食品的种类特性相适应,应根据生产加工实际和实施经验不断完善食品安全管理制度。

三、产品安全风险控制

应通过危害分析方法明确生产过程中的食品安全关键环节,并设立食品安全关键环节的控制措施。在关键环节所在区域,应配备相关的文件以落实控制措施,如配料(投料)表、岗位操作规程等。

无论规模大小,食品生产加工者宜建立质量管理体系、采用危害分析与关键控制点体系(HACCP)对生产过程进行食品安全控制。

1. 生物污染的控制

(1)清洁和消毒

① 应根据原料、产品和工艺的特点,针对生产设备和环境制定有效的清洁消毒制度,降低微生物污染的风险。

② 清洁消毒制度应包括以下内容:清洁消毒的区域、设备或器具名称;清洁消毒工作的职责;使用的洗涤、消毒剂;清洁消毒方法和频率;清洁消毒效果的验证及不符合的处理;

清洁消毒工作及监控记录。

③ 应确保实施清洁消毒制度，如实记录；及时验证消毒效果，发现问题及时纠正。

（2）食品加工过程的微生物监控

① 根据产品特点确定关键控制环节进行微生物监控；必要时应建立食品加工过程的微生物监控程序，包括生产环境的微生物监控和过程产品的微生物监控。

② 食品加工过程的微生物监控程序应包括：微生物监控指标、取样点、监控频率、取样和检测方法、评判原则和整改措施等，具体可参照相关制度的要求，结合特殊食品生产工艺及产品特点制订。

③ 微生物监控应包括致病菌监控和指示菌监控，食品加工过程的微生物监控结果应能反映食品加工过程中对微生物污染的控制水平。

2. 化学污染的控制

① 应建立防止化学污染的管理制度，分析可能的污染源和污染途径，制定适当的控制计划和控制程序。

② 应当建立食品添加剂的使用制度，按照 GB 2760、GB 14880 的要求使用食品添加剂。

③ 不得在食品加工中添加食品添加剂以外的非食用化学物质和其他可能危害人体健康的物质。

④ 生产设备上可能直接或间接接触食品的活动部件若需润滑，应当使用食用油脂或能保证食品安全要求的其他油脂。

⑤ 建立清洁剂、消毒剂等化学品的使用制度。除清洁消毒必需和工艺需要，不应在生产场所使用和存放可能污染食品的化学制剂。

⑥ 食品添加剂、清洁剂、消毒剂等均应采用适宜的容器妥善保存，且应明显标示、分类贮存；领用时应准确计量，做好使用记录。

⑦ 应当关注食品在加工过程中可能产生有害物质的情况，鼓励采取有效措施降低其风险。

3. 物理污染的控制

① 应建立防止异物污染的管理制度，分析可能的污染源和污染途径，并制定相应的控制计划和控制程序。

② 通过采取设备维护、卫生管理、现场管理、外来人员管理及加工过程监督等措施，最大程度地降低食品受到玻璃、金属、塑胶等异物污染的风险。

③ 采取设置筛网、捕集器、磁铁、金属检查器等有效措施降低金属或其他异物污染食品的风险。

④ 当进行现场维修、维护及施工等工作时，应采取适当措施避免异物、异味、碎屑等污染食品。

⑤ 严禁采用胶带、纸片、铁丝等修复直接接触产品的生产设备设施、工器具，必要的临时措施应当在 24h 内予以清除。

四、管理体系建立

在生产过程中,食品生产加工者应班前班后进行卫生清洁,专人负责检查,并做好检查记录;原料、辅料、半成品、成品及生、熟品分别存放在不会受到污染的区域;按照生产工艺的先后次序和产品特点,将原料、半成品和加工、工器具进行清洗消毒,成品内外包装、成品的检验和贮存等不同清洁卫生要求的区域应分开设置,防止交叉污染;对加工过程中产生的不合格品、跌落地面的产品和废弃物,在固定地点用有明显标志的专用容器分别收集盛装,并在检验人员监督下及时处理,其容器和运输工具及时消毒;对不合格品产生的原因进行分析,并及时采取纠正措施。以上仅罗列了对生产加工过程控制的最基本要求,并不能全面、系统地进行有效的管理和控制,有效的扩展和管理应建立科学的管理体系。下面简单介绍在我国实行的几种管理体系。

1. 质量管理体系(ISO 9000)

采用质量管理体系是组织的一项战略决策,能够帮助其提高整体绩效,为推动可持续发展奠定良好基础。体系有利于帮助组织稳定提供满足顾客要求以及适用的法律法规要求的产品和服务的能力、促成增强顾客满意的机会、应对与组织环境和目标相关的风险和机遇、证实符合规定的质量管理体系要求的能力。

(1)**ISO 9000 质量管理体系中质量管理原则** 2015 版 ISO 9000《**质量管理体系 基础和术语**》列出质量管理的 8 项原则,即:以顾客为关注焦点;领导作用;全员积极参与;过程方法;改进;循证决策;关系管理。对每一原则都进行了概述或释义,给出了该原则对组织的重要性的理论依据、应用该原则的主要益处和可开展的活动。这些原则是质量管理的理论基础,是建立、实施、保持和改进组织质量管理体系必须遵循的原则,这些原则也充分体现了现代质量管理的理念、丰富内涵和全面质量管理的思想与精神,需要我们深刻领会,并在管理实践中灵活应用。下面将标准中的 7 项原则陈述如下。

① 以顾客为关注焦点。

【概述】质量管理的主要关注点是满足顾客要求并且努力超越顾客期望。

【理论依据】组织只有赢得和保持顾客和其他有关的相关方的信任才能获得持续成功。与顾客相互作用的每个方面,都提供了为顾客创造更多价值的机会。理解顾客和其他相关方当前和未来的需求,有助于组织的持续成功。

【主要益处】增加顾客价值,增强顾客满意,增进顾客忠诚,增加重复性业务,提高组织的声誉,扩展顾客群,增加收入和市场份额。

【可开展的活动】辨识从组织获得价值的直接和间接的顾客;理解顾客当前和未来的需求和期望;将组织的目标与顾客的需求和期望联系起来;在整个组织内沟通顾客的需求和期望;对产品和服务进行策划、设计、开发、生产、交付和支持,以满足顾客的需求和期望;测量和监视顾客满意度,并采取适当的措施;针对有可能影响到顾客满意的有关的相关方的需求和适当的期望,确定并采取措施;积极管理与顾客的关系,以实现持续成功。

② 领导作用。

【概述】各级领导建立统一的宗旨和方向,并且创造全员积极参与的条件,以实现组织的质量目标。

【理论依据】统一的宗旨和方向的建立,以及全员的积极参与,能够使组织将战略、方针、过程和资源保持一致,以实现其目标。

【主要益处】提高实现组织质量目标的有效性和效率;组织的过程更加协调;改善组织各层级和职能间的沟通;开发和提高组织及其人员的能力,以获得期望的结果。

【可开展的活动】在整个组织内,就其使命、愿景、战略、方针和过程进行沟通;在组织的所有层级创建并保持共同的价值观,以及公平和道德的行为模式;培育诚信和正直的文化;鼓励在整个组织范围内履行对质量的承诺;确保各级领导者成为组织人员中的榜样;为员工提供履行职责所需的资源、培训和权限;激发、鼓励和表彰人员的贡献。

③ 全员积极参与。

【概述】在整个组织内各级人员胜任、被授权和积极参与是提高组织创造和提供价值能力的必要条件。

【理论依据】为了有效和高效地管理组织,各级人员得到尊重并参与其中是极其重要的。通过表彰、授权和提高能力,促进在实现组织的质量目标过程中的全员积极参与。

【主要益处】组织内人员对质量目标有更深入的理解,以及具有更强地加以实现的动力;在改进活动中,提高人员的参与程度;促进个人发展,提高个人主动性和创造力;提高人员的满意程度,增强整个组织内的相互信任和协作;促进整个组织对共同价值观和文化的关注。

【可开展的活动】与员工沟通,以增强他们对个人贡献的重要性的认识;促进整个组织内部的协作;提倡公开讨论,分享知识和经验;让人员确定影响执行力的制约因素,并且毫无顾虑地主动参与;赞赏和表彰员工的贡献、学时和进步;针对个人目标进行绩效的自我评价;进行调查以评估人员的满意程度,沟通结果并采取适当的措施。

④ 过程方法。

【概述】将活动作为相互关联、功能连贯的过程组成的体系来理解和管理时,可更加有效和高效地得到一致的、可预知的结果。

【理论依据】质量管理体系是由相互关联的过程所组成。理解体系是如何产生结果的,能够使组织尽可能地完善其体系并优化其绩效。

【主要益处】提高关注关键过程的结果和改进机会的能力;通过协调一致的过程所构成的体系,得到一致的、可预知的结果;通过过程的有效管理、资源的高效利用及跨职能壁垒的减少,尽可能提升其绩效。使相关方能够在一致性、有效性和效率方面信任组织。

【可开展的活动】确定体系的目标和实现这些目标所需的过程;为管理过程确定职责、权限和义务;了解组织的能力,预先确定资源约束条件;确定过程相互依赖的关系,分析个别过程的变更对整个体系的影响;将过程及其相互关系作为一个体系进行管理,有效和高效地实现组织的质量目标;确保可获得必要的信息,以运行和改进过程并监视、分析和评价整个体系的绩效;管理可能影响过程输出和质量管理体系整体结果的风险。

⑤ 改进。

【概述】成功的组织持续关注改进。

【理论依据】改进对于组织保持当前的绩效水平,对其内、外部条件的变化作出反应,并创造新的机会,都是非常必要的。

【主要益处】改进过程绩效、组织能力和顾客满意度;增强对调查和确定根本原因及后续的预防和纠正措施的关注;提高对内外部的风险和机遇的预测和反应的能力;增加对渐进性和突破性改进的考虑;更好地利用学习实现改进;增强创新的动力。

【可开展的活动】促进在组织的所有层级建立改进目标;对各层级员工进行教育和培训,使其懂得如何应用基本工具和方法实现改进目标;确保员工有能力成功促进和完成改进模块;开发和展开过程,以在整个组织内实施改进模块;跟踪、评审和审核改进模块的策划、实施、完成和结果;将改进和新的或变更的产品、服务和过程的开发结合在一起予以考虑;赞赏和表彰改进。

⑥ 循证决策。

【概述】基于数据和信息的分析和评价的决策,更有可能产生期望的结果。

【理论依据】决策是一个复杂的过程,并且总是包含某些不确定性。它经常涉及多种类型和来源的输入及其理解,而这些理解可能是主观的。重要的是理解因果关系和潜在的非预期后果。对事实、证据和数据的分析可使决策更加客观、可信。

【主要益处】改进决策过程;改进对过程绩效和实现目标的能力的评估;改进运行的有效性和效率;提高评审、挑战和改变观点和决策的能力;提高证实以往决策有效性的能力。

【可开展的活动】确定、测量和监视关键指标,以证实组织的绩效;使相关人员能获得所需的全部数据;确保数据和信息足够准确、可靠和安全;使用适宜的方法对数据和信息进行分析和评价;确保人员有能力分析和评价所需的数据;权衡经验和直觉,基于证据进行决策并采取措施。

⑦ 关系管理。

【概述】为了持续成功,组织需要管理与有关的相关方(如供方)的关系。

【理论依据】有关的相关方影响组织的绩效。当组织管理与所有相关方的关系,以尽可能有效地发挥其在组织绩效方面的作用时,持续成功更有可能实现。对供方及合作伙伴网络的关系管理是尤为重要的。

【主要益处】通过对每一个与相关方有关的机会和限制的响应,提高组织及其相关方的绩效;对目标和价值观,与相关方有共同的理解;通过共享资源和人员能力,以及管理与质量有关的风险,增强为相关方创造价值的能力;具有管理良好、可稳定提供产品和服务的供应链。

【可开展的活动】确定有关的相关方(如供方、合作伙伴、顾客、投资者、雇员或整个社会)及其与组织的关系;确定和排序需要管理的相关方的关系;考虑平衡短期利益与长期计划的关系;与有关相关方共同收集和共享信息、专业知识和资源;适当时,测量绩效并向相关方报告,以增加改进的主动性;与供方、合作伙伴及其他相关方共同开发和改进活动;鼓励和表彰供方及合作伙伴的改进和成绩。

(2)单一过程要素 过程是将一组输入转化为输出的相互关联或相互作用的活动,过程要素简单而言是一个输入到输出的转换,依据过程的组成可分为五个要素:输入与输出、过程单元、过程网络、资源、信息结构。对过程要素的分析将有助于对过程绩效进行改进,并最终影响组织的绩效。五要素的分解具有对各类型组织的共通适用性，不仅可表示一个制造过程，还适用于财务部门、产品设计部门、零售商店或其他服务行业所提供的服务。除了针对单一过程外，过程的管理更可以应用于较大范围的供应链分析与改进（图3-1）。

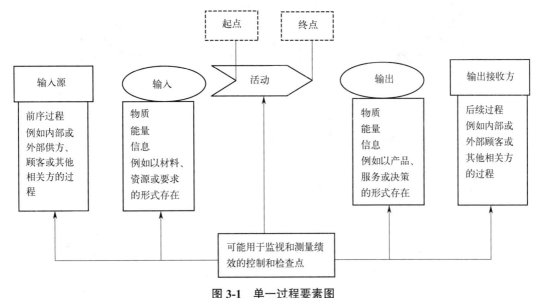

图 3-1　单一过程要素图

资料来源 GB/T 19001—2016/ISO 9001: 2015

（3）PDCA 循环　PDCA 循环管理是全面质量管理的工作步骤。PDCA 是英文缩写，P 表示计划，D 表示执行，C 表示检查，A 表示处理。PDCA 循环就是按计划、执行、检查、处理四个阶段循环不止地进行全面质量管理的程序。全面质量管理是 20 世纪 60 年代出现的科学管理方法。PDCA 循环是美国管理学家戴明首先总结出来的，又称戴明循环。

1977 年开始在我国推广。PDCA 循环有四个阶段八个步骤：P 阶段，即计划管理阶段，包括搜集资料、找出问题、找出主要问题、制订计划措施四个步骤。计划着重说明目的、措施、执行部门、何时执行及何时完成等。D 阶段，即实施阶段，即按计划下达任务，按要求实施。C 阶段，即检查阶段，找出成功经验和失败的教训。A 阶段，即处理阶段，即巩固措施，制定标准，形成规章制度；找出遗留问题，转入下一个循环。一个循环的四个阶段八个步骤完成，一个循环终了，质量提高一步，遗留问题又开始了下一个循环，循环不止，质量不断提高。四个阶段中，A 阶段，即处理阶段是关键的一环，如不把成功的经验形成规章并指导下一个循环，质量管理就会中断。全面质量管理要用数据说话，常用的方法是分组统计、排列图法、因果分析图法、相关图法、关系图法等。PDCA 循环既适用于生产单位，也适用于非生产单位，对新闻宣传的质量管理也是适用的（图3-2）。

（4）基于风险的思维　基于风险的思维是实现质量管理体系有效性的基础，应对风险和机遇为提高质量管理体系的有效性、实现改进结果及防止不利影响奠定基础。某些有利于实现预期结果的情况可能导致机遇的出现，如：有利于组织吸引顾客、开发产品和服务、减少浪费或提高生产率的一系列情况。利用机遇所采取的措施也可能包括考虑相关风险，风险是不确定性的影响，不确定性可能有正面或负面的影响，正面影响可能会提供机遇，但并不是所有正面影响都可提供机遇。

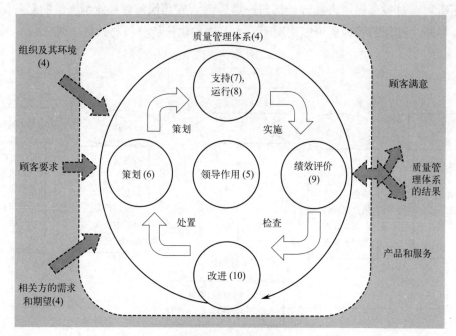

图 3-2　PDCA 循环图

资料来源：GB/T 19001—2016/ISO 9001：2015

2. ISO 9000 质量管理体系的建立与实施

质量管理体系的建立和实施一般包括质量体系的确立、质量体系的形成、质量体系的实施运行和质量管理体系的注册 4 个阶段。

（1）质量体系的确立

① 管理者决策和统一认识。建立和实施质量体系的关键是企业管理者的重视和直接参与。只有管理者统一了思想，下定决心并作出正确决策，才能建立起有效的质量管理体系。

② 组织落实和成立贯标小组。制定政策选择合适的人员组成贯标小组，小组成员应包括与组织质量管理有关的各个部门的人员，选出小组长，具体负责质量管理体系的建立和实施。

③ 制订工作计划、实施培训。质量管理体系是现代质量管理和质量保证的结晶，要真正领会这套标准并付诸实施，就必须制订全面而周密的实施计划。为了使员工了解质量管理体系的内容及实施质量管理体系的意义，需要对各级员工进行必要的培训。

④ 制定质量方针、确立质量目标。质量方针是企业进行质量管理，建立和实施质量体系、开展各项质量管理活动的根本准则。制定质量方针时应根据企业的具体情况、发展趋势和市场形势研究确定，制定出具有特色的质量方针。质量目标是企业在一定时期内应达到的质量目标，包括产品质量、工作质量、质量体系等方面的目标。

⑤ 调查现状、找出薄弱环节。企业当前存在的主要问题就是建立质量管理体系时要重

点解决的问题。广泛调查本组织产品质量形成中的各阶段的质量现状及存在的问题，各部门承担的质量职责及完成情况，相互之间的协调关系及情况。在调查过程中应注意收集以下信息：有关质量管理体系的相关信息或资料；在以往合同中、服务过程中顾客提出的要求；同行中质量体系认证企业的资料；本企业应遵循的法律法规，以及国际贸易中相关的规定、协定、准则和惯例等。

⑥ 根据组织实际情况对标准的内容进行合理的删减。将调查结果与质量管理体系的内容进行对照，对标准的内容进行合理删减。

⑦ 确定职能分配、确定资源配置。职能分配是指将所选择的质量体系要素分解成具体的质量活动并将完成这些质量活动的相应的职责和权限分配到各职能部门。职能分配的通常做法：一个职能部门可以负责或参与多项质量活动，但不应让多个职能部门共同负责一项质量活动。资源是质量管理体系的重要组成部分，企业应根据设计、开发检验等活动的需要，积极引进先进的技术、设备和人才，提高设计、工艺水平，确保产品质量满足顾客的需要。

（2）质量体系的形成 2015 版 ISO 9001 标准中不再对编制"质量手册"和"文件化程序"有明确的规定，只是用"形成文件的信息"来要求，并且质量管理体系形成文件的信息的多少与详略程度主要取决于组织的规模、类型等。按照标准中形成文件的信息的要求，编制的文件可以是"手册"也可以是"规章制度、管理办法"等，把相关的管理制度等文件可以视作"程序"等。新标准合并文件和记录者不作区分。总之 2015 版 ISO 9001 标准更强调了管理体系的适用性、实用性和有效性。

ISO 9001：2015 质量管理体系标准中 19 个地方提到的应形成的文件有：质量管理体系范围并说明删减条款及删减理由；质量方针；质量目标；规定监视和测量设备使用要求的文件，包括使用、维护、鉴定、校准等；能证明人员满足能力要求的记录，包括任职要求、人员档案、培训等；组织确定的为确保质量管理体系有效运行所需的形成文件的信息；能证明过程经有效策划的相关记录；产品和服务有关要求的评审报告；对外部供方的评价报告；对外部供方的监视报告；产品唯一性标志的文件；顾客或外部供方的财产的相关记录；产品生产和服务的变更的评价批准和采取的措施等相关记录；放行管理制度；不合格品处置记录；监视和测量记录；内审方案和记录；管理评审报告和纠正预防措施相关记录，纠正预防措施相关记录包括验证。

（3）质量体系的实施运行 质量体系的实施运行实质上是指执行质量体系文件并达到预期目标的过程，其根本问题就是把质量体系中规定要求按部门、专业、岗位加以落实，并严格执行。组织可通过全员培训、组织协调、内部审核和管理评审来达到这一目的。

① 全员培训。在质量体系的运行过程阶段首先对全体员工进行培训，了解各自的工作要求和行为准则。通过培训从思想上认识到质量体系是对过去产品质量的变革，建立质量体系是为了适应国际贸易发展的需要，提高组织竞争能力。

② 组织协调。组织协调主要解决质量体系在运行过程中出现的问题。新建立的质量体系在全面实施运行之前可试运行。对于发现的问题，及时研究解决，并对质量手册和程序文件中的内容作出相应的修改。质量体系的运行是动态的，涉及组织各个部门的各项活动，相互交织，因此协调工作就显得尤为重要。

③ 内部审核和管理评审。内部审核和管理评审是质量管理标准的重要内容，是质量体系关键环节，是保证质量体系有效运行的重要措施和手段。内部审核是指组织自己确定质量活动及其有关结果是否符合计划安排，以及这些安排是否有效并适合目标体系的独立审查。其内容是：质量体系文件是否适用和相协调；是否执行了文件中的有关规定；是否根据规定要求、自身要求和环境变化采取对应措施；是否需要改进所进行的综合评价。管理评审由组织最高管理者定期进行。

3. ISO 9001 质量管理体系中质量管理体系认证注册

（1）质量体系认证的程序

① 申请认证的条件，申请方持有法律地位证明文件，申请方建立、实施和保持了文件化的质量体系。

认证申请的提出：申请方根据组织的需要和产品的特点确定申请认证的质量体系所覆盖产品范围并向质量体系认证机构正式提出认证申请，提出申请时要按要求填写申请书，提交所需的附件。

认证申请的受理和合同的签订：认证机构收到正式申请后经审查符合规定的申请要求后即可决定受理申请，并发出"受理申请通知书"，签订认证合同。

② 建立审核组。在签订认证合同后认证机构应成立审核组，审核组成员名单和审核计划一起向受审核方提供，由受审核方确认。审核组一般由2～4人组成，其成员必须是注册审核员，其中至少有一名熟悉申请方生产技术特点的成员，对于审核的组成人员，若申请方认为会与本组织构成利益冲突时，可要求认证机构作出更换。

③ 质量体系文件的审查。质量体系文件审查的主要对象是申请方的质量体系文件及其他说明质量体系的材料。审查的内容包括：了解申请方的基本情况，组织产品及生产特点、人员、设备、检验手段及以往质量保证能力等，判定质量体系文件描述的质量体系在总体上是否符合相应的质量标准的要求；是否具有明确的质量方针和质量目标；审查质量职能的落实情况；审核质量体系要素是否包含了质量标准要求证实的全部质量体系要素等；了解质量体系文件的总体构成状况；质量体系文件审查合格后审核组现场检查之前，质量体系文件不允许做任何修改。

④ 现场审核。现场审核的目的是通过查证质量体系文件的实际执行情况，对质量体系运行的有效性作出评价，判定是否真正具有满足相应质量标准的能力。现场检查是审核组按审核计划进行现场核验，并根据现场情况适当调整后，对受审核方质量体系的具体情况和实际运行有效性进行深入细致的检查取证和评价的过程。

由审核组全体成员根据检查情况对检查结果进行评定，作出审核结论，编制审核报告。审核的结论有3种：建议通过认证；要求进行复审；要求进行重审。审核组完成审核后与受审核方举行末次会议报告审核过程总体情况、发现的不合格项、审核结论、现场审核结束后的有关安排等。审核报告是现场审核结果的证明文件，由审核组编写，经组长签署后，报认证机构。

（2）注册与发证 认证机构对审核组提出的报告进行全面的审查，若批准通过认证，则由认证机构颁发质量体系认证证书并予以注册。

质量管理体系是目前应用最为广泛的管理体系之一，主要标准为 GB/T 19001—2016《质量管理体系 要求》和 GB/T 19004—2020《质量管理 组织的质量 实现持续成功指南》，组织应结合两个标准共同使用，建立组织的质量管理体系。组织通过质量管理体系的建立、实施、保持和改进能够帮助组织增强顾客满意度，采用标准提供方法管理的组织能对其过程能力和产品质量树立信心，为持续改进提供基础，从而增进顾客和其他相关方满意度并获得成功。

4. 卫生标准操作程序（SSOP）

卫生标准操作程序（sanitation standard operation procedures，SSOP）指企业为了达到 GMP 所规定的要求，保证所加工的食品符合卫生要求而制定的指导食品生产加工过程中如何清洗、消毒和卫生保持的作业指导文件。SSOP 与 GMP 是 HACCP 的前提条件。SSOP 的正确制定和有效执行，对控制危害非常有价值。

（1）SSOP 的基本内容 卫生标准操作程序（SSOP）主要包括八个方面内容。

与食品接触或与食品接触物表面接触的水（冰）的安全；与食品接触表面（包括设备、手套、工作服）的清洁度；防止交叉污染；手的清洗与消毒和厕所设施的维护与卫生保持；防止外来污染；有毒化学物质的标识、存储和使用；人员的健康；昆虫与鼠类的扑灭及控制。

① 水和冰的安全。生产用水（冰）的卫生质量是影响食品卫生的关键因素。对于任何食品的加工，首要的一点就是要保证水（冰）的安全。一个完整的食品加工企业 SSOP 计划，首先要考虑与食品接触或与食品接触物表面接触的水（冰）的来源与处理应符合有关规定，并要考虑非生产用水及污水处理的交叉污染问题。

② 与食品接触表面的清洁度。保持食品接触表面的清洁是为了防止污染食品。与食品接触表面一般包括：直接（加工设备、工器具和台案、加工人员的手或手套、工作服等）和间接（未经清洗消毒的冷库、卫生间的门把手、垃圾箱等）两种。

接触表面在加工前和加工后都应彻底清洁并在必要时消毒。检验者需要判断是否达到了适度的清洁。为达到这一点，他们需要检查和监测难清洗的区域和产品残渣可能出现的地方。若食品与墙壁相接触，那么这堵墙是一个产品接触表面，需要一同设计、满足维护和清洁要求。

在检查发现问题时应采取适当的方法及时纠正。如再清洁消毒、检查消毒剂浓度、培训员工等。记录包括检查食品接触面状况、消毒剂浓度、表面微生物检验结果等。记录的目的是提供证据。证实工厂消毒计划充分，并已执行，发现问题能及时纠正。

③ 防止交叉污染。交叉污染是通过生的食品、食品加工者或食品加工环境把生物或化学的污染物转移到食品的过程。此方面涉及预防污染的人员要求、原材料和熟食产品的隔离和工厂预防污染的设计人员要求。

人员要求、隔离、人员操作、食品加工的表面必须维持清洁和卫生是有效防止交叉污染的方式。若发生交叉污染要及时采取措施防止再发生；必要时停产直到改进；如有必要，要评估产品的安全性；记录采取的纠正措施。

④ 手的清洗与消毒和厕所设施的维护与卫生保持。手的清洗和消毒的目的是防止交叉

污染。一般的清洗方法和步骤为：清水洗手、擦洗洗手液、用水冲净洗手液、将手浸入消毒液中进行消毒，用清水冲洗、干手。清洗和消毒频率一般为：每次进入车间时；加工期间每30min 至 1h 进行 1 次，当手接触污染物、废弃物后等。

卫生间需要进入方便、卫生和维护良好，可自动关闭，门不能开向加工区。这关系到空气中飘浮的病原体和寄生虫进入。

⑤ 防止外来污染。食品企业经常要使用一些化学物质如润滑剂、燃料、杀虫剂、清洁剂、消毒剂等，生产过程中还会产生一些污物和废弃物，如冷凝物和地板污物等。可能产生外部污染的原因如下：非食品级润滑油、燃料污染、不恰当地使用化学品、清洗剂和消毒剂，以及来自非食品区域或邻近的加工区域的有毒烟雾的污染，也包括任何可能污染食品或食品接触面的杂物。建议在开始生产前及工作时间每 4h 检查 1 次并记录每日卫生控制情况。

⑥ 有毒化学物质的标识、存储和使用。食品加工需要使用特定的有毒化学物质。这些有害有毒化学物质主要包括洗涤剂、消毒剂、杀虫剂、润滑剂、实验室用药品等。没有它们工厂设施无法运转，但使用时必须小心谨慎。按照产品说明书使用，做到正确标记，安全存放，减少企业加工的食品被污染的风险。所有这些物品需要适宜的标记，并远离加工区域，应有主管部门批准生产销售、使用的证明；并标注主要成分、毒性、使用剂量和注意事项；用带锁的柜子存放；要有清楚的标识、有效期；严格的使用登记记录；单独的贮藏区域；要有经过培训的人员进行管理。

⑦ 人员的健康。食品加工者（包括检验人员）是直接接触食品的人，其身体健康及卫生状况直接影响食品卫生质量，管理好患病或有外伤或其他身体不适的员工。他们可能成为食品的微生物污染源。食品生产企业应制订有卫生培训计划，定期对加工人员进行培训，并记录存档。

⑧ 昆虫与鼠类的扑灭及控制。害虫主要包括啮齿类动物、鸟和昆虫等携带某种人类疾病原菌的动物。通过害虫传播的食源性疾病的数量巨大。因此虫害的防治对食品加工厂是至关重要的。害虫的灭除和控制包括生产区全范围甚至包括加工厂周围重点区域厕所、下脚料出口、垃圾箱周围、食堂、贮藏室等，食品和食品加工区域内保持卫生对控制害虫至关重要。

（2）SSOP 的作用　SSOP 是帮助食品加工企业完成在食品生产中维护和实现 GMP 的全面目标的程序过程，尤其是 SSOP 制定了一套具体的食品卫生处理、工厂环境的清洁和有毒有害物质的控制等措施，在某些情况下 SSOP 的实施可以减少在 HACCP 计划中关键控制点的数量。在实际生产中有些危害往往是通过 SSOP 和 HACCP 关键控制点的组合来控制的。一般来说，涉及产品本身或某一加工工艺步骤的危害是由 HACCP 来控制而涉及加工环境或人员等有关的危害通常是由 SSOP 来控制。在有些情况下，一个产品加工操作可以不需要一个特定的 HACCP 计划。这是因为危害分析显示没有显著危害，但是所有的加工厂都必须对卫生状况和操作进行监测。

建立和维护一个良好的"卫生计划"是实施 HACCP 计划的基础和前提。如果没有对食品生产环境进行卫生控制仍将会导致食品的不安全。FDA 食品生产业 GMP 法规指出："在不适合生产食品条件下或在不卫生条件下加工的食品是掺假食品，这样的食品不适于人类食用"。无论是从人类健康的角度来看还是食品国际贸易要求来看都需要食品的生产者在一个良好的卫生条件下生产食品。无论企业的大与小、生产的复杂与否，卫生标准操作程序都要起这样的作用。通过实行卫生计划企业可以对大多数食品安全问题和相关的卫生问题实施强有力的控制。

在我国食品生产企业都制订有各种卫生规章制度，对食品生产的环境、加工的卫生、人员的健康进行控制，为确保食品在卫生状态下加工，充分保证达到通用卫生规范和各食品加工厂 GMP 的要求，工厂应针对产品或生产场所制订并且实施书面 SSOP 或类似的文件，消除与卫生有关的危害。实施过程中还须检查、监控，如果实施不到位还要进行纠正，并保持记录。这些卫生方面的操作程序适用于各种类型的食品零售商、批发商、仓库和生产操作。

5. 危害分析与关键控制点（HACCP）体系

实施 HACCP 体系不仅有利于企业不断地自我检查和总结，促进产品升级，提高食品质量，增强市场竞争力，增加进入国际贸易的机会，而且使政府有可能更有效地监督食品生产商和销售商，从而推动国内食品行业的整体发展与提高。

（1）HACCP 的定义　食品法典委员会对 HACCP 的定义是：鉴别、评价和控制对食品安全至关重要危害的一种体系。危害分析与关键控制点（hazard analysis critical control point，HACCP）是一种食品安全卫生保证体系，食品行业用其来分析食品生产各环节，找出具体的安全卫生危害，采取有效措施，对各关键环节严格监控，进而实现对食品卫生质量的有效控制，是从田间到餐桌的全过程安全质量控制保证体系。

① 控制（动词）：采取一切必要措施确保和维护与 HACCP 计划所制定的安全指标一致。

② 控制（名词）：遵循正确的方法和达到安全指标的状态。

③ 控制措施：用以防止或消除食品安全危害或将其降低到可接受的水平所采取的任何措施和活动。

④ 控制点：指那些在某种食品生产体系中不进行控制就会导致消费者健康受到威胁的要点问题。

⑤ 关键控制点：指能实施控制，对食品安全危害加以预防、消除，或把危害降低到可以接受的程度的一个加工点、步骤或工序。

⑥ 关键限值：将可接受水平与不可接受水平区分开的判定指标，是 CCP 的预防性措施必须达到的标准。

⑦ 危害：潜在的会对人体健康产生危害的生物、化学或物理因素或状态。

⑧ 危害分析：指对使消费者健康受到威胁的生物的、化学的、物理的因素进行统计分析的过程。

⑨ 流程图：生产或制作特定食品所用操作顺序的系统表达。

⑩ CCP 判断树：用来确定一个控制点是否 CCP 的问题次序。

⑪ 前提计划：包括 GMP，为 HACCP 计划提供基础的操作条件。

⑫ 危害分析与关键控制点计划：根据 HACCP 原理所制定的文件，系统的、必须遵守的工艺程序，能确保对食品链各环节中对食品有显著意义的危害予以控测。

（2）HACCP 的基本原理　HACCP 方法现已成为世界性的食品安全控制管理的有效办法。HACCP 原理经过实际应用与修改，被 CAC 确认，由七个基本原理组成。

① 进行危害分析和制定预防措施。拟定工艺中各工序的流程图，确定与食品生产各阶

段（从原料生产到消费）有关的潜在危害性及其程度。鉴定并列出各有关危害并规定具体有效的控制措施包括危害发生的可能性及发生后的严重性估计。

② 确定关键控制点。使用判断树鉴别各工序中的 CCP。CCP 指能进行有效控制的一个工序、步骤或程序，如原料生产收获与选择加工、产品配方、设备清洗、贮运、人员与环境卫生等都可能是 CCP，且每一个 CCP 所产生的危害都可以被控制或将之降低至可接受的水平。

③ 建立关键限值。要尽可能地为每一个关键控制点确立各自的关键控制限值。关键控制限值常采用一些物理参数或工艺参数，如温度、时间、压力、张力、流速、水分含量、水分活度、pH 值及有效氯等参数，以及感官指标，如外观和组织结构等。关键限值应表明 CCP 是可控制的。

④ 建立关键控制点的监控系统。监控是对关键控制点的相关关键控制限进行测量或观察。监控程序必须能判断关键控制点是否失去控制，监控最好能提供信息，及时进行调整，控制生产，防止出现超出关键控制限的情况发生。应确定监控的方法、频率及人员的职责。

⑤ 确立纠偏行动。当监控过程发现某一特定 CCP 正超出控制范围时应采取纠偏措施，因为任何 HACCP 方案要完全避免偏差是几乎不可能的。因此，需要预先确定纠偏行为计划来对已产生偏差的食品进行适当处置，纠正产生的偏差。使之确保 CCP 再次处于控制之下，同时要做好纠偏过程的记录。

⑥ 建立验证程序。审核 HACCP 计划的准确性，包括适当的补充试验和总结，以确证 HACCP 是否在正常运转，确保计划在准确执行。

⑦ 建立记录和文件管理系统。HACCP 具体方案在实施中都要求做例行的、规定的各种记录，同时还要求建立有关适于这些原理及应用的所有操作程序和记录的档案制度，包括计划准备、执行、监控、记录及相关信息与数据等都要准确和完整地保存。

（3）HACCP 的建立和实施 根据以上七项原理食品企业制定的 HACCP 计划，在具体操作实施时一般需通过 13 个步骤才能得以实现。每个生产企业在实施 HACCP 计划中必须按要求建立反映实际的书面文件，这些文件通常反映在有关的表格及记录上。每个企业都可以根据自身特点制定 HACCP 执行程序的有关表格，最重要的应有 HACCP 计划表危害分析工作表及其他相应的有关表格。下面进行详细介绍。

① HACCP 小组的组成。HACCP 小组负责编写 HACCP 体系文件、监督 HACCP 体系的实施及承担 HACCP 体系建立和实施过程中主要的关键工作。HACCP 小组人员的能力应满足企业食品生产专业技术要求，并由不同部门的人员组成，应包括卫生质量控制、产品研发、生产工艺技术、设备设施管理、原辅料采购销售、仓储及运输部门人员，必要时可从外部聘请兼职专家。小组成员应经过系统的 HACCP 体系建设与实施理论的培训，拥有较丰富的食品生产领域的知识和经验。

HACCP 小组可由 5~6 名成员组成，同时应指派一名熟知 HACCP 体系和有领导才能的人为组长。领导和组织 HACCP 小组的工作并通过教育、培训、实践等方式确保小组成员在专业知识、技能和经验方面得到持续提高，确保 HACCP 体系所需的过程得到建立、实施和保持，并向最高管理者报告 HACCP 体系的有效性、适宜性及任何更新或改进的需求。同时 HACCP 小组应保存小组成员的学历、经历、培训、批准及活动的记录。

② 产品描述。HACCP 小组应对产品（包括原辅料与包装材料）进行识别，确认进行危

害分析所需的信息,并进行全面的描述,尤其对以下内容要做具体定义和说明。

原辅料、食品包装材料的名称、类别、成分及其生物、化学和物理特性;原辅料、食品包装材料的来源及生产、包装、贮藏、运输和交付方式;原辅料、食品包装材料接受要求、接受方式和使用方式;产品的名称、成分及其生物、化学和物理特性;产品的加工方式(热处理、冷冻、盐渍等);产品的包装(密封、真空、气调等)贮藏(冻藏、冷藏、常温贮藏等)、运输和交付方式;产品的销售方式和标识;所要求的贮存期限。

③ 识别、确定产品用途和消费对象。食品的最终用户或消费者对产品的使用期望即是用途。实施HACCP计划的食品应识别最终消费者,特别要关注特殊消费人群如儿童、妇女、老人、体弱者、免疫功能不健全者等,食品的使用说明书要明示由何类人群消费、食用目的和如何食用(生食、即食、加热食用等)有时还应考虑易受伤害的消费人群应注意的事项。

④ 编制流程图。流程图是建立和实施HACCP体系的起点和焦点,HACCP小组应根据产品的操作要求描绘产品的工艺流程图。流程图没有统一的模式但应包括所有操作步骤,对食品生产过程的每一道工序,从原料选择、加工到销售和消费者使用,在流程图中都要依次清晰地标明,不可含糊不清。

要确定一个完整的HACCP流程图。还需要有以下技术数据资料:所使用的原辅料、原辅料组分、包装材料及它们的微生物化学及物理的数据资料;平面布置和设备布局包括相关配套服务设施如水电气供应等;所有工艺步骤次序(包括原辅料添加次序);所有原辅料、中间产品和最终产品的时间、温度变化数据包括延迟的可能及其他工艺操作细节要求;流体和固体的流动条件;产品再循环与再利用路线;设备设计特征;清洁和消毒操作步骤的有效性;环境卫生;人员进出与工作路线;潜在的交叉污染路线;高与低风险区的隔离;人员卫生习惯;产运和销售条件;消费者使用说明。

⑤ 流程图现场验证。对流程图中所列的每一步操作,在实际操作现场进行比对确认,验证流程图的各加工步骤与实际加工工序是否一致,发现不一致或存在遗漏时,如若改变操作控制条件、调整配方、改进设备等,应对流程图做相应修改或补充,以确保流程图的准确性、适用性和完整性。

⑥ 危害分析和制定控制措施。

a. 危害识别,HACCP小组根据流程图分析并列出从原料生产直到最终消费的过程可能会发生的所有危害。危害包括生物性(微生物、昆虫)、化学性(农药、毒素、化学污染物、药物残留、添加剂等)和物理性(杂质、软硬度等)的危害。针对需要考虑的危害,识别其在每个操作步骤根据预期被引入、产生或增长的所有潜在危害及其原因,当影响危害识别结果的任何因素发生变化时HACCP小组应重新进行危害识别。

b. 危害评估,HACCP小组针对识别的潜在危害评估发生的风险性和严重性,若这种潜在危害在该步骤极有可能发生且后果严重,则应确定为显著危害。对某种潜在危害如不采取控制措施实施控制,其危害的风险性和严重性至少一项会显著增加,同样应确定为显著危害。

c. 控制措施的制定,HACCP小组应针对每种显著危害制定相应的控制措施,描述危害控制原理并证实其有效性。应明确显著危害与控制措施之间的对应关系,并考虑一项控制措施控制多种显著危害或多项控制措施控制一种显著危害的情况。针对人为的破坏或蓄意污染等造成的显著危害应建立食品防护计划作为控制措施,这些措施和办法可以排除或减少危害出现使其达到可接受水平。当这些措施涉及操作改变时,应作出相应的变更,并修改流程图。在现有技术条件下,某种显著危害不能制订有效控制措施时,企业应策划和实施必要的技术改造,必要时应变更生产工艺、产品(包括原辅料)或预期用途直至建立有效的控制措施。

d. 危害分析工作表,HACCP小组应根据工艺流程危害识别、危害评估、控制措施等结果提供形成文件的危害分析工作表,包括加工步骤、考虑的潜在危害、潜在危害是否显著、显著危害的判断依据、控制措施等并明确各因素之间的相互关系,为确定关键控制点(CCP)提供依据。

⑦ 确定关键控制点。HACCP计划中关键控制点(CCP)的确定有一定的要求,并非有一定危害就设为CCP,HACCP执行人员常采用判断树来认定CCP,即对工艺流程图中确定的各控制点(加工工序)使用判断树按先后顺序回答每一问题,按次序进行审定,应当明确,一种危害(如微生物)往往可由几个CCP来控制。若干种危害也可以由1个CCP来控制。

⑧ 确定各CCP的关键限值。在逐个确定所有CCP后,HACCP小组接着要确定各CCP的控制措施应达到的关键限值(CL),也就是预先规定CCP的标准值。选择限值的原则是:可控制且直观、快速、准确、方便和可连续监测。在生产实践中,一般不用微生物指标作为CL,可考虑用温度、时间、流速、含水量、水分活度、pH值、盐度、密度、质量、有效氯等可快速测得的物理的和化学的参数,以利于快速反应采取必要的纠偏措施。有的CCP可能存在1个以上的控制预防方法,则都应逐一建立控制界限或CL值。当操作中偏离了CL值则必须马上采取纠偏措施以确保食品安全。CL值的确定,可参考有关法规、标准、文献、专家建议和实验结果。如果一时还找不到适合的CL值,食品企业应选用一个保守的CL值。

同时还应确定容差。容差即具体操作时的限值操作人员必须将偏差控制在容差范围内。以避免违反CL。这是因为设备与监测仪表都存在着一定的正常的误差,容差范围即是允许的一个缓冲区。在食品加工生产中,很多加工参数如温度、时间、水分活度等都有规定的限值范围。合理的容差范围既能保证产品品质(色、香、味),又能杀灭致病菌。

⑨ 制定CCP的监控措施。制订某食品的HACCP计划,还应包括拟定和采取正确的监控制度,以对CCP是否符合规定的限值与容差进行有计划的观察和测量,以确定是否符合限值的要求,从而来确保所有CCP处于受控状态。监控过程应做精确的运行记录为将来分析食品安全原因提供直接的数据。实施监控时必须明确以下几点。

a. 监控对象:监控对象可以是生产线上的如时间与温度的测量;也可以是非生产线上的化验分析,如盐、pH值、总固形物、化学成分、微生物总数等的测定。生产线外的监控费时较多,容易造成较长时间的失控状态。因此,监控应尽可能在生产线上的操作过程中解决,这样有利于及时采取纠偏措施。监控对象还包括:现场观察检查、卫生环境条件、原料产地、原料包装容器上标志、政府法规等。

b. 监控方法:通常采用物理或化学的测量或观察方法,要求及时准确,如温度计、钟表、天平、pH 计、水分活度计、化学分析设备等。

c. 监控频率：对 HACCP 计划的每一进程都要按规定及时进行监控。监控可以是连续性的（如温度、压力）和非连续性的（如固形物、重金属）。非连续监控是点控制，对样品及测定点要有代表性。非连续性监控要规定科学的监控频率，此频率要能反映 CCP 的危害特征。

d. 监控人员选择及其任务：监控人员选择与 HACCP 计划是否得到贯彻实施关系重大。监控人员应是流水线上工人、设备操作工、工序监督员、维修人员、品管人员等，监控人员应懂得 HACCP 的内容及原理，理解 CCP 风险控制的重要性。要求监控人员要及时报告异常事件或 CCP 偏离情况，监控人员有权对 CCP 产生的危害采取纠偏措施，做好各项记录并和另一审核人员共同签字，做好数据档案保管工作。

⑩ 建立关键限值偏离时的纠正措施。食品生产过程中 HACCP 计划的每一个 CCP 都有可能会发生偏离其规定范围的现象，这时候就要有纠正行动，以文件形式表达。纠正行动要解决两类问题：制订使工艺重新处于控制之中的措施；拟好 CCP 失控时生产的食品的处理方法，包括将失控的产品进行隔离、扣留、评估其安全性、原辅料及半成品等移作它用（作饲料）、重新加工和销毁产品等。对每次所施行的这两类纠偏行动都要记录档案并明确原因及责任。具体纠正措施应包括：采用的纠正行动，能保证 CCP 已经在控制范围以内；纠正措施要经有关部门认可；对不合格产品要及时处理；纠正措施实施后，CCP 一旦恢复控制，有必要对这一系统进行重新审核，防止再出现偏差。

⑪ HACCP 计划的确认和验证。企业应建立并实施对 HACCP 计划的确认和验证程序。用来确定 HACCP 体系是否按 HACCP 计划运行或计划是否需要修改及再确认、生效，以证实 HACCP 计划的完整性、适宜性、有效性。

确认程序应包括对 HACCP 计划所有要素（危害分析 CCP 等）有效性的证实。当确认表明 HACCP 计划的有效性不符合要求时，应修订 HACCP 计划。确认程序每年至少 1 次。

验证时要复查整个 HACCP 计划及其记录档案。验证方法与具体内容包括：要求原辅料、半成品供货方提供产品合格证证明；检测仪器标准，并对仪器仪表校正的记录进行审查；复查 HACCP 计划制订及其记录和有关文件；审查 HACCP 内容体系及工作日记与记录；复查偏离情况和产品处理情况；检查 CCP 记录及其控制是否正常；对中间产品和最终产品的微生物检验；评价所制订的目标限值和容差，不合格产品处理记录；调查市场供应中与产品有关的意想不到的卫生和腐败问题；复查已知的、假想的消费者对产品的使用情况及反应记录。

验证报告内容可以包括：HACCP 计划表；CCP 点的直接监测资料；监测仪器校正及正常运作；偏离与矫正措施；CCP 点在控制下的样品分析资料（有物理、化学、微生物或感官品评的）；HACCP 计划修正后的再确认，包括各限值可靠性的证实；控制点监测操作人员的培训等。验证过程食品企业可自行实施，也可委托第三方实施验证。

⑫ HACCP 计划记录的保持。完整准确的过程记录有助于及时发现问题、准确分析与解决问题，使 HACCP 原理得到正确应用，HACCP 程序应文件化，文件自记录的保存应符合操作和规范。保存的文件有：说明 HACCP 系统的各种措施；用于危害分析采用的数据；与

产品安全有关的所作出的决定；监控方法及记录；由操作者签名和审核者签名的监控记录；偏差与纠偏记录；审定报告等及 HACCP 计划表；危害分析工作表；HACCP 执行小组会上报告及总结等。所有的 HACCP 记录归档后妥善保管自生产之日起至少要保存 2 年。

⑬ HACCP 计划的回顾。HACCP 方法在经过一段时间的运行后或者做了完整的验证后，都有必要对整个实施过程进行回顾与总结，HACCP 体系需要并要求建立回顾的制度。当发生以下情况时，应对 HACCP 进行重新总结检查：原料、产品配方发生变化；加工体系发生变化；工厂布局和环境发生变化；加工设备改进清洁和消毒方案发生变化；重复出现偏差，或出现新危害，或有新的控制方法；包装、贮存和销售体系发生变化；人员等级或职责发生变化；假设消费者使用发生变化；从市场供应上获得的信息表明有关于产品的卫生或腐败风险。总结检查工作所形成的一些正确的改进措施应编入 HACCP 计划中。

总之，在完成整个 HACCP 计划后，要尽快以草案形式成文，并在 HACCP 小组成员中传阅修改，或寄给有关专家征求意见吸纳对草案有益的修改意见并编入草案中，经 HACCP 小组成员最后一次审核修改后成为最终版本供上报有关部门审批或在企业质量管理中应用。

6. ISO 22000 食品安全管理体系

ISO 技术委员会于 2018 年发布 ISO 22000：2018，标准采用高级结构编制，提高了 ISO 管理体系之间的一致性。我国目前还在使用的 GB/T 22000—2006 为 ISO 22000：2005 等同标准，新版标准将在近期发布并实施。

（1）食品安全管理体系的原则 食品安全与消费环节（由消费者摄入）食源性危害的存在状况有关。由于食品链的任何环节都有可能引入食品安全危害，必须对整个食品链进行充分的控制。因此，食品安全必须通过食品链中所有参与方的共同努力来保证。结合相互沟通、体系管理、前提方案、HACCP 原理关键要素，基于 ISO 管理体系通用的原则，形成：以顾客为关注焦点、领导作用、全员积极参与、过程方法、改进、循证决策、关系管理的管理原则。

（2）食品安全管理体系的范围 食品安全管理体系要求直接或间接参与食品链的组织能够：

① 策划、实施、允许、保持和更新食品安全管理体系，按预期用途提供安全的产品和服务。

② 证实符合适用的法律和法规食品安全要求。

③ 评价和评估双方商定的顾客要求，并证实其符合要求。

④ 与食品链中的相关方就食品安全问题进行有效沟通。

⑤ 确保组织符合其声明的食品安全方针。

⑥ 证实符合其他相关方的要求。

⑦ 寻求由外部组织对其食品安全管理体系进行认证或备案，或对本标准的符合性进行自我评估和声明。

管理体系的要求是通用的，旨在适用于食品链中各种规模和不同复杂程度的所有组织。

包括直接或间接介入食品链中一个或多个环节。直接介入的组织包括但不限于：饲料生产者，动物食品生产者，野生动植物收获者，农作物种植者，辅料生产者，食品生产者，零售商及提供食品服务、餐饮服务、清洁和消毒服务、运输、贮存和分销服务的组织，设备、清洁和消毒剂、包装材料，其他食品接触材料的供应商。

（3）食品安全管理体系的特点　与HACCP相比较ISO 22000标准具有下列明显的特点。

① 标准适用范围更广。ISO 22000标准适用范围为食品链中所有类型的组织。ISO 22000表达了食品安全管理中的共性要求，适用于在食品链中所有希望建立保证食品安全体系的组织，无论其规模、类型和其所提供的产品。而不是针对食品链中任何一类组织的特定要求。它适用于农产品生产厂商、动物饲料生产厂商、食品生产厂商、批发商和零售商。也适用于与食品有关的设备供应厂商、物流供应商、包装材料供应厂商、农业化学品和食品添加剂供应厂商、涉及食品的服务供应商和餐厅。

② 标准采用了ISO 9000标准体系结构。ISO 22000采用了ISO 9001标准体系结构，突出了体系管理理念，将组织、资源、过程和程序融合到体系之中，使体系结构与ISO 9001标准一致，强调标准既可单独使用，也可以和ISO 9001质量管理体系标准整合使用，充分考虑两者的兼容性。

③ 标准体现对遵守食品法律法规的要求。ISO 22000标准的多个条款都要求与食品法律法规相结合，充分体现了遵守法律法规是建立食品安全管理体系前提。

④ 标准强调了沟通的重要性。沟通是食品安全管理体系的重要原则。顾客要求、食品监管机构要求、法律法规要求和一些新的危害等食品安全相关信息，须通过外部沟通获得。通过内部沟通可以获得体系是否需要更新和改进的信息。

⑤ 标准增加基于风险的思维。基于风险的思维对实现食品安全管理体系有效性是至关重要的。基于风险的思维可分为组织层面和运行层面。风险是不确定性的影响，不确定性有正面或负面的。正面影响提供机遇，但并非所有的正面影响均可提供机遇。

⑥ 标准强调了前提方案、操作性前提方案的重要性。前提方案可等同于食品企业的良好操作规范。操作性前提方案则是通过危害分析确定的基本前提方案。操作性前提方案在内容上和HACCP相接近。但两者区别在于控制方式、方法或控制的侧重点并不相同。

⑦ 标准强调了"确认"和"验证"的重要性。"确认"是获取证据以证实由HACCP计划和前提方案安排的控制措施是否有效。ISO 22000标准在多处明示和隐含了"确认"要求或理念。"验证"是通过提供客观证据对规定要求已得到满足的认定，证实体系和控制措施的有效性。标准要求对前提方案、操作性前提方案、HACCP计划及控制措施组合、潜在不安全产品处置、应急准备和响应、撤回等都要进行验证。

⑧ 建立应急准备和响应。ISO 22000标准要求最高管理者应关注影响食品安全的潜在紧急情况和事故，要求组织应识别潜在事故和紧急情况。组织应策划应急准备和响应措施，并保证实施这些措施所需要的资源和程序，确保应急准备和响应的有效性。

⑨ 建立可追溯性系统。可追溯系统即对不安全产品实施撤回机制，标准要求撤回不安全产品，充分体现了现代食品安全的管理理念。要求组织建立从原料供方到直接分销商的可追溯性系统，确保交付后的不安全终产品能够及时完全地撤回，降低和消除不安全产品对消

费者的伤害。

7. 食品生产经营许可证制度

食品生产经营许可制度是一种政府行政许可行为,是为保证食品的质量安全,允许具备规定条件的生产者进行生产经营活动、允许具备规定条件的食品进行生产销售的监管制度。

（1）**食品生产经营许可证制度** 食品生产经营许可证制度是工业产品许可证制度的一个组成部分,旨在控制食品生产经营企业的生产经营条件,防止因食品原料、包装问题或生产加工、运输、贮存过程中带来的污染对人体健康造成任何不利的影响。凡不具备保证生产经营许可必备条件的,不得从事食品生产加工与经营。

（2）**强制检验制度** 要求企业必须检验其生产的食品,企业必须履行法律义务确保出厂销售的食品检验合格,不合格的食品不得出厂销售。

五、监督与检查

食品生产加工单位应当定期开展食品安全检查工作,检查主要有工厂环境检测、产品检验、生产过程的检查。

1. 工厂环境检测

食品工厂的环境质量直接影响产品的质量和安全,因此应对食品工厂环境进行监测,使食品工厂环境保持清洁无污染状态,只有这样才能保证食品工厂生产出安全放心的食品。所以食品工厂环境检测是食品工厂进行生产的必要任务,也是首要任务。

食品工厂环境检测的对象主要是指对环境和食品可能造成污染和危害的物质。食品工厂环境检测的内容,主要有无机物（包括金属和非金属）污染物的检测、有机物（包括农药化肥）污染物的检测和生物（细菌、致病菌、病毒及毒素）的检测。

另外,食品工厂环境检测根据检测的状态不同又可分为：大气的检测、水质的检测、土壤及固体废弃物的检测和生物的检测。食品应根据实际情况选择应实施的检测模块,并确定所检测模块的频次和有关职责。

2. 产品检验

（1）**企业检验能力要求** 企业应具有与生产能力相适应的内设检验机构和具备相应资格的检验人员,其内设检验机构具备检验工作所需要的标准资料、检验设施和仪器设备,各类食品的《食品生产许可证审查细则》都具体规定了该类食品的必备出厂检验设备,食品生产加工企业必须具备所列出的每一件检验设备。检验仪器按规定进行计量鉴定,检验要有检测记录,人员应经培训具有相应的能力,如果某些模块不具备检验能力可委托社会实验室承担企业卫生和产品质量检验工作,所委托的社会实验室应具有相应的资格,并签订合同。

（2）**检验模块和要求** 企业应制订《产品检验计划》,其规定的检验模块、频次应符合有关法规的要求,检验应包括原料、辅料、包装材料、半成品和成品,应保证各阶段产品合格。

3. 生产过程的检查

① 企业应定期检查厂区和生产车间卫生，并保存检查记录。

② 应定期检查库存原料、辅料、食品添加剂和包装材料的质量状况，及时发现和处理过期、变质的物品。

③ 对影响食品卫生的关键工序，要制定明确的操作规程并进行连续监控，同时必须有监控记录。

④ 生产车间应每天检查员工的个人卫生状况，应保证员工按规定穿工作服、进行洗手消毒。

⑤ 应定期检查设备、设施的卫生和完好情况，制订维护计划，保证加工设备、设施满足生产加工的需要。

⑥ 应随时检查员工执行卫生操作规程的情况，确保各工序按规程操作。

⑦ 企业应监控生产过程的有关数据和参数，监控关键限值。

⑧ 定期检查有毒有害物质、虫害、鼠害的防治情况。

六、采取纠正和预防措施

纠正措施是为消除已发现的不合格或其他不期望情况的原因所采取的措施。食品生产企业应针对各种检查过程中发现的不合格情况采取措施，以消除不合格的原因，防止不合格再发生。实施纠正措施首先要对不合格进行评审和调查，分析、识别不合格产生的原因，确保实施措施后不再出现类似情况，并做好记录。采取纠正措施的步骤为：

① 评审出不合格（包括顾客反馈）。

② 确定不合格的原因。

③ 确定确保不合格不再发生的措施的需求。

④ 确定和实施所需的措施。

⑤ 记录所采取措施的结果。

⑥ 评审所采取的纠正措施。

预防措施是指为消除潜在不合格或其他潜在不期望情况原因的措施。纠正措施是针对已经发生的问题采取措施，防止其再发生；而预防措施是针对尚未发生但可能会发生的不合格，预先采取措施，防止其发生。潜在的不合格的原因可能有许多种，因此需要大量的数据基础，同时，要求确保数据分析的正确性、及时性。采取预防措施的步骤为：

① 确定潜在不合格及其原因；

② 确定防止不合格发生的措施的需求。

③ 确定和实施所需的措施。

④ 记录所采取措施的结果。

⑤ 评审所采取的预防措施。

项目五　产品标签标识

一、基本要求

食品包装材料的安全是食品安全不可或缺的重要一环，食品包装的主要目的是保护食品质量与安全，食品包装材料质量的好坏直接影响食品的质量安全，目前已受到全世界的高度关注，相关国际组织和各国政府都加强了对其的研究，并实行严格的监督措施。

《食品安全法》对食品包装材料定义：用于食品的包装材料和容器，指包装、盛放食品或者食品添加剂用的纸、竹、木、金属、搪瓷、陶瓷、塑料、橡胶、天然纤维、化学纤维、玻璃等制品和直接接触食品或者食品添加剂的涂料。目前人们普遍使用的食品包装材料主要是塑料类、金属类、纸（壳）类、玻璃类、陶瓷等。食品包装材料直接与食品接触，其材料是否得当，关系到企业的生产成本和人们的身体健康，食品包装材料安全与食品安全息息相关。

食品包装应能在正常的贮存、运输、销售条件下最大限度地保护食品的安全性和食品品质。

食品内包装应符合 GB 4806 系列标准要求。销售包装上的标签标注应符合 GB 7718、GB 28050、合同执行标准及相关的要求；外包装箱储运图示标志应符合 GB/T 191 的规定。

食品生产加工者应归类管理包装标签标样，验收、使用包装材料时应核对标识，避免误用；应如实记录包装材料的使用情况。

二、食品标签标识要求汇总

1. 包装设计与材质

食品包装材料应符合食品安全国家标准。

包装用原纸、材料不得使用回收废纸、回收塑料、酚醛树脂，不得使用工业级石蜡，食品包装上油墨、颜料不得印刷在接触食品面。

《限制商品过度包装要求 食品和化妆品》要求食品不得过度包装。

例如：粮食（原粮及其初级加工品）的包装空隙率不得大于 10%，包装不得超过 2 层，除初始包装之外的所有包装成本的总和不应超过商品销售价格的 20%。

2. 商标标识通用要求

《中华人民共和国反不正当竞争法》《中华人民共和国商标法》《中华人民共和国商标法实施条例》规定。

① 不得假冒他人的注册商标。

② 不得在不同或相同相近似商品上擅自使用驰名商标商品、知名商品特有的商标、名

称、包装、装潢或者相近似的商标、名称、包装、装潢。

③ 不得在同一种商品或者类似商品上使用与其他注册商标相同或者近似的商标。

④ 不得未经商标注册人同意，更换其注册商标并将该更换商标的商品又投入市场（反向假冒）。

⑤ 不得在同一种或者类似商品上，将与他人注册商标相同或者近似的标志作为商品名称或者商品装潢使用，误导公众。

⑥ 不得将"中国驰名商标"用于商品、商品包装或者容器上，或者用于广告宣传、展览以及其他商业活动中。

3. 标示内容不得模糊不清

包装、标签、标识标示内容必须清晰、醒目、持久、易于辨认和识读。食品或者其包装上应当附加标签、标识（法律、行政法规规定可以不附加的食品除外）。应当直接标注在最小销售单元的食品或者其包装上，应当清晰醒目，背景和底色应当采用对比色，使消费者易于辨认、识读。

4. 标示内容不涉及封建迷信、黄色内容

包装、标签、标识标示内容必须通俗易懂、准确、有科学依据，不得标示封建迷信、黄色、贬低其他食品或违背科学营养常识的内容。内容应当真实准确、通俗易懂、科学合法。

5. 标示内容不得有治疗疾病及其他虚假、误导、欺骗内容

《预包装食品标签通则》《食品安全国家标准 预包装特殊膳食用食品标签》《中华人民共和国反不正当竞争法》《中华人民共和国产品质量法》《中华人民共和国消费者权益保护法》《食品标识管理规定》等规定：

① 包装、标签、标识内容不得以虚假、使消费者误解或欺骗性的文字、图形等方式介绍食品，也不得利用字号大小或色差误导消费者。

② 不得以直接或间接暗示性的语言、图形、符号，导致消费者将购买的食品或食品的某一性质与另一产品混淆。

③ 内容应当真实准确、通俗易懂、健康科学，不得虚假误导，不得出现医疗术语、宣传疗效用语、易与药品混淆的用语，以及无法用客观指标评价的用语。

④《食品安全法》规定：食品广告的内容应当真实合法，不得含有虚假内容，不得涉及疾病预防、治疗功能。

⑤ 不得伪造或者虚假标注生产日期和保质期。

⑥ 不得伪造食品产地。

⑦ 不得伪造或者冒用其他生产者的名称、地址。

⑧ 不得伪造、冒用、变造生产许可证编号等。

⑨ 不得伪造、冒用产品条码。

⑩ 不得标注下列内容：a. 明示或者暗示具有预防、治疗疾病作用的；b. 非保健食品明示或者暗示具有保健作用的；c. 以欺骗或者误导的方式描述或者介绍食品的；d. 附加的产品说

明无法证实其依据的；e. 文字或者图案不尊重民族习俗，带有歧视性描述的；f. 使用国旗、国徽或者人民币等进行标注的；g. 使用人民币图样（但央行批准的除外）的。

6. 标识禁用词语

《中华人民共和国广告法》第九条规定："广告中不得使用'国家级''最高级''最佳'等用语。"不得使用的广告语违禁词：国家级、世界级、最高级、最佳、第一、唯一、首个、最好、精确、顶级、最低、最便宜、最大程度、最新技术、最先进科学、国家级产品、填补国内空白、绝对、独家、首家、最新、最先进、第一品牌、金牌、名牌、最赚、超赚、最先、巨星、奢侈、至尊、顶级享受等绝对性用语。

7. 商标标示内容要求

包装、标签、标识标示内容必须使用规范的汉字（注册商标除外）；可以同时使用拼音或少数民族文字，但不得大于相应的汉字；可以同时使用外文，但应与汉字有对应关系（进口食品的制造者和地址、国外经销者的名称和地址、网址除外）；所有外文不得大于相应的汉字（注册商标除外）。

8. 商标强制标示要求

包装物或包装容器最大表面积大于 $35cm^2$ 时，强制标示内容的文字、符号、数字的高度不得小于 1.8mm。食品或者其包装最大表面积小于 $10cm^2$ 时，可以仅标注食品名称、生产者名称和地址、净含量、生产日期和保质期。食品名称、配料清单、净含量、厂名厂址、生产日期、保质期、产品标准号等为该标准强制标示内容。如果透过外包装物能清晰地识别内包装物或容器上的所有或部分强制标示内容，可以不在外包装物上重复标示相应的内容；如果在内包装物（或容器）外面另有直接向消费者交货的外包装（或大包装），可以只在外包装（或大包装）上标示强制标示内容。

9. 食品标签、标识不得与包装物（容器）分离

标签、标识不得与食品或者其包装物（容器）分离。

10. 食品名称标示必须醒目、突出

表明食品的真实属性，不得缩隐、晦暗、含糊不清。

《预包装食品标签通则》《食品安全国家标准 预包装特殊膳食用食品标签》《食品标识管理规定》规定：

① 包装、标签、标识应在醒目位置，清晰地标示表明和反映食品真实属性的专用名称。

② 以动、植物食物为原料，采用特定的加工工艺制作，用以模仿其他生物的个体、器官、组织等特征的食品，应当在名称前冠以"人造""仿"或者"素"等字样，并标注该食品真实属性的分类（类属）名称。

③ 当国家标准或行业标准中已规定了某食品的一个或几个名称时，应选用其中的一个，或等效的名称。

④ 无国家标准或行业标准规定的名称时，应使用不使消费者误解或混淆的常用名称或

通俗名称。

⑤ 可以标示"新创名称""奇特名称""音译名称""牌号名称""地区俚语名称"或"商标名称",但应在所示名称的邻近部位标示国家标准或行业标准中已规定的该食品的一个或几个名称或等效的名称中的任意一个名称。

⑥ 当"新创名称""奇特名称""音译名称""牌号名称""地区俚语名称"或"商标名称"含有易使人误解食品属性的文字或术语(词语)时,应在所示名称的邻近部位使用同一字号标示食品真实属性的专用名称。

⑦ 当食品真实属性的专用名称因字号不同易使人误解食品属性时,也应使用同一字号标示食品真实属性的专用名称,如"橙汁饮料"中的"橙汁""饮料","巧克力夹心饼干"中的"巧克力""夹心饼干",都应使用同一字号。

⑧ 避免消费者误解或混淆食品的真实属性、物理状态或制作方法,可以在食品名称前或食品名称后附加相应的词或短语,如干燥的、浓缩的、复原的、熏制的、油炸的、粉末的、粒状的。

⑨ 由两种或者两种以上食品通过物理混合而成且外观均匀一致难以相互分离的食品,其名称应当反映该食品的混合属性和分类(类属)名称。

⑩ 为满足某些特殊人群的生理需要,或某些疾病患者的营养需要,按特殊配方而专门加工的食品(包括婴儿食品),即特殊膳食用食品,可以在名称中使用诸如"婴儿配方乳(奶)粉"、"无糖速溶豆粉"(供糖尿病患者食用)、"强化铁高蛋白速溶豆粉"(供贫血症患者食用)等特殊含义的修饰词。

11. 标示内容必须有配料清单

① 预包装食品应标示配料清单。
② 配料清单应以"配料"或"配料表"作标题。
③ 各种配料应按制造或加工食品时加入量的递减顺序一一排列,加入量不超过2%的配料可以不按递减顺序排列。
④ 在食品中直接使用甜味剂、防腐剂、着色剂的,应当在配料清单食品添加剂项下标注具体名称。
⑤ 使用其他食品添加剂的,可以标注具体名称、种类或者代码。

12. 净含量标示不得使用非法定计量单位,且要与食品名称在同一版面展示

定量预包装食品应当标注净含量,净含量的标示应由净含量、数字和法定计量单位组成。如"净含量450g",或"净含量450克";应依据《定量包装商品计量监督管理办法》使用法定计量单位,按以下方式标示包装物(容器)中食品的净含量:

① 液态食品,用体积 L(l)(升)、mL(ml)(毫升)。
② 固态食品,用质量 g(克),kg(千克)。
③ 半固态或黏性食品,用质量或体积。

净含量应与食品名称排在包装物或容器的同一展示版面。容器中含有固、液两相物质的食品(如糖水梨罐头),除标示净含量外,还应标示沥干物(固形物)的含量,用质量或

质量分数表示。示例：糖水梨罐头净含量425g，沥干物（也可标示为固形物或梨块），不低于255g（或不低于60%）。同一预包装内如果含有互相独立的几件相同的预包装食品时，在标示净含量的同时还应标示食品的数量或件数，不包括大包装内非单件销售小包装，如小块糖果。

13. 必须标示厂名、厂址

预包装食品应标示食品的食品生产者的名称、地址和联系方式。应当标注食品的产地，食品产地应当按照行政区划标注到地市级地域。生产者名称和地址应当是依法登记注册、能够承担产品安全质量责任的生产者的名称、地址。有下列情形之一的，应按下列规定予以标示。

① 依法独立承担法律责任的集团公司、集团公司的分公司（子公司），应标示各自的名称和地址。

② 依法不能独立承担法律责任的集团公司的分公司（子公司）或集团公司的生产基地，可以标示集团公司和分公司（生产基地）的名称、地址，也可以只标示集团公司的名称、地址。

③ 受其他单位委托加工预包装食品但不承担对外销售，应标示委托单位的名称和地址；对于实施生产许可证管理的食品，委托企业具有其委托加工的食品生产许可证的，应当标注委托企业的名称、地址和被委托企业的名称，或者仅标注委托企业的名称和地址。

④ 进口预包装食品应标示原产地的国名或地区区名（如中国香港、中国澳门、中国台湾），以及在中国大陆依法登记注册的代理商、进口商或经销商的名称和地址。

⑤ 分装食品应当标注分装者的名称及地址，并注明分装字样。

14. 必须标示生产日期、保质期、贮存条件

生产日期不得另外加贴、补印或篡改。

15. 标示内容必须有产品标准号

国内生产并在国内销售的包装食品（不包括进口预包装食品）应标示企业执行的国家标准、行业标准、地方标准或经备案的企业标准的代号和顺序号。

16. 必须标示质量（品质）等级 [产品标准分质量（品质）等级的]

企业执行的产品标准已明确规定质量（品质）等级的产品，应标示质量（品质）等级、加工工艺等。

17. 必须标示食品生产许可证号（纳入食品生产许可证制度管理的食品）

实施生产许可证管理的食品，应当标注食品生产许可证号。委托生产加工实施生产许可证管理的食品，委托企业具有其委托加工食品生产许可证的，可以标注委托企业或者被委托企业的生产许可证编号。

18. 混装非食用产品易误食造成人身伤害的，须标警示标志或者中文警示说明

混装非食用产品易造成误食，使用不当容易造成人身伤害的，应当在其标识上标注警示标志或者中文警示说明。

19. 标注有"营养""强化"字样的，要标注该食品的营养素和热量

食品在其名称或者说明中标注"营养""强化"字样的，应当按照国家标准有关规定，标注该食品的营养素和热量，并符合国家标准规定的定量标示。

20. 其他强制标示内容

① 辐照食品：经电离辐射线或电离能量处理过的食品，应在食品名称附近标明"辐照食品"；经电离辐射线或电离能量处理过的任何配料，应在配料清单中标明。

② 转基因食品或者含法定转基因原料的食品：应标示有如"转基因××食品"或"以转基因××食品为原料"的转基因生物标识。

③ 特殊食品：需标明适宜人群和警示语。例如：

a. 含咖啡因、维生素 B_6、维生素 B_{12} 等成分的饮料，必须标注每天最多限量。

b. 低脂牛奶、脱脂牛奶、脱脂奶粉、含乳饮料等食品，应标注"不能完全替代婴儿食品""脱脂乳不适合或不能作为婴儿食品"。

c. 含蜂王浆的食品应标注"可能引起多种过敏反应，尤其对有哮喘和过敏史的人群可能致命"。

d. 添加咖啡因的饮料，除须标注咖啡因含量外，还应标注"不适用于儿童、孕妇、哺乳妇女和对咖啡因过敏者"。

④ 进口食品：必须有中文标签、说明书。标签、说明书符合以上一般食品的要求。还应标明原产地国别及境内代理商的名称、地址、联系方式。自 2015 年 7 月 28 日后进口的食品需查看《入境货物检验检疫证明》，证明备注栏标有货物品名、品牌、原产国（地区）、规格、数/质量、生产日期等详细信息。

21. 食品包装不得使用语言

① 不得标示对某种疾病有预防、缓解、治疗或治愈作用。不得标示"返老还童""延年益寿""白发变黑""齿落更生""抗癌治癌"或其他类似用语。

② 免疫调节；调节血脂；调节血糖；延缓衰老；改善记忆；改善视力；促进排铅；清咽润喉；调节血压；改善睡眠；促进泌乳；抗突变；抗疲劳；耐缺氧；抗辐射；减肥；促进生长发育；改善骨质疏松；改善营养性贫血；对化学性肝损伤有辅助保护作用；美容（祛痤疮/祛黄褐斑/改善皮肤水分和油分）；改善胃肠道功能（调节肠道菌群/促进消化/润肠通便/对胃黏膜有辅助保护作用）；抑制肿瘤。

③ 国家××领导人推荐、国家××机关推荐、国家××机关专供、特供等借国家、国家机关工作人员名称进行宣传的用语。

④ 质量免检、无需国家质量检测、免抽检等宣称质量无需检测的用语。

⑤ 繁体字（商标除外）、单独使用外国文字或中英文结合用词。

⑥ 祖传、抑制、秘制等虚假性词语。

⑦ 强力、特效、全效、强效、奇效、高效、速效、神效等夸大性词语。

⑧ 处方、复方、治疗、消炎、抗炎、活血、祛瘀、止咳、解毒、疗效、防治、防癌、抗癌、肿瘤、增高、益智、各种疾病名称等明示或暗示有治疗作用的词语。

⑨ 神丹、神仙等庸俗或带有封建迷信色彩的词语。

三、产品可追溯及召回管理

1. 记录和文件管理

食品生产加工者应建立记录制度，对食品生产中采购、加工、贮存、检验、销售等环节详细记录。记录内容应完整、真实，确保对产品从原料采购到产品销售的所有环节都可进行有效追溯。

① 如实记录食品原料、食品添加剂和食品包装材料等食品相关产品的名称、规格、数量、供货者名称及联系方式、进货日期等内容。

② 如实记录食品的加工过程（包括工艺参数、环境监测等）、产品贮存情况及产品的检验批号、检验日期、检验人员、检验方法、检验结果等内容。

③ 如实记录出厂产品的名称、规格、数量、生产日期、生产批号、购货者名称及联系方式、检验合格单、销售日期等内容。

④ 如实记录发生召回的食品名称、批次、规格、数量、发生召回的原因及后续整改方案等内容。

⑤ 食品原料、食品添加剂和食品包装材料等食品相关产品进货查验记录、食品出厂检验记录应由记录和审核人员复核签名，记录内容应完整。保存期限不得少于2年。

⑥ 应建立客户投诉处理机制。对客户提出的书面或口头意见、投诉，企业相关管理部门应做记录并查找原因，妥善处理。

⑦ 应建立文件的管理制度，对文件进行有效管理，确保各相关场所使用的文件均为有效版本。

⑧ 生产作业区域禁止使用订书针、大头钉等文件、记录装订方式。

⑨ 国家鼓励采用先进技术手段（如电子计算机信息系统），进行记录和文件管理。

2. 应根据国家有关规定建立产品召回制度。

当发现生产的食品不符合食品安全标准或存在其他不适于食用的情况时，食品生产加工者应当立即停止生产经营，召回已经上市销售的食品，通知相关生产经营者和消费者，并记录召回和通知情况。

对被召回的食品，应当进行无害化处理或者予以销毁，防止其再次流入市场。对因标签、标识或者说明书不符合食品安全标准而被召回的食品，应采取能保证食品安全且便于重新销售时向消费者明示的补救措施。

食品生产加工者应合理划分记录生产批次，采用产品批号等方式进行标识，便于产品追溯。经营者应配合生产者和食品安全主管部门进行相关追溯和召回工作，避免或减轻危害。针对所发现的问题，食品生产经营者应查找各环节记录、分析问题原因并及时改进。

3. 产品标识是产品可追溯性的前提

产品的标签与产品的分类有差别，但一般都会体现关键信息如：产品名称、生产商及地址、生产日期、贮存条件、保质期等关键信息。

项目六　仓储

仓储是通过仓库对物资进行贮存、保管及仓库相关贮存活动的总称。它随着物资贮存的产生而产生，又随着生产力的发展而发展。仓储是商品流通的重要环节之一，也是物流活动的重要支柱。

一、卫生与环境

贮存场所应保持完好、环境整洁，与有毒有害污染源有效分隔；地面硬化、平坦，防止积水。贮存仓库环境要求通风、干燥、明亮、清洁、畅通，库区严禁烟火，配置适量的消防器材。保持空气清新无异味，避免日光直接照射；仓库应有防鼠、防潮、防霉变措施。仓库温度应控制在 5℃ 至 30℃，12h 温度波动不大于 10℃；相对湿度 60% 以下；产品堆放应离地 10cm 以上，离墙 50cm；产品应先进先出，定期检查库存食品，及时处理变质或超过保质期的食品。

防虫、防鼠；贮存设备、工具、容器等应保持卫生清洁，并采取有效措施（如纱帘、纱网、防鼠板、防蝇灯、风幕等）防止鼠类昆虫等侵入，若发现有鼠类昆虫等痕迹时，应追查来源，消除隐患；不得采用毒鼠药；不得对产品喷洒杀虫药。

贮存散装食品时，应在贮存位置标明食品的名称、生产日期、保质期、生产者名称及联系方式等；发现异常应及时处理；应记录食品进库、出库时间和贮存温度及其变化。

1. 搬运

轻取轻放，严禁踩踏、坐、摔；外包装破损应立即补救；内包装破损产品不得继续上市销售。

2. 运输

防冻：可采用棉被等措施；防雨：完好的遮雨篷布等；防晒：非透明篷布；防倒滑：防护绳索、挡板、缠绕膜等；防蹭伤：可采用纸板、草垫等措施；防浸湿：车厢底部防水措施；防交叉污染：不得与有毒、有害、有虫、带刺激性气味的物品配载，如农药、化工用品、海鲜干货等。

3. 陈列

经营者需取得预包装食品经营许可证，陈列场所应符合食品经营卫生规范。主要要求有：

① 与散装食品（尤其是散装大米、豆类、糖类）区分隔陈列。

② 保持阴凉、通风、干燥，避免阳光直接照射，控制相对湿度60%以下。

③ 先进先出。

④ 防虫、防鼠。

⑤ 临期、质量缺陷产品及时主动下架。

⑥ 销售散装食品，应在散装食品的容器、外包装上标明食品的名称、成分或者配料表、生产日期、保质期、生产经营者名称及联系方式等内容，确保消费者能够得到明确和易于理解的信息，散装食品标注的生产日期应与生产者在出厂时标注的生产日期一致。

⑦ 在经营过程中包装的食品，不得更改原有的生产日期和延长保质期，包装食品的包装材料和容器应无毒、无害、无异味，应符合国家相关法律法规及标准的要求。

⑧ 从事食品批发业务的经营企业销售食品，应如实记录批发食品的名称、规格、数量、生产日期或者生产批号、保质期、销售日期，以及购货者名称、地址、联系方式等内容，并保存相关票据，记录和凭证保存期限不得少于食品保质期满后6个月。

二、虫鼠害防控

蝇、蟑螂、鸟类和啮齿类动物带有一定种类病原菌，如沙门菌、葡萄球菌、肉毒梭菌、李斯特菌等。通过害虫传播的食源性疾病数量巨大，因此虫害的防治对食品工厂是至关重要的。要实现厂内无鼠害、虫害，应做到以下几点。

① 应保持建筑物完好、环境整洁，防止虫害侵入及滋生。

② 应制订和执行虫害控制措施，并定期检查。生产车间及仓库应采取有效措施（如纱帘、纱网、防鼠板、防蝇灯、风幕等），防止鼠类昆虫等侵入。若发现有虫鼠害痕迹时，应追查来源，消除隐患。

③ 应准确绘制虫害控制平面图，标明捕鼠器、防鼠板、防蝇灯、室外诱饵投放点、生化信息素捕杀装置等放置的位置。

④ 生产加工区应定期进行除虫灭害工作。

⑤ 采用物理、化学或生物制剂进行处理时，不应影响食品安全和食品应有的品质，不应污染食品接触表面、设备、工器具及包装材料。除虫灭害工作应有相应的记录。

⑥ 使用各类杀虫剂或其他药剂前，应做好预防措施避免对人身、食品、设备工具造成污染；不慎污染时，应及时将被污染的设备、工具彻底清洁，消除污染。

每月检查防虫、蝇和鼠工作情况，并记录《生产加工区环境卫生和防四害工作记录表》，生产工厂可委托第三方专业公司控制虫鼠害。需验证第三方公司的营业执照、公司资质、人员资质。需要查验和保留的资料主要有营业执照、合同、保险、有害生物防治资质、人员上岗证、人员健康证、虫害计划、农药登记证、农药标签、农药《化学品安全使用说明书》、药品清单、虫害控制标准作业规范、虫害设施图、服务报告、年度评估报告及趋势分析、工厂培训记录、虫害观察日记等。

三、交叉污染防控

1. 食品加工企业食源性污染发生的因素

动(植)物食品在养殖(种植)、生产加工、包装运输等环节如果防范不当或者非法操作都非常容易受到污染；农民在种植或养殖过程中，过量或非法使用化肥、农(兽)药等都会导致其在食品的残留量超标，从而引发人们食物中毒；个别食品生产加工企业员工的素质较低，缺乏必要的食品安全知识和意识，导致人为不经意的食品污染；食品加工企业中大型和中型的企业偏少，小规模作坊生产设备相对简陋，卫生环境较差，食品安全隐患多；使用添加剂不记录，缺乏常规必备的检测设备；食品原材料进厂不经过检测，成品不经过检验就直接出厂销售；有部分食品加工企业虽然拥有检测设备，但由于对食品的质量重视程度不足，缺乏相关的专业技术人员，内设检测机构形同虚设；超量使用食品添加剂或非法添加物；未能严格执行生产工艺流程；细菌等微生物杀灭不完全；生产运输过程操作不当，导致细菌等微生物引起腐败；新原料、新技术以及新工艺应用带来的食品安全问题等，这些都是食品食源性污染的重要影响因素。

2. 食品加工企业食源性交叉污染的分类

设备布局和工艺流程应当合理，防止待加工食品与直接入口食品、原料与成品交叉污染，食品不得接触有毒物、不洁物。前面所提到的交叉污染是指在食品的生产加工及销售过程中，由于设备布局及工艺流程不合理，前工序食品的原料、半成品通过食品加工器械、容器及食品加工人员污染了后工序的半成品和成品。实质上就是致病菌从受污染物品直接或间接转移到清洁物品上的过程。常见的食品间交叉污染途径主要有 3 种。

(1) **空气和食品之间** 空气中的粉尘或气体溶胶会污染食品，这一污染途径容易发生在食品的制备和包装过程，由于空气中的病原体污染率和存活率均较低，所以这一交叉污染途径所引起的食源性疾病发生率很小。

(2) **物体表面和流质食品之间** 在适宜的条件下，细菌等微生物会在管道、水箱壁等表面形成生物膜，当流质食品(如果汁、豆浆、牛奶等)接触这些壁体时，部分细菌可转移到流质食品中而发生交叉污染或再污染。这种类型的污染较易发生在食品加工业，且是大型食品污染或食物中毒事件暴发的主要原因。

(3) **物体表面和食品接触面之间** 食物通过接触物体表面而被污染。在零售、加工及家庭制作等不同环节均可发生，而且发生情况多种多样。例如，即食食品接触受污染的生的食物原料、仪器设备、砧板、抹布和各种食品加工器具以及宠物和病原携带者等，均有可能发生交叉污染。尽管餐馆、酒店、学校等是食源性疾病的易发场所，但由于消费者居家就餐的概率远远高于在外就餐，因此家庭厨房的交叉污染在食源性疾病发病中的作用尤为重要。而食物通过接触物体表面所致的交叉污染是当今国际上研究的热点和难点。

3. 食源性交叉污染风险评估

食品加工企业通常都会引入危害分析与关键控制点(HACCP)或良好操作规范(GMP)，所以在应用 HACCP 和 GMP 的过程中，加强对食源性交叉污染的控制是食品安全控制的基础。食源性交叉污染控制首先是要进行风险评估，对食品生产加工过程中从原料到成品的每个过程会发生食源性交叉污染的可能性进行风险评估。通过风险评估要掌握食源性污染在整个食品加工过程中可能的流向和分布，并确定加工过程中每一个生产步骤中管理和控制食源性污染的关键控制点。

（1）成立食源性交叉污染的控制小组　在进行食源性交叉污染风险评估时，建议食品加工企业成立食源性交叉污染控制小组，由采购、生产、品控、研发等各个部门的代表组成。食源性交叉污染控制小组的主要工作任务包括：进行食源性污染风险评估；确定合适的食源性污染控制程序；掌握整个生产过程中可能会发生交叉污染的途径；定期审核和更新食源性污染控制计划等。

（2）食源性交叉污染风险评估步骤　风险评估要针对每一种可能存在的食源性污染源进行逐一评估，主要步骤如下。

① 原料的食源性污染风险性评估：食品加工过程中是否使用有污染的原料，如果有则进行标注，如果没有则进行下一步。

② 非故意引入的食源性污染风险性评估：在平时的操作条件下，是否有交叉污染的可能性，如果有则检查原料是否进行了说明，如果无则不必进行标识。

③ 检查豁免清单：检查可能引起交叉污染的物质是否已从强制性标识中豁免，如果有则不必须标识，如无则进行下一步。

④ 危害特征描述：确定可能引起交叉污染的食源性致病菌的性质、特征、危害。

⑤ 非故意引入物质的风险管理：交叉污染的风险是否可以控制，如可控则进行风险消除，如不可控则应进行风险交流，即在标签上标注食源性致病菌信息。

4. 食源性交叉污染风险管理

食源性交叉污染风险管理的目标就是避免任何食源性污染非故意引入的可能性。不管风险大小，食品加工企业均应进行食源性交叉污染风险管理。

（1）加强原料污染的监测与控制　原料供应商提供的原料对食品的质量有直接的影响，因此对食品原料中污染物的监测是控制食源性疾病有效的基础性工作。这就要求食品加工企业一定要确保自己的食品供应商执行严格的食源性污染控制程序，使其通过细致化的文件程序来确保原料中食源性交叉污染得到最有效的控制和预防。

（2）注重职工个人卫生　在食品加工企业，内部职工必须遵守良好的卫生规定来防范细菌等其他因素造成的交叉污染。例如企业在进行食品生产前，职工一定要经过严格彻底的消毒和清洁；职工加工食品时应穿着洁净的工作服，头发要全部放入帽子（头套）内部，防止头发掉入食品中；不能穿工作服离开车间，更不能戴手表和首饰之类的物质，以防止造成食品交叉污染。

（3）加强职工培训　人的有效执行是控制食源性交叉污染的前提，因此食品加工企业要全面开展食源性交叉污染控制管理知识的普及教育。企业可以根据职工不同的工作类别、性质和要求，安排职工接受不同的专门的指导和培训；指导和培训的内容要包括食源性交叉污染风险管理的原因和措施，以及他们要承担的责任和违反食源性交叉污染风险管理的后果等方面。

（4）**预防食品加工过程中的交叉污染**　食品加工企业在进行食品加工过程中，可能存在食源性污染错误引入的机会和风险，因此在避免交叉污染时要在生产排序、设备以及生产线方面做一定的协调工作。主要包括以下几方面。

① 按照合理的生产顺序进行生产，如在产品生产允许的情况下，尽量在生产工序的后面加入易使食品变腐的原料，可以有效地减少食源性交叉污染的可能性。

② 严格区分不同类型的食品，生熟食品、不同清洁程度食品及生制品与即食品要严格分开，以防止细菌等有害微生物的交叉污染。

③ 生产过程中，加工不同食品的生产设备，无法进行专用时必须进行彻底的清洁后才能用于不同产品的生产。

④ 购买和设计便于清洁的设备，合理设计生产设施中的传送模式和气流方式，对生产过程中生产线开展食源性交叉污染评估，这些措施的严格执行能有效防治食品加工过程中的食源性交叉污染。

训练题

一、判断题

1. 食品标志不得与食品或者其包装分离。（　　）
2. 企业对检验结果有异议提出复检的，原检验机构应当立即进行复检。（　　）
3. 食品生产加工企业可使用回收的产品生产加工食品。（　　）
4. 食品生产经营人员每年应当进行健康检查，取得健康证明后方可参加工作。（　　）
5. 不同批次的食品可以共用一个检验合格证。（　　）
6. 大米的陈化速度和贮存时间是成正比的，时间越长，大米越失去原有的色、香、味，有害物质增加，食用品质下降。（　　）
7. 按照传统既是食品又是中药材的物质目录由国务院卫生行政部门会同国务院食品安全监督管理部门制定、公布。食品中不得添加按照传统既是食品又是中药材的物质。（　　）
8. 车间主任或班长必须在原辅料进入生产现场前，会同质量管理部相关人员进行入场前检验，发现不合格立即向上级报告，在卸货和使用过程中发现质量问题的交质量管理部进行处理。（　　）
9. 细菌性食物中毒在我国食物中毒总数中排第一位。（　　）
10. 食品厂室内排水的流向应由清洁程度要求低的区域向清洁程度要求高的区域。（　　）

二、选择题

1. 食品出厂检验记录应当真实，保存期限不得少于（　　）。
   A. 一年　　　　　　B. 二年　　　　　　C. 三年　　　　　　D. 四年
2. 原料处理设施中的各类盛装容器及用具应由无毒、无害、无污染、无异味、不吸附、耐腐蚀且（　　）的材料制造。
   A. 可承受重复清洗和消毒　　　　　B. 耐高温
   C. 耐低温　　　　　　　　　　　　D. 耐酸碱
3. 食品或者其包装最大表面积大于20平方厘米时，食品标志中标注内容的文字、符号、数字高度不得小于（　　）毫米。
   A. 1　　　　　　　B. 1.2　　　　　　C. 1.8　　　　　　D. 2

4. （　　）国家允许作为食品添加剂。
A. 吊白块　　　　　B. 硫黄　　　　　C. 过氧化苯甲酰　　　　D. 都不允许

5. 发芽马铃薯的主要致毒成分是（　　）。
A. 亚麻苦苷　　　　B. 苦杏仁苷　　　C. 秋水仙碱　　　　　　D. 龙葵素

6. 食品的贮存包括冷藏和冷冻两种方式，食品冷藏贮存温度是（　　）。
A. 4～10℃　　　　B. 0～4℃　　　　C. -10～0℃　　　　　　D. 0～8℃

7. 粮食不宜加工过细，原因是（　　）。
A. 粮食加工过细，不利于人体消化吸收　　B. 粮食加工过细，营养素丢失严重
C. 粮食加工过细，不易贮存　　　　　　　D. 粮食加工过细，不易煮烂

8. 食品生产企业生产的食品中不得添加（　　）。
A. 食品添加剂　　　　　　　　　　　　　B. 按照传统既是食品又是中药材的物质
C. 食用农产品　　　　　　　　　　　　　D. 药品

9. 不能作为食品原料的物质是（　　）。
A. 吊白块　　　　　B. 鸡精　　　　　C. 白砂糖　　　　　　　D. 淀粉

10. 关于食品贮存、运输的说法，表述不正确的是（　　）。
A. 贮存、运输和装卸食品的容器、工具和设备应安全、无害，保持清洁
B. 符合保证食品安全所需的温湿度等特殊要求
C. 将食品与有毒有害物品一同运输时，应采取有效的隔离措施
D. 防止食品在贮存、运输过程中受到污染

11. （　　）属于禁止生产经营的食品。
A. 腐败变质的食品
B. 死因不明的禽、畜、兽等动物肉类
C. 按照国家食品安全标准添加了食品添加剂的食品
D. 营养成分不符合食品安全标准的食品

12. 食物中毒诊断标准主要有（　　）。
A. 血常规检验数据　　　　　　　　　　　B. 中毒食物检验结果
C. 流行病学调查资料　　　　　　　　　　D. 吃剩下的食物

13. 日常操作中易导致食源性疾病的危险因素有（　　）。
A. 过早地烹调食物，或过早切配冷菜等
B. 熟食物贮存在不适宜的温度下
C. 冷藏前食物充分冷却
D. 冷藏后的食品未彻底加热直接食用

14. 洗手消毒设施卫生要求包括（　　）。
A. 应有足够数目的洗手设施，方便从业人员使用
B. 应有相应的清洗、消毒用品
C. 水龙头宜采用非手动式开关
D. 就餐场所应设有供就餐者使用的洗手设施

15. 食品安全评估结果得出食品不安全结论时，食品安全监管部门应当立即（　　）。
A. 采取措施确保该食品停止生产经营
B. 通过各种途径通知消费者停止食用
C. 销毁相关食品

D. 研究改进生产工艺方法

16. 食物中毒的特点是（　　）。
A. 潜伏期短，往往突然发病
B. 有相似的临床表现，一般为急性胃肠类症状
C. 发病与食用某种有毒食品有明显的因果关系
D. 中毒患者不是传染源，患者与健康者之间不传染

17. （　　）是禁止生产经营的食品。
A. 农药残留的食品　　　　　　　　B. 营养成分不符标准的婴儿食品
C. 超过保质期的食品　　　　　　　D. 腐败、生虫的食品

18. （　　）为餐饮服务提供者预防细菌性食物中毒的关键控制点。
A. 避免熟食品在加工、贮存中受到各种病原菌污染
B. 控制好食品的加热温度和熟食品的贮存温度
C. 控制好熟食的存放时间，尽量当餐食用
D. 食品的加工量与加工条件相吻合，防止超过加工场所的承受能力加工

19. 国家建立食品安全信息统一公布制度，（　　）由卫生行政部门统一公布。
A. 国家食品安全总体情况
B. 食品安全风险评估信息和食品安全风险警示信息
C. 重大食品安全事故及其处理信息
D. 国务院确定的需要统一公布的信息

20. 食物中毒的常见原因（　　）。
A. 生熟交叉污染　　　　　　　　　B. 食品未烧熟煮透
C. 从业人员感冒发热　　　　　　　D. 从业人员带菌污染食品

模块四
流通食品安全与控制

 学习目标

掌握食品销售禁止的相关规定,掌握食品运输、贮存、销售等过程中的食品安全控制,掌握食品召回及处理的方式方法,了解物流节点、电子商务物流相关知识。

 思政小课堂

事件一　日常监督检查案例

××××年××月××日,市场监管部门对××食品有限公司的企业资质、生产场所及设备设施、原辅料采购查验管理、生产过程控制等11个方面情况进行日常监督检查。发现企业存在部分生产条件不符合GB 14881—2013《食品安全国家标准 食品生产通用卫生规范》的要求,并监督企业进行整改,其不符合项如下:①解冻整理间防蝇防虫设施损坏(纱窗破损);②内包车间与外包车间,生产加工区与熟制品加工区未有效隔离;③炒制间排水沟不平整,有积水现象;④鞋靴消毒池未有效覆盖进入配料间行走区域,布局欠合理;⑤微生物室光线不充足,分析天平及压力表未提供检定证书。

案例二　飞行检查案例

××××年××月××日,市场监管部门组织相关监管人员与专家组成飞行检查组对××茶业有限公司进行飞行检查,依据《食品安全国家标准 食品生产通用卫生规范》(GB 14881—2013)现将发现的问题函告如下:①更衣室洗手水龙头为手动式,缺少干手和消毒设施,紫外灯位置安装在门口墙壁,消毒区域受限,不符合GB 14881第5.1.5.4条款;②炒制车间,炒制锅上方的照明灯没有防护设施,不符合GB 14881第5.1.7.2条款;③未设置洗涤剂、消毒剂专门存放区域,不符合GB 14881第5.1.8.5条款;④化验室缺空调,通风设施欠缺,不符合GB 14881第9.2条款;⑤开展委托检验的,缺少委托检验合同,不符合GB 14881第9.1条款。

流通环节作为沟通食品生产经营者和消费者的最终环节,是构筑食品安全的最后一道防线,也是最重要的防线。食品在运输、贮存、销售等过程中也有可能存在二次污染,经营者的疏忽甚至故意违法行为可能导致不安全食品的产生。如果食品质量安全在生产环节得到较好规制的话,通过积极努力,在流通环节有可能彻底解决食品安全隐患。

通过学习,了解食品安全的控制和管理方法及重要性,培养自觉养成把人民群众的健康安全放在第一位的职业观。培养具有严谨工作作风,不断追求卓越、敬业守信、不断探索的求知精神以及法治意识。

项目一　食品（初级农产品）运输

一、食品销售禁止性规定

1.《中华人民共和国农产品质量安全法》中关于食品销售的规定

第三十四条　农产品生产企业、农民专业合作社应当根据质量安全控制要求自行或者委托检测机构对农产品质量安全进行检测；经检测不符合农产品质量安全标准的农产品，应当及时采取管控措施，且不得销售。

第三十六条　有下列情形之一的农产品，不得销售：

① 含有国家禁止使用的农药、兽药或者其他化合物。

② 农药、兽药等化学物质残留或者含有的重金属等有毒有害物质不符合农产品质量安全标准。

③ 含有的致病性寄生虫、微生物或者生物毒素不符合农产品质量安全标准。

④ 未按照国家有关强制性标准以及其他农产品质量安全规定使用保鲜剂、防腐剂、添加剂、包装材料等，或者使用的保鲜剂、防腐剂、添加剂、包装材料等不符合国家有关强制性标准以及其他质量安全规定。

⑤ 病死、毒死或者死因不明的动物及其产品。

⑥ 其他不符合农产品质量安全标准的情形。

2.《食品安全法》（2021年修正版）中关于食品销售规定

第三十四条　禁止生产经营下列食品、食品添加剂、食品相关产品：

① 用非食品原料生产的食品或者添加食品添加剂以外的化学物质和其他可能危害人体健康物质的食品，或者用回收食品作为原料生产的食品。

② 致病性微生物，农药残留、兽药残留、生物毒素、重金属等污染物质以及其他危害人体健康的物质含量超过食品安全标准限量的食品、食品添加剂、食品相关产品。

③ 用超过保质期的食品原料、食品添加剂生产的食品、食品添加剂。

④ 超范围、超限量使用食品添加剂的食品。

⑤ 营养成分不符合食品安全标准的专供婴幼儿和其他特定人群的主辅食品。

⑥ 腐败变质、油脂酸败、霉变生虫、污秽不洁、混有异物、掺假掺杂或者感官性状异常的食品、食品添加剂。

⑦ 病死、毒死或者死因不明的禽、畜、兽、水产动物肉类及其制品。

⑧ 未按规定进行检疫或者检疫不合格的肉类，或者未经检验或者检验不合格的肉类制品。

⑨ 被包装材料、容器、运输工具等污染的食品、食品添加剂。

⑩ 标注虚假生产日期、保质期或者超过保质期的食品、食品添加剂。

⑪ 无标签的预包装食品、食品添加剂。

⑫ 国家为防病等特殊需要明令禁止生产经营的食品。

⑬其他不符合法律、法规或者食品安全标准的食品、食品添加剂、食品相关产品。

二、食品运输方式

食品运输，是在适当的时间把适当的食品运送到适当的地方，通过时间效应和空间效应创造价值，可以短时间将运输工具作为展示贮存场所。

食品运输按运输工具可划分为公路运输、铁路运输、水路运输、航空运输和管道运输5种，这五种运输方式构成了现代的综合运输体系。

1. 公路运输

公路运输是指使用汽车或其他交通工具在公路上载运货物的一种运输方式。公路运输工具以汽车为主，因此又称为汽车运输。在我国，大多数生鲜食品采用卡车运输，基本上以中短途为主，是生鲜食品销售、收购、批发、转运的主要交通工具。常见的食品运输车辆有全封闭厢式货车、半封闭厢式货车、高栏车食品运输车辆、保温车食品运输车辆、冷藏食品运输车辆和罐状食品运输车。

2. 铁路运输

铁路运输是我国食品远距离运输的主要方式，是指将火车车辆编组成列车在铁路上运载货物的运输方式，是陆路运输的方式之一。与其他运输方式相比，铁路运输的优点是运输速度较快，运输能力大，很少受自然条件的限制，适宜各种货物的运输，运输的安全性和运输时间的准确性较高。铁路运输目前有3种运输方式，即整车运输、零担运输和集装箱运输。需要冷藏、保温或者加温运输的食品，应选择整车运输。价值大、运价高、易盗窃的商品（如咖啡）应选择集装箱运输。

3. 水路运输

水路运输是指使用船舶及其他航运工具，在江河湖泊、运河和海洋上运载货物的一种运输方式。水路运输可以分为内河运输和海上运输两种方式。其优点是运载能力大，适合运输体积和重量较大的货物。与其他运输方式相比，水路运输的成本最低，但受自然条件的影响较大，运输速度较慢，运输时间较长，装卸和搬运费用较高。

4. 航空运输

航空运输是指在具有航空线路和航空港（飞机场）的条件下，利用飞机进行货物运输的一种运输方式。航空运输可以分为国内航空运输和国际航空运输，其优点是运输速度快，安全性和准确性很高，散包事故少、货物包装费用小。其缺点是运输成本较高，飞机的运载能力有限，远离机场所在地的城市受到限制。目前，国内仅用飞机运输高质量食品，并运往消费水准高的地方，以使销售这些食品的高额利润可以补偿额外运输成本。

5. 管道运输

管道运输是指利用管道运送气体、液体的一种运输方式，是现代物流中发展越来越快的一种运输方式。该方式与其他运输方式的区别是其运输载体是静止不动的,而货物是流动的。管道运输的特点明显,由于运输管道属于封闭设备,可以避免一般运输过程中的丢失、散失等问题,也可以避免其他运输设备经常遇到的回程空驶的无效运输问题,无形中节约了成本。但管道运输的局限性也很明显,仅仅适用于流体货物的运输,并且管道敷设的成本很高。

三、食品企业运输的安全控制

食品运输过程中首先需要注意的就是安全,食品的安全、人员的安全及车辆的安全。其次食品运输时,食品的卫生问题至关重要,特别是一些易腐食品更是如此。在食品运输过程中若不注意卫生,就容易使食品被脏的运输工具、尘土、蝇、手、衣物等所污染,降低了食品的卫生质量。

1. 标准对运输环节的要求

GB 14881—2013《食品安全国家标准 食品生产通用卫生规范》对食品运输的相关规定如下。

① 根据食品的特点和卫生需要选择适宜的贮存和运输条件,必要时应配备保温、冷藏、保鲜等设施。不得将食品与有毒、有害或有异味的物品一同贮存运输。

② 贮存、运输和装卸食品的容器、工器具和设备应当安全、无害,保持清洁,降低食品污染的风险。

③ 贮存和运输过程中应避免日光直射、雨淋、显著的温湿度变化和剧烈撞击等,防止食品受到不良影响。

2. 运输管理基本要求

（1）**车辆选择** 应根据食用农产品的类型、特征、数量、运输季节、距离、路况,以及食用农产品保鲜贮藏要求选择合适的运输工具。常用运输车辆的使用见表4-1。

表4-1 常用运输车辆的使用

车辆类型	使用范围
全封闭厢式货车	可使得食品不会见到阳光、不会吹入风、车厢干燥不会吸收空气中的潮气、不会被空气中的异味熏染
半封闭厢式货车	车厢四壁全封闭,顶部是活动雨棚或是活动盖板,提供需要通风又避免阳光直射和防潮湿的食品运输
高栏车食品运输车辆	车辆四壁及顶部全为雨棚活动设计,车四周通风既避免阳光直射又可防潮湿天气,主要运输蔬菜及鲜活食品
保温车食品运输车辆	全封闭车厢式货车,四壁及车厢顶部全部由保温材料组成,主要运输保鲜保温食品类
冷藏食品运输车辆	全封闭厢式货车,除整个车厢用保温材料制作外还在车厢顶或车厢头安装有制冷设备,主要用于运输制冷保温食品,像如移动冰箱或冷库一般
罐状食品运输车	最常见于油罐车,可运输液体食品及食用油原料、酒水、饮料等液体

（2）**环境卫生要求** 要确保车厢卫生清洁、干燥,不得有对食品有影响的其他气味。

（3）**装车要求** 不得与有异味、化学品、放射性、有毒有害等货物混装。

（4）堆放要求　堆放整齐，堆码层数不得超过要求层数，不得挤压货物，可适当使用一些堆放工具。

（5）安全要求　货物在运输途中避免人为破坏，要有效控制。

（6）转运要求　货物规定是否转运，装卸时要轻拿轻放，避免野蛮操作。

3. 运输过程安全控制

（1）车辆卫生检查（包含清洁消毒）

① 运输工具包括车厢、船舱和各种容器等应符合卫生要求，不应使用装载过化肥、农药及其他可能污染食品的物品而未经清污处理的运输工具运载食品。

② 运输工具装入食品前应清理干净，在运输食品前，车辆必须洗刷干净，必要时进行灭菌消毒，防止污染。

③ 运输工具的铺垫物、遮盖物等应清洁、无毒、无害。

④ 运输过程中要采取防腐、防雨、防鼠、防蝇、防尘等措施，一定要用清洁的遮盖用具将食品覆盖严密，以防污染。

⑤ 根据食品特点，应对车辆有特别要求（如速冻食品的冷藏温度要求，海鲜产品的供氧要求等）。

（2）控制温湿度

① 运输过程中的温湿度应符合食用农产品的保鲜要求，要采取控温控湿措施，定期检查车（船、箱）内温度和相对湿度，以满足保持食品品质所需的适宜温度和相对湿度。国家食品安全标准中对各种食品贮藏运输条件做了相关规定，见表4-2。

表4-2　部分食品贮藏运输条件

类别	贮运条件
茶叶	绿茶：温度≤10℃，相对湿度≤50%
	红茶：温度≤25℃，相对湿度≤50%
	乌龙茶：温度≤25℃，相对湿度≤50%；文火烘干的乌龙茶温度宜在10℃
	黄茶：温度≤10℃，相对湿度≤50%
	白茶：温度≤25℃，相对湿度≤50%
	花茶：温度≤25℃，相对湿度≤50%
	黑茶：温度≤25℃，相对湿度≤70%
	紧压茶：温度≤25℃，相对湿度≤70%
酒类	白酒：库内温度宜保持在10～25℃
	葡萄酒：温度5～35℃，相对湿度60%～70%
罐头	贮存仓库温度以10～30℃为宜
水产制品（鱼类、虾类、贝类）	冷藏库温度0～4℃，冻藏库温度≤-18℃，速冻库≤-28℃
	运输过程温度≤-18℃，
	冷藏水产品运输温度0～4℃，冻藏水产品运输温度≤-18℃
鲜、冻动物性水产品	冷冻产品应包装完好地贮存在-18～-15℃的冷库内。贮存期不超过9个月
冷冻水产品	贮存冷库温度-18～-15℃，贮存期≤9个月
腌制生食水产品	应按产品规定的温度贮存，冷冻水产品应保存在-18℃以下
巧克力	贮藏温度20℃±1℃，相对湿度≤50%
	气温＞25℃时，必须使用冷藏车运输

续表

类别	贮运条件
饮料	需冷藏保存的成品应贮存在 0～4℃冷藏库内
蛋类	液态蛋制品：库内温度 0～4℃。运输使用 0～4℃的冷藏车 冰蛋制品：库内温度≤-18℃
乳制品	需冷藏的巴氏杀菌乳、调制乳、发酵乳、干酪、再制干酪、奶油、稀奶油、无水奶油等乳制品：2～6℃或产品标示的冷藏温度
速冻方便食品	贮存：库内温度≤-18℃； 运输：产品温度≤-18℃，途中产品温度≤-15℃ 配送过程中：产品温度≤-18℃
冷冻饮品	运输：冷藏车温度≤-15℃
速冻米面制品	贮存：温度≤-18℃，温度波动应控制在 2℃以内 运输过程的最高温度≤-12℃
冰淇淋	贮存：温度≤-18℃ 销售低温陈列柜温度≤-15℃
肉制品	鲜肉运输：装运前应使其中心温度降到≤25℃或市售需求温度；装货前应检查车厢内温度与肉温，厢体内温度不宜超过肉温3℃；若厢体内温度超过肉温，应采取措施降温至肉温。 冷却肉运输：装运前将产品温度降低到 0～4℃范围内；冷却肉的最长运输时间不应超过 24h；装货前，应将车厢内温度降至 7℃。 冻肉运输：产品中心温度≤-15℃，运输在 8h 以上应采用制冷设备运输工具；装货前厢体温度应降至 7℃以下
蜂王浆	收购点应配备冷冻设备：温度≤-18℃

② 保鲜用冰应符合 SC/T 9001 的规定。

（3）其他

① 不同种类的食品运输时应严格分开，不同加工状态的食品（如原料、半成品、成品）；不同种类的食品（如水果和肉制品、蔬菜和奶制品、蛋制品和肉制品）；具有强烈气味的食品和容易吸收异味的食品；产生乙烯气体的食品和对乙烯敏感的食品（如苹果和柿子）不得进行拼箱运输，避免串味或污染。不应与化肥、农药等化学物品及其他任何有害、有毒、有气味的物品一起运输。

② 装运前应进行食品质量检查，在食品、标签与单据三者相符合的情况下才能装运。

③ 运输过程中应轻装、轻卸，防止挤压和剧烈震动。

④ 运输过程应有完整的档案记录，并保留相应的单据。

4. 运输车辆及工器具清洗消毒作业

① 卸货后的卫生：将装货车辆上及周转箱内的杂物清除到垃圾房中。

② 装货前的卫生：清除车辆上及周转箱内的一切杂物；周转箱应定期清洗，禁止用装过有毒有害物质的车辆装产品。

③ 清洁车身：如装货车辆卫生状况不良，必须用自来水冲洗干净后，再用 100mg/L 含氯消毒水泼洒车厢表面或用喷雾器喷洒车厢表面，使其接触 3 分钟以上。

④ 冲洗：用清洗机（或水管）对车辆及工器具进行全面冲洗，去除残留物。

5. 与第三方物流签订运输合同注意事项

① 食品运达时间的"时效性"(食品是有保质期的)。
② 根据食品特点,应对车辆有特别要求(如速冻食品的冷藏温度要求,海鲜产品的供氧要求等)。
③ 车辆的卫生要求及防潮湿、防压、防鼠、防污染等。
④ 根据产品特性制定运输规范。

四、食品运输企业管理

在 2014 年 4 月 1 日实施的团体标准 T/CCAA 0021—2014《食品安全管理体系 运输和贮藏企业要求》中,以 HACCP 原理为基础,对食品运输企业的人力资源、前提方案、关键过程控制、产品监视、产品追溯与撤回和必要的初级处理做了具体规定,并针对一般产品特点的"关键过程控制"要求,重点提出食品链中各类产品的运输和贮藏关键过程的控制,包括:产品的验证控制、初级处理控制、贮藏过程控制、运输过程控制、装卸过程的控制,确保消费者食用安全,确保认证评价依据的一致性。

2021 年修订的《食品安全法》将从事食品贮存和运输业务的机构新纳入适用范围,并且给予明确,专业的仓储公司、物流公司属于非食品生产经营者。另外,还增加了非食品生产经营者从事食品贮存、运输和装卸的要求,贮存、运输和装卸食品的容器、工具和设备应当安全、无害,保持清洁,防止食品污染,并符合保证食品安全所需的温度、湿度等特殊要求,不得将食品与有毒、有害物品一同贮存、运输。对于委托贮存、运输食品的具体要求食安法中暂未有规定。

在 2019 年 12 月 1 日实施的《中华人民共和国食品安全法实施条例》中,对食品生产经营者委托贮存、运输食品的行为作出了具体规定:应当对受托方的食品安全保障能力进行审核,并监督受托方按照保证食品安全的要求贮存、运输食品。受托方应当保证食品贮存、运输条件符合食品安全的要求,加强食品贮存、运输过程管理。接受食品生产经营者委托贮存、运输食品的,应当如实记录委托方和收货方的名称、地址、联系方式等内容。记录保存期限不得少于贮存、运输结束后 2 年。非食品生产经营者从事对温度、湿度等有特殊要求的食品贮存业务的,应当自取得营业执照之日起 30 个工作日内向所在地县级人民政府食品安全监督管理部门备案。违反以上规定者,由县级以上人民政府食品安全监督管理等部门给予警告或处以罚款,情节严重的,吊销许可证。

关于食品贮存、运输业务的要求,各地方的要求并不一致。大多数地方并没有制定单独的要求,即遵循国家层面的要求,另有单独规定的,还应同时满足地方特殊要求。

五、三绿工程

"三绿工程"是由商务部、中宣部、科学技术部、财政部、铁道部(现国家铁路局)、交通运输部、卫生部(现国家卫生健康委员会)、工商总局(现国家市场监督管理总局)、环保总局(现生态环境部)、国家市场监督管理总局、国家认监委、国家标准委 12 个部门联合实施的，以建立健全流通领域和畜禽屠宰加工行业食品安全保障体系为目的，以严格市场准入制度为核心，以"提倡绿色消费、培育绿色市场、开辟绿色通道"为主要内容的系统工程。

相关部门运用市场经济的办法，协调和组织食品运输，建立公路、铁路等多种运输工具合理连接的食品运输网络，缩短食品流通时间，实现全国范围内高效率、无污染、低成本的食品流通。根据我国具体情况并参照国际相关标准，我国于2001年确定了新时期"三绿工程"的工作目标和任务，其中对食品运输环节提出了具体的目标。

新时期"三绿工程"对食品运输环节提出了具体的目标：

① 建立食品源头检测制度，对有害物超标的食品不得运输，严把运输关。

② 大力改进运输方式，鲜活食品运输要采取保鲜措施，严防变质和二次污染。提倡公路运输的白条肉进行吊挂、封闭；冷却肉实行冷链运输。

③ 实行多式联运和直达运输，大力发展面向社会的物流配送中心，以市场为纽带，合理利用各种运输工具，实现食品运输的有效连接与畅通。大力治理"乱设站卡、乱收费、乱罚款"现象，减少运输环节，降低运输成本。

项目二 贮存

《食品安全法》第五十四条规定：食品经营者应当按照保证食品安全的要求贮存食品，定期检查库存食品，及时清理变质或者超过保质期的食品。食品经营者贮存散装食品，应当在贮存位置标明食品的名称、生产日期或者生产批号、保质期、生产者名称及联系方式等内容。

一、食品贮存管理制度的构建

食品贮存是食品生产经营的重要一环，必须加强食品贮存的安全管理，才能防止食品污染，保证食品安全。

《食品安全法》在上述规定的基础上正式确立了食品贮存管理制度。

二、食品贮存管理制度的实施

1. 食品仓库的卫生要求

① 食品仓库的选址要合理。食品仓库周边应具备良好的运输条件，以利于食品运输。仓库周围要具备良好的卫生条件，远离污水、空气、粉尘等有害物质和化工企业。仓库还应具备良好的供水、供电、排污等设施。

② 食品仓库应该具有相应的货架及其他设施容器，并安装通风、除湿、防霉、防鼠、防尘等基本设备，禁止存放有毒、有害物品及个人生活物品。

③ 仓库要按时进行清理和消毒，并装配温湿度监控设施。

2. 食品贮存的卫生要求

① 食品经营单位需配备具有专业知识，经过健康检查的仓库管理人员，并建立"食品入库验收制度"、"定期检查库存食品制度"和"不合格食品处置制度"等食品安全管理制度。

② 建立入库出库食品登记制度。食品入库时要详细记录入库产品的名称、数量、产地、进货日期、生产日期、保质期、包装情况、索证情况，并按入库的先后批次、生产日期和保质期限分类存放，做到先进先出，以免贮存时间过长而生虫、发霉。仓库管理人员要对库存食品进行定期的卫生安全质量检查，发现问题及时汇报处理，避免造成不应有的损失。

③ 选用合理的贮存方式。按照温度的不同，贮存方式可分为常温贮存和低温贮存两种，其中低温贮存又分为冷藏贮存和冷冻贮存。冷藏贮存主要适用于蔬菜、水果、熟食、乳制品等，冷冻贮存主要适用于水产品、畜禽制品、速冻食品等。常温贮存的要求是贮存场所清洁卫生，阴凉干燥，无蟑螂、老鼠等虫害，主要适用于粮食、食用油、调味品、糖果、瓶装饮料等不易腐败的食品。

④ 对于食品运输中的贮存制度，食品经营者应当参照《食品安全法》对食品贮存制度的规定进行具体操作。

a. 记录运输食品的名称、数量、产地、运输日期、生产日期、保质期、包装、索证情况等。

b. 对于运输食品的工具应该保持清洁卫生，严禁任何污染源接触食品运输工具，严禁同时装载农药、化肥等有毒物与食品。

c. 运输工具要配备贮存食品的必要设施，包括防尘、防雨保鲜、保温冷藏等措施。

3. 食品贮存的过程控制

（1）入库 食用农产品入库应详细记录食用农产品的品名、产地、规格、等级、贮藏条件、入库数量、入库时间、批次号、入库货主联系方式等信息，并保留相应的单据。

非制冷贮藏应选择温度适宜的时间将食用农产品分批入库，入库量每次不宜超过库容量的30%，等温度稳定后再入第二批。

机械冷藏将未预冷食用农产品直接入库的，每次入库量不宜超过库容量的15%；果蔬冷处理后入库的，应在温度降至该产品冷处理工艺要求的温度时入库。

（2）存放 不同类别的食用农产品应分库或分区存放，食用农产品之间保鲜贮藏条件差异较大的、容易交叉污染的或挥发气味相互影响的不得在同一库内存放。

应根据食用农产品的不同特性和包装情况选择相应的存放方式（如散堆、码垛、货架堆放等），存放单元之间不能相互挤压，码垛层数和高度应以不破坏包装体及不相互挤压为宜，存放方式应符合库体设计要求，以有利于空气流通、保持库内温湿度均衡和管理方便为宜。

食用农产品堆码应整齐，与墙面距离应不小于30cm，与地面距离应不小于10cm，与顶部照明灯距离应不小于50cm。

（3）贮藏方式与条件 应符合相应食用农产品的温湿度、气体成分、光照和通风等贮藏要求。

新鲜果蔬可采用通风库贮藏、冷藏或气调贮藏（含自发气调贮藏）等贮藏方式；水产品可采用暂养保活、冰藏、微冻贮藏、冻藏等贮藏方式；肉类可采用冷藏、冷冻等贮藏方式。

（4）**贮期管理** 贮藏设施设备及器具应专人管理，做好检查、维护和记录工作。应保留所有贮藏设施设备及器具的使用维护登记表或核查表。

贮藏期间应对产品品质进行定期检查，并及时剔除变质产品。

贮藏期间应保持温湿度的相对稳定，应定时检测库房内的温度和相对湿度，果蔬温湿度检测方法应符合 GB/T 23244—2009 的相关规定，其他食用农产品参照执行。

贮藏期间应根据食用农产品保鲜需要适时、适度更换新鲜空气。

设施设备及器具应保持清洁卫生。冷冻库应定期除霜，保持霜薄气足，无异味、臭味。

（5）**出库** 食用农产品出库应详细记录食用农产品的品名、产地、规格、等级、贮藏条件、入库数量、入库时间、批次号、入库货主联系方式等信息，并保留相应的单据。

食用农产品出库应遵循先进先出的原则。

食用农产品分批出库时，要保证批次出库过程操作快捷，对在库产品的贮藏环境不造成明显影响。

项目三　配送

一、配送的基本概念

配送，是指在经济合理区域范围内，根据用户要求，对物品进行拣选、加工、包装分割、组配等作业，并按时送达指定地点的物流活动。

配送不宜在大范围内实施，通常仅局限在一个城市或地区范围内进行。

随着社会的进步及物流配送概念的不断完善，食品配送所指的范围更加广泛，包括食品的运输、食品的配载、食品的包装等影响食品质量的环节。

二、食品配送过程的质量控制

近年来，食品安全问题的频繁发生对社会稳定产生了较大的影响，配送作为物流中一个重要环节，也是食品出现质量问题的主要环节之一，一般包括冷库（配送中心或仓库）、在途运输和客户三个节点，其中配送中心包括拣选、包装、装载等活动。食品物流配送过程的质量控制，在一定程度上决定着食品的质量安全。

1. 食品配送流程

食品配送流程主要以备货、流通加工、理货和送货四个环节为主。

（1）**备货** 食品配送过程中的备货环节包含有进货和存储两个子环节。

进货环节就是把食品从上游接收，从货车上将货物卸下，核对该货品的数量及状态（数量检查、品质检查、开箱等），记录必要信息，以备录入信息系统。

存储环节就是将购到或者收集到的各种货物进行检验，分门别类地储存在相应的设施或场所中，以备拣选或配货。一般包括运输、卸货、验收、入库、保管、出库等过程。

（2）流通加工　食品流通加工环节是根据配送对象的特点在配货之前以延长其保存期或提高附加价值等为目的，对食品进行加工的一个过程，如对瓜果蔬菜等农产品进行拣选、清洗，或对冷鲜肉类进行分割包装等。这样能提高配送质量与物流效率，更好地满足用户需求。但并不是所有配送的食品都需要加工。

（3）理货　理货环节是食品配送的一项重要内容，是送货的前期工作。包括分拣和配货两个过程。当接到客户订单后，管理人员向有关作业人员分配适当的工作量，作业人员再根据理货单上的内容说明，按照出货的优先顺序、贮位区域号、配送车辆次号、配送区域编号、先进先出等方法和原则，把需要送货的食品拣选出来，经复核人员确认无误后，放置到配货区。然后在配货区由配货人员装入预定的容器，放到待发区等待装车发送。

（4）送货　食品配送的送货环节是理货环节的延伸。在食品配送活动中，送货实际上就是食品的最后运输，因此常常以运输代表送货。但是组成食品配送活动的运输与通常所讲的"干线运输"是有很大区别的。食品配送中的送货需要面对分散在城市内或区域内的众多终端客户，因此在送货过程中常常要涉及送货方式、送货路线、送货工具的选择。按照配送合理化的要求，必须在全面计划的基础上，制定科学的、距离较短的货运路线，选择经济、迅速、安全的送货方式和适宜的送货工具。但同时最重要的一点就是确保整个送货过程生鲜食品的安全质量。

2. 食品配送过程的安全控制

以初级生鲜产品的配送为例，SB/T 10428—2007《初级生鲜食品配送良好操作规范》规定了初级生鲜食品配送组织配送过程控制。

（1）进货验收　应对供应商进行评价和选择，并从合格供应商处采购。应对供应商的供货能力、产品质量保证能力等进行动态综合评价，以确定合格供应商，建立并保持"供应商评价表"和"合格供应商明细表"，并按国家规定索取相关的检疫和检测合格证明。应按国家有关规定索取进货产品的相关检疫、检测证明和单据，符合要求后验收。应按国家有关规定对进货产品进行质量和温度检验，分拣后入库，并做好记录。包装食品应根据 GB/T 6388 进行验收。

（2）贮存

① 初级生鲜食品的入库要求。贮存库应清洁、卫生，空气和地面应消毒，消毒后通风除味，并进行降温。蔬菜和水果入库前，应先将冷库中有异味、霉变及病虫害的蔬菜和水果清理出库。未冻结或部分冻结或未预冷的畜禽肉类、水产品不得直接入库。初级生鲜食品入库前的温度高于库存温度时，应先进行降温处理，达到库温要求后方可入库。冷藏食品与冷冻食品不可混合存放，具有强烈味道的食品应单独存放，对乙烯比较敏感的蔬菜和水果不应与其他蔬菜及水果同储。有特殊要求的初级生鲜食品，如清真类食品应符合有关规定的要求。

② 库存管理。冷库内初级生鲜食品的码放方式应不影响库内冷风循环和食品的出入，

码放地点不宜置于库门附近及人员进出频繁的区域。初级生鲜食品堆码时应稳固且有空隙，便于冷风循环，并维持所需的温度。堆码时货物距冷冻库顶棚≥0.2m，距冷藏库顶棚≥0.3m，距顶排管下侧≥0.3m，距顶排管横侧≥0.2m，距无排管的墙≥0.2m，距墙排管外侧≥0.4m，距风道≥0.2m，距冷风机周边≥1.5m。冷库内的装载区、卸货区及理货作业区应密闭，以避免食品温度的波动。内部的任何拆箱理货、搬运或堆码应迅速。库存食品和蒸发器表面的温差应尽可能降至最低，以减少食品的干耗。应定期对库存食品进行质量抽样检测，确保安全储存，超过保质期食品不得发货。应根据初级生鲜食品特性和客户订单要求进行配送加工。

（3）配送加工　应对配送加工作业区进行定期消毒，并作好消毒记录。初级生鲜食品经配送加工后，根据其温控要求存放于发货区，做好记录。初级生鲜食品采用的包装材料应符合 GB/T 6543、GB 9683 等标准的相关规定。

（4）配送运输　应按客户订单要求并依据先进先出的原则进行拣选、发货。配送运输车辆厢体内应保持清洁和卫生，不能有秽物、碎片或其他不良气味或异味，并保持记录。配送运输车辆应设定好厢体温度，并控制在初级生鲜食品所需的温度范围内。装载冷冻的畜禽肉和水产品前，厢体内应预冷至 10℃ 以下。厢体内的堆码应稳固，确保厢内冷风循环顺畅。运输人员应随时监控厢体内的温度，未达到规定温度时，应及时处理。运输配送作业人员应记录装载和卸货的时间、厢体内温度。运输配送期间，应减少车厢门的开启次数和时间。运输配送期间当车辆或厢体重要部位受损时，应进行食品的损坏调查，并采取适宜的应急措施。

项目四　物流

一、物流节点的基本概念

一般来讲，物流节点是指物流网络中连接物流线路的结节处。在广义上，物流节点连接着各个线路且是进行集散、储运和中转的中间环节，包括大型公共仓库、火车货运站、空港、港口、公路枢纽及物流园区、现代物流（配送）中心等；从狭义的角度来讲，仅指现代物流意义的配送网点、配送中心和物流园区。

在各个物流系统中，节点都起着重要作用，但随整个系统目标不同及节点在网络中的地位不同，节点的主要作用往往不同，根据主要作用可分成转运型节点、贮存型节点、流通型节点、综合性节点四类。

二、物流节点中的安全控制

1. 物流节点的选择

设立物流节点时，要综合自然环境因素、交通因素、市场环境因素、城市用地布局结构因素及城市公共设施等。

食品，尤其是生鲜农产品受温湿度等的影响非常大，不合适的温湿度会影响食品的保存时间和食品安全质量。物流节点周围的交通运输网络是否完善，决定了食品能否及时快速地进行运输，实现不同运输方式之间的迅速转换，以保证食品的新鲜度。

市场环境主要是指当地经济发展状况、行业和企业发展情况、周边食品的数量等，这些条件是保证食品物流节点能够稳定运行和发挥最大效能的前提条件，也是影响未来发展潜力的重要条件。

食品物流节点的选址要尽量依托城市公共设施，从而降低节点建设的总成本，其设施主要考虑该地水、电、气的供应，废弃物排放处理能力及通信设施的情况。

2. 主要物流节点的控制

一般来说食品物流网络中的物流节点包括生产型节点（农田、生产基地）、集散型节点（批发市场、配送中心等）、销售型节点（农贸市场、生鲜超市等）。

（1）生产型节点 要从食品的供应源头对食品生产原料进行控制，如农用化学品的控制、环境污染控制、水源污染控制和交叉污染控制等。

（2）集散型节点 采购、贮存、运输应符合相关规范和要求；提高拣选、理货、检验、分类等的作业效率保证食品的新鲜度；提高集货配送功能实现多品种、少批量和多批次、小批量配送；库存必须一目了然；尽力减少库存，消除滞销商品；实行库存的一元化管理，对市场做到心中有数。

（3）销售型节点 每天对销售的食品进行查验。销售人员要按照食品标签标示的警示标志、警示说明或者注意事项的要求销售预包装食品，确保食品质量合格和食品安全；对即将到达保质期的食品，集中进行摆放，并作出明确的标示；用于食品销售的容器、销售工具必须符合食品安全要求；销售散装食品，必须有相应的防蝇防尘设施，应当在散装食品的容器、外包装上标明食品的名称、生产日期、保质期、生产者名称及联系方式等内容。

三、电子商务物流的定义

电子商务物流是指利用电子信息工具达到信息、商品、资金的传送，其中涵盖了软件商品、实体商品的实质配送活动。食品电子商务物流，简单来说就是食品在电子商务环境下的物流，是指利用互联网电商进行的食品交易，以及围绕交易展开的一系列从生产地到消费地的实体商品流通活动。

四、电子商务物流过程控制

电子商务的最终成功依赖于物流，电子商务下物流活动构成要素主要包括包装、装卸搬运、流通加工、存储、运输、信息管理等几个方面。

1. 电子商务物流的起点——包装

包装是在物流过程中为保护产品、方便贮运、促进销售，按一定的技术方法采用容器、材料及辅助物等将物品包封，并予以适当的装饰标志的工作总称。基本功能包括防护功能、方便与效率提高功能、促销功能、信息传递功能。

食品的包装可分为商业包装和运输包装两种。商业包装以促进销售为主要目的，应符合食品卫生安全要求，符合包装食品的产品特征，符合市场和消费需求，运输包装是以强化运输、保护产品为目的，应结实耐用，不易变形。运输方式的选择将影响包装要求，包括产品运输与原材料的运输。

包装合理化的途径包括：包装轻薄化、包装模数化、包装机械化、防止包装不足或包装过剩、包装绿色化。

2. 电子商务物流的节点——装卸搬运

装卸是指物品在指定地点以人力或机械装入或卸下运输设备，具有支持、保障与衔接性功能。搬运是在同一场所内，对物品进行水平移动为主的物流作业。装卸搬运是指在同一地域范围内进行的、以改变物品的存放状态和空间位置为主要内容和目的的活动。具体来说，包括装上、卸下、移送、拣选、分类、堆垛、入库、出库等活动。

食品装卸搬运时，要遵循装卸的原则，做到重不压轻，大不压小，先卸后装，后卸先装，码放整齐，捆扎牢固。对有特殊要求的商品要严格按照要求装卸搬运。

装卸合理化的途径包括：消除无效搬运；提高搬运活性；利用重力作用，减少附加重量；合理利用机械；保持物流的均衡顺畅；集装单元化原则等。

3. 电子商务物流的价值途径——流通加工

在流通过程中辅助性的加工活动称为流通加工。流通加工是为了弥补生产过程的加工不足，更有效地满足用户或本企业的需求，使产需双方更好地衔接，将这些加工活动放在物流过程中完成，而成为物流的一个组成部分，它是生产加工在流通领域的延伸。

流通加工的功能包括促进销售、提高加工设备的利用率、提高原材料的利用率、提高被加工产品的质量、促进物流合理化等。流通加工有效地完善了流通，是物流中的重要利润源，在国民经济中是重要的加工形式，也实现了电子商务物流的价值。

食品流通加工过程，要注意环境、人员卫生和包装材料的控制，避免造成食品污染。

4. 电子商务物流的动脉——运输

运输是物流系统的首要构成要素，在物流系统中占有非常重要的作用。物流中的运输是指通过运输手段使货物在物流节点之间流动，实现买卖行为。其功能是实现物品的空间位移、创造场所效用、物品存储。按照运输工具不同，运输方式可划分为公路运输、铁路运输、水路运输、航空运输、管道运输等五种基本方式。由于这五种运输方式在运载工具、线路设施、营运方式及技术经济特征等方面各不相同，有各自不同的适用范围，因此，又出现了把各种运输方式联合起来的多式联运。

运输合理化的途径主要包括：确定合理的运输距离；确定合理的运输环节；确定合理的运输工具；确定合理的运输时间；确定合理的运输费用；改进运输技术水平，提高运输作业效率；加强各种运输方式的紧密协作，实行多式联运；合理安排运输与其他物流环节间的比例关系。

5. 电子商务物流的中心——存储

存储包括两个既独立又有联系的活动：存货管理与仓储，在物流系统中是一个相对传统、完善的环节。在整个生产流通过程中，任何领域中都客观存在，不能为其他物流活动所代替。即使在所谓的"零库存"、供应商管理库存的今天，存储也仅仅是由社会再生产的一个领域转移到了另一个领域。因此，存储作业是物流活动中一个不可缺少的重要环节，是任何其他经济活动不能替代的。

存储主要通过各种仓库实现。许多重要的决策都与存储活动有关，包括仓库数目、存货量大小、仓库的选址、仓库的大小等。食品存储期间的温湿度控制尤为重要。

项目五　供应链

一、供应链基本概念

供应链是围绕核心企业，通过原材料采购、信息、物流、资金流等的管理，产生最终产品，由各级流通销售渠道，把产品送到最终消费者手中，而形成的一个整体的功能网络结构模式。

食品供应链是在一般供应链的基础上提出的。食品从初级生产、加工到销售，中间要经过一个长且复杂的链条，称之为食品供应链。食品从源头的农产品种植/养殖、生产加工、物流到销售的整个链条上，每一个环节都可能存在着多种危害因素，如种植/养殖环节滥用违禁农药、兽药，运输过程中滥用保鲜药物，保存过程中由于冷藏温度不恰当造成的细菌滋生，生产加工环节超量或超范围使用食品添加剂、使用非食品原料甚至有毒有害物质加工食品等这些危害因素会在食品供应链中传递，并类似牛鞭效应一样不断集聚和放大，导致最终食品安全事件的发生。食品安全风险因素可以说贯穿于食品"从农田到餐桌"的每一环节，各个环节紧密联系、相互影响，使得保障食品安全不仅仅是某个企业的任务，更是食品供应链上所有主体的共同责任。

二、我国食品供应链各环节食品安全状况分析

随着我国经济的快速发展，利润和效率成为食品企业发展的主要目标，由此带来了很多食品安全隐患。食品从农田到消费者，要经过种植养殖、流通、加工、消费、回收等多个供应链环节，从统计数据来看，每个环节都出现了不同程度的安全问题。

1. 供应（生产）环节

食品的供应（生产）环节，主要是种植、养殖，发生在该环节的食品安全事件相对较少。

发生食品安全问题的主要原因有两个：一是由于自然环境污染，如空气、土地污染影响水果蔬菜的生长，以及动物饲养造成的金属等化学元素超标；二是人为对水果、蔬菜施加过量农药，以及对动物食用饲料违规添加添加剂及其他有害元素，如瘦肉精（盐酸克伦特罗）、抗生素等。

2. 流通环节

食品的流通环节，主要包括运输、储存和食品监管，是整个食品供应链上发生问题最少的环节。该环节形成食品安全事件的原因主要有两个：一是运输、贮存过程中的温度、湿度、光照、包装挤压等外部条件控制不当导致食品变质；二是流通过程中食品检验检疫失误造成问题食品流入市场。

3. 加工制造环节

食品的加工制造环节，主要包括食品初加工和深加工，是食品安全事件的重灾区，是食品安全事件发生最多的环节。我国食品供应链的中游食品生产加工企业目前大部分还是较小规模的食品厂或手工作坊，缺乏大型的现代化食品企业去整合资源优化供应链结构。有些企业在得到国家食品卫生安全证书之后，并不继续按照卫生要求严格执行，而是盲目追求自身利益。个别企业甚至置法律与人民群众的身体健康于不顾，在食品加工过程中非法添加各种对人体有害的国家明令禁止的添加剂和防腐剂。有个别企业在产品获得一定声誉后，利用消费者的信任，利用信息不对称、监督不健全等条件，改用劣质材料和毒性原料以取得更大的经济利益。

4. 消费环节

食品的消费环节，主要包括食品批发零售、餐饮企业、食堂和家庭用餐，发生食品安全事件的频率相对较高，主要集中在零售环节。目前我国的食品零售主要是以超市、农贸市场和副食品店为主的形式进行的。虽然零售环节政府出台了一些安全食品监管制度，但仍缺乏足够的食品安全检测手段、检测设备及检测人员。在食品销售环节也存在着许多安全隐患和问题，如生鲜食品的冷藏库存、随意更改食品包装条码从而更改食品保质期、食品的摆放问题导致新鲜与过期食品混杂等等。

5. 回收环节

食品回收环节的问题主要集中在两方面：一是对问题肉（病、死、变质腐烂等）的回收处理违规；二是对废油、动物内脏加工油（将劣质、过期、腐败的动物皮、肉、内脏经过简单加工提炼后生产出来的油）等的回收再利用。

三、食品供应链的安全风险控制

食品供应链的安全风险控制是保证食品安全从生产源头传递到消费者手中的重要因素，是控制和解决食品安全问题的一种有效方法。

1. 合理利用信息系统进行管理

随着信息技术的发展，信息系统发挥了越来越重要的作用，合理利用信息系统进行管理，成为食品供应链环节的企业食品质量安全风险管理的主要策略。

合理利用信息系统进行管理需要从以下两个方面着手。

① 进行信息化、智能化管理。通过智能化管理，可以进行食品追踪，通过追踪了解食品的原材料供应、加工、流通等环节，对信息进行详细记录，以便实现信息的便捷查询。

② 利用电子系统记录包装原材料的生产信息，原材料的时间、去向、路径等信息，通过信息化系统记录信息，可以进行有效管理，了解食品信息，提高食品质量安全风险管理质量。

除此之外，还需要对食品的销售时间与销售路径进行电子化记录，提升食品生产环节信息化进程，掌握食品销售进程。

2. 加强对材料供应商的管理

在食品供应过程中，材料供应管理发挥着重要的作用，其直接决定了食品质量。如果食品原材料不新鲜，必然会存在食品安全问题。因此，加强对材料供应商的管理，确保原材料质量尤为重要。

① 采取有效的管理方式进行管理，目前较为有效的材料供应商管理方式是 HACCP 风险分析与管理方式，在管理中融入 HACCP 原理，可以对食品安全进行有效控制，对原料、关键工艺、供应工序、供品安全等因素进行分析，确定加工过程的关键环节，确保加工质量。

② 建立完善的监控机制，通过明确的监控标准及完善的监控程序进行有效的材料供应商管理，确保管理措施的可操作性与规范性，尽最大可能消除食品安全问题，将对消费者的危害降到最低。

3. 加大监管力度，健全监管机制

通过有效的监管，可以消除生产者的侥幸心理，以免生产者为追求利益，添加大量食品添加剂，使用大量的增产药物及化肥农药，降低食品的安全性。由此可见，加大监管力度，健全监管机制十分必要，是质量安全风险管理的关键。加大监管力度，健全监管机制需要从以下两个方面着手。

① 制定严格的食品安全监管标准，加大监管力度，严格贯彻落实，一旦发现食品安全问题，从重处理，一旦食品安全问题影响到食用者的身体健康，不但要进行处罚，吊销营业执照，还需要对相关责任人进行刑事处罚，使生产者不敢存在侥幸心理，不敢作出影响食品安全的事情。

② 建立健全监管机制，做到有章可循，有章可依，促进安全风险管理工作顺利实施。

4. 改善生产条件，提高管理质量

在食品质量安全风险管理过程中，改善生产条件，提高管理质量尤为重要。

① 对企业的生产条件进行改善，保证生产场所的整洁与卫生，对生产设备及车间进行定期消毒，以免生产过程受到污染，威胁食品的安全。

② 加大对食品添加剂的使用与监管。影响食品安全问题的关键因素就是食品添加剂的使用，使用食品添加剂，虽然可以增加食品的色香味，但过量的食品添加剂会危害食用者的身体健康。此外，计量不准确、使用方法不恰当也是食品添加剂添加不当的原因之一。因此，需要加大监管力度，改善生产条件，提高管理质量。

③ 加强内部管理。提升企业的内部管理水平，对员工进行培训，培训合格后才能允许上岗，确保员工操作的准确性与规范性。

项目六　退市、召回和销毁

一、食品退市

食品退市是针对不合格食品而提出的具有针对性的一项活动。为加强食品经营单位食品质量管理，严厉打击制售假冒伪劣食品活动，确保其依照法定条件和要求从事食品经营活动、销售符合法定要求的食品，防止不合格食品侵害人民群众生命财产安全，保障消费者的合法权益，实施不合格食品退市及建立食品退市制度尤为重要。

1. 食品退市制度

食品退市制度指在我国境内对销售质量不符合国家、地方或者行业标准或有关要求的不合格食品，或存在其他安全隐患的食品，采取停止销售、退回供货方整改、销毁、召回等措施退出市场的行为。

出现下列情形之一者，必须立即停止销售，退出市场。

① 已经变质、超过保质期的食品及"三无"食品。

② 经法定检测机构和行政执法机关检测为不合格的食品。

③ 不符合食品安全标准，未取得认证、许可的食品。

④ 国家明令禁止生产、销售的食品和发现其生产加工的原料、辅助材料、添加剂为不合格产品或者违反国家禁令或其生产工艺不符合法定要求的食品。

2. 食品退市程序

在流通领域，如发现明确规定禁止销售的食品，应及时下架退市，并做好记录及跟踪监督工作。具体程序如下。

（1）实施食品退市制度

① 经营者主动退市。食品生产者或经营者应当加强对所生产或经营的食品的管理，对发现的符合退市标准的问题食品应当主动严格执行食品退市制度。

食品召回。对售出的严重危害人体健康、人身安全的食品，应及时采取公示、公告等措施，立即清点不合格食品，并登记造册，通知购货人退货，将不合格食品追回和销毁，并向有关监督管理部门报告。

下架退市。发现明确规定禁止销售食品的，应及时停止销售，撤下柜台，下架退市，并做好记录，对有毒有害、腐烂变质的食品应交由有关部门进行无害化处理或销毁，立即向当地工商行政管理部门或相关行政监督管理部门报告。

明示补救措施。对因标签、标识或者说明书不符合食品安全标准而被停止经营的食品，销售商应通知生产者召回，在食品生产者采取补救措施且能保证食品安全的情况下方可继续销售，销售时应当向消费者明示生产者采取的补救措施。

② 监管部门责令退市。工商行政管理部门对食品生产经营者进行检查、抽查时，如发现不合格食品或危及人身健康等不安全食品，可依法责令强制将抽检的同批次食品退出市场。出现不合格食品时，如销售者不主动退市和责令退市后仍不退市，或更换包装继续销售的将依法处罚；造成严重后果的，依法吊销营业执照。

（2）进行退市监管

① 确定不合格食品退市。工商行政管理部门严格按照规定，对流通领域的不合格食品责令其退出市场。

② 对退市食品进行处理。工商行政管理部门严格按照规定，对不合格食品进行退市处理。危险级别不同的不合格食品，处理方法也不同。

③ 发布退市食品公告。对辖区发现的退市食品的有关信息，应当及时向社会公示，为消费者人身安全考虑，向消费者发布消费警示。

④ 退市食品跟踪监督。工商行政管理机关应当将退市的不合格食品记录在案，以备查询。不合格食品一经退市，不得再次投入市场，要适时进行跟踪回访，确保不合格食品真正退出市场。

3. 食品退市处置

对于下架退市的不合格食品，应采取合理措施对其进行处置。

（1）退市食品处置方式 退市食品处理办法应根据其危险程度采取不同的方式进行处理。

① 不合格食品可以改作他用。针对不合格食品危险程度较低的情况，在确保不供人食用的前提下，可以在更改用途之后继续投入市场。例如不合格食用油可改作化工原料，生虫霉变的米、面和某些超过保质期限的食品可用作加工饲料或肥料等。此种改作他用的活动只能在执法部门的全程监督下进行。

② 不合格食品危险程度很高，严重危及人身安全，必须销毁处理。应建立退市食品登记制度，对不合格食品的品种、数量、变质日期等信息详细登记，然后向食品监督检查部门报告。由监管部门工作人员查明导致食品不合格的原因，避免过期、变质食品在市场上再次出现，进行跟踪监督，防止不合格食品"乔装改扮"，杜绝不合格食品"假退市"或者"异地销售"情况的发生。不合格食品应在食品监督人员的监督下进行退市并销毁，在确保不污染环境的前提下，可采用焚烧或者填埋的方式，并由食品监督人员出具销毁证明。

（2）退市的实施 不合格食品的退市活动因主动退市和责令退市的区别有不同的实施主体。

主动退市：实施主体为食品的生产者和经营者。这类实施主体在发现自己生产经营的食品存在食品安全隐患的时候，自己主动实施退市计划，同时报告监管部门进行监督。经营者作为流通领域中与消费者相对应的一方，按照《中华人民共和国产品质量法》第三章第二节的规定，销售者对其销售的产品负有重要的产品质量责任和义务，应当采取一定的措施保障其销售的产品质量等方面符合法律的规定。例如，进货检查验收、拥有一定的贮存产品的条件等。《江苏省产品质量监督管理办法》第三章经营者的产品质量义务第二十条规定经营者应当对其生产、销售的产品质量负责。第二十一条规定销售者应当执行进货检查验收制度，对进货产品的标识进行查验。对没有质量检验合格证明、标识不符合规定或者有明显质量问题的产品应当拒收；必要时，应当报送当地产品质量监督管理部门或者其他有关部门处理。销售者对所销售的产品应当采取措施，保持其产品质量。当经营者发现销售的产品不符合法律的规定就应当及时采取措施将产品退出市场，同时将情况通知生产方并报告监管部门。

责令退市：实施主体为食品安全监管执法机构。这类主体在发现市场上的食品存在食品安全隐患时，依法对这类食品强制实施退市计划。同时对于该类食品的生产者、经营者依法进行相关处置，违背法律的，监管机构可以依法对该类食品的生产经营者进行处罚。

退市的实施要求：

① 食品经营者在清理查验所经营的食品时，发现有可能或确认为不安全食品的，应当自觉下架，停止销售该种食品，按照与供货商的约定做好退货或者销毁工作，留存相关的凭证票据。

② 对经检验确定为内在质量不合格的食品，要及时将同批次食品下架，并依法处理。

③ 对已经售出的危害人身健康安全的有毒有害食品，要通过公告、通知等方式追回或责令经营者追回，在经营场所的显著位置张贴醒目告示，告示召回食品名称、品种、规格、批号、上市时间等内容。

④ 对其他行政机关公布的属于退市的食品，要依法处理，采取退市措施，立即停止销售该种食品，清点库存食品并封存保管，将不合格食品清出市场，经营者还应及时向当地工商机关报告处理进展。

⑤ 对不主动退市、责令退市后仍不退市或者名义上退市实际仍以其他方式继续销售的，应依法从重处罚。

4. 食品退市相关法律、法规及法律责任

食品经营者应当建立并执行食品退市制度，并按照相关法律、法规处理退市的食品。

① 食品经营者对贮存、销售的食品应当定期进行检查，查验食品的生产日期和保质期，对变质、超过保质期及其他不符合食品安全标准的食品及时进行清理，对临近保质期的食品应当在经营场所向消费者作出醒目提示。

② 食品经营者对被告知、通报或者自查中发现的不符合食品安全标准的食品和超过保质期的食品，应当立即停止经营，下架封存，通知相关生产经营者和消费者，并记录停止经营和通知情况，将有关情况报告辖区工商行政管理所。

③ 不符合食品安全标准的食品和超过保质期的食品，不属于食品经营者自身原因造成的，食品经营者应当积极配合食品生产者采取召回等措施；属于食品经营者自身原因造成的，食品经营者应清查并登记造册，及时予以销毁，并如实报告辖区工商行政管理所。辖区

工商行政管理所应当由两名以上执法人员现场监销，如实记录销毁的情况。

④ 凡食品生产者召回的食品，食品经营者应如实记录该不符合食品安全标准食品和超过保质期食品的名称、规格、数量、生产批号（或生产日期）、退货日期等内容，或者保留载有上述信息的退货单据，并建档留存备查。

⑤ 食品经营者销毁不符合食品安全标准食品和超过保质期食品，应将外包装一并销毁，并如实记录该食品的名称、规格、数量、生产批号（或生产日期）、销毁时间和地点、销毁方式方法、承销人、监销人等内容，相关记录保存期限不得少于3年。

⑥ 食品集中交易市场的开办者、食品经营柜台的出租者和食品展销会的举办者发现食品经营者经营不符合食品安全标准的食品或者超过保质期食品的，应当及时制止，采取相应措施，并立即将有关情况报告辖区工商行政管理所。

二、食品召回

为加强食品生产经营管理，减少和避免不安全食品的危害，保障公众身体健康和生命安全，根据《食品安全法》及其实施条例等法律法规的规定，2015年3月，国家食品药品监督管理总局制定《食品召回管理办法》（国家食品药品监督管理总局令第12号），自2015年9月1日起施行。按照该规定，食品召回即指食品生产者按照规定程序，对由其生产原因造成的某一批次或类别的不安全食品，通过换货、退货、补充或修正消费说明等方式，及时消除或减少食品安全危害的活动。本节根据《食品安全法》及《食品召回管理办法》的规定介绍食品召回管理相关知识。

1. 食品召回的制度

食品召回制度是顺应食品安全和市场经济法治化的必然要求而建立的，它通过抑制企业的机会主义行为，并通过制度向消费者作出质量承诺，消除消费者的信息恐慌，最终实现市场稳定。

《食品安全法》第六十三条对食品召回做了如下规定：

① 国家建立食品召回制度。食品生产者发现其生产的食品不符合食品安全标准或者有证据证明可能危害人体健康的，应当立即停止生产，召回已经上市销售的食品，通知相关生产经营者和消费者，并记录召回和通知情况。

② 食品经营者发现其经营的食品有前款规定情形的，应当立即停止经营，通知相关生产经营者和消费者，并记录停止经营和通知情况。食品生产者认为应当召回的，应当立即召回。由于食品经营者的原因造成其经营的食品有前款规定情形的，食品经营者应当召回。

③ 食品生产经营者应当对召回的食品采取无害化处理、销毁等措施，防止其再次流入市场。但是，对因标签、标志或者说明书不符合食品安全标准而被召回的食品，食品生产者在采取补救措施且能保证食品安全的情况下可以继续销售；销售时应当向消费者明示补救措施。

④ 食品生产经营者应当将食品召回和处理情况向所在地县级人民政府食品安全监督管理部门报告；需要对召回的食品进行无害化处理、销毁的，应当提前报告时间、地点。食品

安全监督管理部门认为必要的，可以实施现场监督。

⑤ 食品生产经营者未依照本条规定召回或者停止经营的，县级以上人民政府食品安全监督管理部门可以责令其召回或者停止经营。

《食品安全法》第九十四条第三款规定：

发现进口食品不符合我国食品安全国家标准或者有证据证明可能危害人体健康的，进口商应当立即停止进口，并依照本法第六十三条的规定召回。

2. 食品召回的类型

食品召回程序是食品召回过程中必须按照规定执行的一系列活动，食品召回是在实际实施之中最重要的过程，该过程决定了食品召回的体系架构，是食品召回制度在实践中的体现，是食品召回的行动指南。

食品生产经营企业是不安全食品召回的实施主体，国家市场监督管理总局在职权范围内统一组织、协调全国食品召回监督工作；县级以上地方质量监督部门按照职责分工负责本行政区域内食品召回监督工作。根据《食品召回管理办法》的规定，属下列情况之一的不安全食品必须召回。

① 不符合食品安全标准的食品。

② 已经诱发食品污染、食源性疾病或对人体健康造成危害甚至死亡的食品。

③ 可能引发食品污染、食源性疾病或对人体健康造成危害的食品。

④ 含有对特定人群可能引发健康危害的成分而在食品标签和说明书上未予以标识，或标识不全、不明确的食品。

⑤ 有关法律、法规规定的其他不安全食品。

食品召回可分为主动召回及责令召回两种类型。

主动召回：食品生产者通过自检自查、公众投诉举报、经营者和监督管理部门告知等方式知悉其生产经营的食品属于不安全食品的，主动实施的不安全食品的召回活动。

责令召回：食品生产者应当主动召回不安全食品而没有主动召回的，或在食品安全事故调查处理中，确认食品及其原料属于被污染的，县级以上食品安全监督管理部门责令食品生产企业召回并向社会公告的活动。

3. 食品召回的程序

（1）主动召回程序

① 企业向监管部门提出食品召回报告。食品生产经营者发现其生产经营的食品属于不安全食品时，应当立即停止生产经营后，根据食品安全风险的严重和紧急程度，最晚72h内启动召回，并向县级以上地方食品安全监督管理部门报告召回计划，在省级以上食品药品监管部门和省级主要媒体上公布食品召回公告，采取必要措施，将须召回食品信息通知有关生产经营者和消费者，采取退货等有效措施，召回已经销售的食品。

食品召回计划的内容包括：

a. 食品生产者的名称、住所、法定代表人、具体负责人、联系方式等基本情况。

b. 食品名称、商标、规格、生产日期、批次、数量及召回的区域范围。

c. 召回原因及危害后果。

d. 召回等级、流程及时限。

e. 召回通知或者公告的内容及发布方式。

f. 相关食品生产经营者的义务和责任。

g. 召回食品的处置措施、费用承担情况。

h. 召回的预期效果。

食品召回公告应当包括下列内容：

a. 食品生产者的名称、住所、法定代表人、具体负责人、联系电话、电子邮箱等。

b. 食品名称、商标、规格、生产日期、批次等。

c. 召回原因、等级、起止日期、区域范围。

d. 相关食品生产经营者的义务和消费者退货及赔偿的流程。

② 召回过程记录及报告。食品生产经营者应当如实记录停止生产经营、召回和处置不安全食品的名称、商标、规格、生产日期、批次、数量等内容，记录保存期限不得少于2年。

若食品生产经营者停止生产经营、召回和处置的不安全食品存在较大风险的，应当在停止生产经营、召回和处置不安全食品结束后5个工作日内向县级以上地方食品安全监督管理部门书面报告情况。

③ 不安全食品处置。食品生产经营者应当依据法律法规的规定，对因停止生产经营、召回等原因退出市场的不安全食品采取补救、无害化处理、销毁等处置措施。

a. 对违法添加非食用物质、腐败变质、病死畜禽等严重危害人体健康和生命安全的不安全食品，食品生产经营者应当立即就地销毁。不具备就地销毁条件的，可由不安全食品生产经营者集中销毁处理。

b. 如对被召回的食品采取销毁措施，销毁过程应当符合环境保护等有关法律、法规的规定。

c. 对因标签、标识等不符合食品安全标准而被召回的食品，食品生产者可以在采取补救措施且能保证食品安全的情况下继续销售，销售时应当向消费者明示补救措施。

d. 对不安全食品进行无害化处理，能够实现资源循环利用的，食品生产经营者可以按照国家有关规定进行处理。

e. 食品生产经营者对不安全食品处置方式不能确定的，应当组织相关专家进行评估，并根据评估意见进行处置。

（2）责令召回程序

① 责令召回的四种情形

a. 食品生产经营者未依法停止生产经营不安全食品的，县级以上地方食品安全监督管理部门可以责令其停止生产经营不安全食品，并向社会公告。

b. 食品生产者应当主动召回不安全食品而没有主动召回的，县级以上地方食品安全监督管理部门可以责令其召回，并向社会公告。

c. 食品生产经营者未依法处置不安全食品的，县级以上地方食品安全监督管理部门可以责令其依法处置不安全食品并向社会公告。

d. 食品生产经营者采取的措施不足以控制食品安全风险的，县级以上地方食品安全监督管理部门应当责令食品生产经营者采取更为有效的措施停止生产经营、召回和处置不安全食品，并向社会公告。

② 责令召回的程序

a. 质量监督部门责令食品生产企业召回食品的，应当责令食品生产企业按照上述主动召回程序的要求实施并召回，可以要求食品生产经营者定期或者不定期报告不安全食品停止生产经营、召回和处置情况。

b. 责令召回完成后，县级以上地方食品安全监督管理部门将不安全食品停止生产经营、召回和处置情况记入食品生产经营者信用档案。

4. 食品召回的时限

不安全食品召回工作具有较强的时效性，食品生产经营者要严格按照《食品召回管理办法》第十三条和第十八条的规定，根据食品安全风险的严重和紧急程度，实施分级和限时召回。对于一级召回和二级召回中涉及的健康损害程度的评定，可以由食品生产经营者根据临床发病及损害等具体情况确定，或者聘请专家库中的专家进行相关评定，参与评定的专家不得少于3名。因情况复杂需延长召回时间的，应报县级以上地方食品安全监督管理部门同意，并向社会公布。

5. 食品召回的监督

① 县级以上地方食品安全监督管理部门对食品生产企业实施食品召回行为进行监督，可以依法采取下列措施。

a. 进入食品生产企业生产场所实施现场监督检查。

b. 查阅、复制召回通知记录、召回过程记录、召回食品处理记录等有关的合同、票据、账簿及其他有关资料，并对相关报告进行评价。评价结论认为食品生产经营者采取的措施不足以控制食品安全风险的，可责令食品生产经营者采取更为有效的措施。

c. 对企业未确定是否符合食品安全标准，自愿召回的食品进行抽样检验。

② 县级以上地方食品安全监督管理部门将不安全食品停止生产经营、召回和处置情况记入食品生产经营者信用档案。

6. 食品召回的相关法律责任

《食品安全法》等法律、法规、规章对食品经营者的不安全食品召回义务和职责都作了明确规定，违反相关规定的都将受到法律的惩罚。

❓ 训练题

一、判断题

1. 食品生产企业应具有与生产的食品品种、数量相适应的生产设备或者设施，有相应的消毒、更衣、盥洗、采光、照明、通风、防腐、防尘、防蝇、防鼠、防虫、洗涤以及处理废水、存放垃圾和废

弃物的设备或者设施。（　　）

2. 食品生产企业的食品安全专业技术人员、食品安全管理人员须为专职，不得为兼职。（　　）

3. 食品生产企业应当具有合理的设备布局和工艺流程，防止待加工食品与直接入口食品、原料与成品交叉污染，避免食品接触有毒物、不洁物。（　　）

4. 从事食品生产，应当依法取得食品生产许可。（　　）

5. 食品生产企业应委托符合《食品安全法》规定的食品检验机构对所生产的食品进行检验，不可自行进行检验。（　　）

6. 某食品生产企业2017年被吊销许可证，该企业在2020年可以重新申请食品生产许可。（　　）

7. 某食品生产企业2017年被吊销许可证，该企业法定代表人在2020年可以从事食品生产管理工作、担任食品生产企业食品安全管理人员。（　　）

8. 某食品生产企业生产糕点及糖果，依据《食品生产许可管理办法》，需要申请两个食品生产许可证。（　　）

9. 食品生产许可实行一企一证原则，同一个食品生产者从事食品生产活动，应当取得一个食品生产许可证。（　　）

10. 申请人委托他人办理食品生产许可申请的，代理人应当提交授权委托书以及代理人的身份证明文件。（　　）

11. 食品生产企业对其生产食品的安全负责。（　　）

12. 从事食品生产，应当依法取得食品生产许可。（　　）

13. 对依照《食品安全法》规定实施的检验结论有异议的，食品生产企业可自行选择复检机构进行复检。（　　）

14. 食品生产企业应委托符合《食品安全法》规定的食品检验机构对所生产的食品进行检验，不可自行进行检验。（　　）

15. 根据《食品安全法》，任何单位或者个人不得阻挠、干涉食品安全事故的调查处理。（　　）

16. 任何单位和个人不得编造、散布虚假食品安全信息。（　　）

17. 王某因食品安全犯罪被判处有期徒刑，其五年后可从事食品生产管理工作，也可担任食品生产企业食品安全管理人员。（　　）

18. 食品生产企业未按规定在生产场所的显著位置悬挂或者摆放食品生产许可证的，由县级以上地方食品安全监督管理部门责令改正；拒不改正的，给予警告。（　　）

19. 食品生产企业应当配合食品安全监督管理部门的风险分级管理工作，不得拒绝、逃避或者阻碍。（　　）

20. 委托他人办理食品经营许可申请的，代理人应当提交授权委托书以及代理人的身份证明文件。（　　）

二、选择题

1. 被吊销许可证的食品生产企业及其法定代表人、直接负责的主管人员和其他直接责任人员自处罚决定作出之日起（　　）不得申请食品生产许可，或者从事食品生产管理工作、担任食品生产企业食品安全管理人员。

　　A. 五年内　　　　　　B. 八年内　　　　　　C. 十年内　　　　　　D. 终身

2. 因食品安全犯罪被判处有期徒刑以上刑罚的，（　　）不得从事食品生产管理工作，也不得担任食品生产企业食品安全管理人员。

　　A. 二年　　　　　　　B. 三年　　　　　　　C. 五年　　　　　　　D. 终身

3. 食品生产许可证有效期为（　　）年。
A.3　　　　　　　　B.4　　　　　　　　C.5　　　　　　　　D.6

4. 食品生产许可证（　　）。
A. 正本和副本具有同等法律效力　　　　B. 正本的法律效力大于副本的法律效力
C. 正本的法律效力小于副本的法律效力　　D. 副本不具有法律效力

5. 食品生产许可证有效期内，现有工艺设备布局和工艺流程、主要生产设备设施、食品类别等事项发生变化，需要变更食品生产许可证载明的许可事项的，食品生产企业应当在变化后（　　）内向原发证的食品安全监督管理部门提出变更申请。
A.30个工作日　　　B.20个工作日　　　C.10个工作日　　　D.15个工作日

6. 某食品生产企业食品生产许可证有效期至2019年1月1日，该企业为了延续生产许可的有效期，可在（　　）前向原发证的食品安全监督管理部门提出申请。
A.2018年12月31日　　B.2018年12月1日
C.2019年1月1日　　　D.2018年11月13日

7. 许可申请人隐瞒真实情况或者提供虚假材料申请食品生产许可的，申请人在（　　）年内不得再次申请食品生产许可。
A.1　　　　　　　　B.2　　　　　　　　C.3　　　　　　　　D.5

8. 餐饮服务提供者申办《食品经营许可证》时，正确的做法是（　　）。
A. 一所学校内有多个食堂（厨房独立设置）的，只需申办一个许可证
B. 一家宾馆内有多个餐厅（厨房独立设置）的，只需申办一个许可证
C. 同一法定代表人的餐饮连锁企业，只需申办一个许可证
D. 食品经营许可实行一地一证原则，每个经营场所均需要申办许可证

9. 被吊销许可证的餐饮服务提供者，其法定代表人、直接负责的主管人员和其他直接责任人员自处罚决定作出之日起（　　）年内不得申请食品生产经营许可、从事食品生产经营管理工作和担任食品生产经营企业食品安全管理人员。
A.2　　　　　　　　B.3　　　　　　　　C.4　　　　　　　　D.5

10. 餐饮服务提供者应当在经营场所的显著位置悬挂或者摆放（　　）。
A. 营业执照　　　　B. 酒类流通许可证　　C. 食品经营许可证　　D. 税务登记证

11. 造成细菌性食物中毒的常见原因为（　　）。
A. 原料腐败变质　　　　　　　　B. 加工过程发生生熟交叉污染
C. 从业人员带菌污染食品　　　　D. 食品未烧熟煮透

12. 食品安全标准应当包括（　　）。
A. 食品生产经营过程的卫生要求　　B. 与食品安全有关的质量要求
C. 食品检验方法与规程　　　　　　D. 食品中兽药、重金属等限量规定

13. 食品标志不得标注（　　）。
A. 或者暗示具有预防、治疗疾病作用
B. 非保健食品明示或者暗示具有保健作用
C. 违背科学常识的内容
D. 封建迷信内容

14. （　　）应立即洗手。
A. 开始工作前　　　　　　　　B. 上厕所后
C. 处理弄污的设备或饮食用具后　　D. 咳嗽、打喷嚏或擤鼻子后

15. 餐饮服务单位食品制作加工中禁止使用食品添加剂的情况有（   ）。
   A. 在即食食品（不包括预包装食品）中使用合成色素、漂白剂、防腐剂等
   B. 食品半成品加工制作中使用合成色素、漂白剂、防腐剂等食品添加剂
   C. 因加工工艺使用膨松剂
   D. 因加工工艺使用面包改良剂
16. 食品经营项目分为（   ）。
   A. 预包装食品销售   B. 散装食品销售   C. 特殊食品销售   D. 其他类食品销售
17. 从业人员工作服管理要求（   ）。
   A. 工作服（包括衣、帽、口罩）宜用白色或浅色布料制作，专间工作服宜从颜色或式样上予以区分
   B. 工作服应定期更换，保持清洁
   C. 从业人员上卫生间前应在食品处理区内脱去工作服
   D. 待清洗的工作服可以放在食品处理区
18. 餐饮服务提供者加工制作菜品时，（   ）。
   A. 可以添加西药   B. 可以添加中草药
   C. 可以添加按照传统既是食品又是中药材的物质   D. 不添加药品
19. 正确清洗餐用具的方法包括（   ）。
   A. 直接用流水冲洗后用干布擦干备用
   B. 刮掉沾在餐饮具表面上的食物残渣
   C. 用含洗涤剂溶液洗净餐饮具表面
   D. 最后用清水冲去残留的洗涤剂
20. 一般按病原物分类，可将食物中毒分为（   ）。
   A. 细菌性食物中毒   B. 真菌及其毒素食物中毒
   C. 动物性食物中毒   D. 化学性食物中毒
21. 符合《食品安全法》规定的是（   ）。
   A. 以甲醇为原料生产白酒   B. 用工业用乙酸勾兑食醋
   C. 在辣椒酱中添加苏丹红   D. 焙制面包时按食品安全国家标准加入小苏打
22. （   ）可以依法进行生产。
   A. 无标签的预包装食品
   B. 以按照传统既是食品又是中药材的物质为原料生产的食品
   C. 以病死的肉类为原料生产的食品
   D. 以回收食品为原料生产的食品
23. 食品生产企业生产的食品中不得添加（   ）。
   A. 食品添加剂   B. 按照传统既是食品又是中药材的物质
   C. 食用农产品   D. 药品
24. 食品生产企业的（   ）应当对本企业的食品安全工作全面负责。
   A. 品控人员   B. 检验人员   C. 技术人员   D. 主要负责人
25. 根据《食品安全法》的要求，食品生产企业的主要负责人应当落实企业食品安全管理制度，对本企业的（   ）全面负责。
   A. 客户订单跟踪   B. 企业固定资产   C. 食品安全工作   D. 企业对外宣传
26. 根据《食品安全法》，食品生产企业应当建立食品安全（   ）制度，定期对食品安全状况进行检查评价。

A. 自查　　　　　　B. 风险　　　　　　C. 检验　　　　　　D. 防范

27. 食品生产企业有发生食品安全事故潜在风险的，应当（　　）并向所在地食品安全监督管理部门报告。

　　A. 边生产边整改　　　　　　　　　　B. 在三日内停止食品生产活动
　　C. 立即停止食品生产活动　　　　　　D. 保持正常生产

28. 根据《食品安全法》，国家鼓励食品生产企业符合良好生产规范要求，实施（　　），提高食品安全管理水平。

　　A. 食品安全自查　　　　　　　　　　B. 风险分级管理
　　C. 危害分析与关键控制点体系　　　　D. 食品召回

29. 根据《食品安全法》，对食品保质期描述正确的是（　　）。

　　A. 保持食品风味的期限　　　B. 保持食品不腐败变质的期限
　　C. 保持食品营养的期限　　　D. 食品在标明的贮存条件下保持品质的期限

30. 对依照《食品安全法》规定实施的检验结论有异议的，食品生产企业可以自收到检验结论之日起（　　）内提出复检申请。

　　A. 七个工作日　　B. 十个工作日　　C. 十五个工作日　　D. 三十个工作日

31. 食品生产企业的进货查验记录应当如实记录食品、食品添加剂、食品相关产品的（　　）。

　　A. 名称　　　　　　B. 规格　　　　　　C. 数量　　　　　　D. 进货日期

32. 晨检时发现从业人员存在（　　），应立即将其调离接触直接入口食品的工作岗位（　　）。

　　A. 发热　　　　　　B. 腹泻　　　　　　C. 皮肤伤口或感染　　D. 头晕

33. 对违反食品安全法律法规规定餐饮服务提供者，可以处（　　）。

　　A. 罚款　　　　　　B. 吊销许可证　　　C. 行政拘留　　　　D. 判刑

34. （　　）属于"三品一标"产品。

　　A. 无公害农产品　　B. 绿色食品　　　　C. 名牌产品　　　　D. 驰名商标

35. 保健食品生产企业应具有空气洁净度检测设备和人员，定期开展的检测项目有（　　）。

　　A. 二氧化硫　　　　B. 悬浮粒子　　　　C. 浮游菌　　　　　D. 沉降菌

36. 具有（　　）情形之一，由有关主管部门按照各自职责分工，责令改正，给予警告；拒不改正的，处二千元以上二万元以下罚款；情节严重的，责令停业停产，直至吊销许可证。

　　A. 未建立并遵守查验记录制度、出厂检验记录制度
　　B. 制定食品安全企业标准未依照《食品安全法》规定备案
　　C. 未按规定要求贮存、销售食品或者清理库存食品
　　D. 进货时未查验许可证和相关证明文件

37. 《食品安全法》禁止生产经营的食品有（　　）。

　　A. 未经检疫的肉类　　　　　　　　　B. 腐烂变质食品
　　C. 未经冷藏的食品　　　　　　　　　D. 超过保质期限的食品

38. 餐用具使用卫生要求（　　）。

　　A. 不得重复使用一次性餐饮具
　　B. 已消毒和未消毒的餐用具应分开存放
　　C. 使用过的一次性餐具，经冲洗后仍可以使用
　　D. 已消毒和未消毒的餐用具不用分开存放

39. 食品生产经营单位必须做到（　　）。

　　A. 取得相应资质许可　　　　　　　　B. 建立自身的食品安全管理制度

C. 对监管部门食品抽检要付相应检验费　　　D. 接受监管部门依法实施的监督检查

40. 经检测，某企业生产并上市的某批次花生酱被致病菌污染，此时该企业应采取的合理措施有（　　）。

A. 立即停止生产　　　　　　　　　　　B. 召回已经上市销售的花生酱

C. 告知消费者停止食用　　　　　　　　D. 告知经销商自行处理回收的花生酱

模块五
食品安全监管

学习目标

掌握食品生产经营风险分级的定义、意义、等级评定;掌握食品安全责任约谈的范围;掌握食品安全信用档案的内容;了解食品安全投诉与有奖举报。

思政小课堂

事件一 经营感官性状异常的猪肉事件

儋州市××配送有限公司通过某平台线上销售、线下配送的猪肉(排骨、半肥瘦肉)出现颜色发黑变暗、异味臭味等感官性状异常的问题。××配送公司经营感官性状异常的猪肉,涉案货值金额6072元,违法所得6072元。儋州市场监督管理局对××配送有限公司没收感官性状异常的猪肉199.4斤、罚款2万元。《食品安全法》第34条规定,禁止生产经营腐败变质、油脂酸败、霉变生虫、污秽不洁、混有异物、掺假掺杂或者感官性状异常的食品、食品添加剂。生鲜配送企业应加强配货产品查验,确保配送的食品安全合规。

事件二 主动召回问题食品事件

深圳市场监督管理局发布2021年食品安全抽样检验情况通报(第三十六期)。通报显示,××面粉有限公司生产的家用小麦粉脱氧雪腐镰刀菌烯醇不合格,标准要求为≤1000μg/kg,检验结果为1.24×10^3μg/kg。2021年10月21日该公司收到遂平县市场监督管理局送达的家用小麦粉(橙)2021-08-14批次产品抽检不合格的通知。公司对此高度重视,立即组织专项小组全面排查,追溯对应批次产品的生产和发货记录,对相同批次产品采取停售措施,并对市场上同批次产品紧急召回,并已按要求完成所有核查处置工作。针对旗下小麦粉产品个别批次被抽检出脱氧雪腐镰刀菌烯醇的超标事件,该公司在微信公众号发表声明称,该事件属于偶发性事件,主要因偶发性小麦原粮污染所致,目前全部产品已经召回并在市场监管部门的全程监管下进行了无害化处理。

通过学习,要养成诚实守信的良好品德,培养对法律的敬畏感;培养包容、协作、团结的合作意识。

项目一　产前食品安全监管

一、食品生产、经营许可

食品生产许可管理办法解读　　申请食品生产许可的条件

食品安全是民生工程、民心工程，因此需牢固树立以人民为中心的发展理念，落实"四个最严"的要求，切实保障人民群众"舌尖上的安全"。

根据《食品安全法》《中华人民共和国行政许可法》《中华人民共和国食品安全法实施条例》等法律法规，以及国家市场监督管理总局发布的《食品生产许可管理办法》、原国家食品药品监督管理总局发布及修正的《食品经营许可管理办法》规定，从事食品生产活动，应当依法取得食品生产许可；从事食品销售和餐饮服务活动，应当依法取得食品经营许可。但是，销售食用农产品，不需要取得许可。

1. 许可原则

食品生产许可实行一企一证原则，即同一个食品生产者从事食品生产活动，应当取得一个食品生产许可证。

食品经营许可实行一地一证原则，即食品经营者在一个经营场所从事食品经营活动，应当取得一个食品经营许可证。

食品生产、经营许可遵循依法、公开、公平、公正、便民、高效的原则。食品生产许可申请、受理、审查、发证、查询等全流程网上办理，发放食品生产许可电子证书（电子证书和纸质证书拥有同等的法律效力）。

食品生产许可按照食品的风险程度，结合食品原料、生产工艺等因素，对食品生产实施分类许可。食品经营许可按照食品经营主体业态和经营项目的风险程度对食品经营实施分类许可。

2. 食品生产/经营许可申请

（1）受理部门　申请食品生产/经营许可，应当先取得营业执照等合法主体资格并符合相关条件，向申请人所在地县级以上地方市场监督管理部门提交食品生产/经营许可申请书及相关必要且重要的材料。

保健食品、特殊医学用途配方食品、婴幼儿配方食品、婴幼儿辅助食品、食盐等食品的生产许可，由省、自治区、直辖市市场监督管理部门负责。

市场监督管理部门可以委托下级市场监督管理部门，对受理的食品生产许可申请进行现场核查。特殊食品现场核查原则上不得委托下级市场监督管理部门。

（2）申请食品生产许可　申请食品生产许可，应当符合下列条件：

① 具有与生产的食品品种、数量相适应的食品原料处理和食品加工、包装、贮存等场所，保持该场所环境整洁，并与有毒、有害场所及其他污染源保持规定的距离。

② 具有与生产的食品品种、数量相适应的生产设备或者设施，有相应的消毒、更衣、

盥洗、采光、照明、通风、防腐、防尘、防蝇、防鼠、防虫、洗涤，以及处理废水、存放垃圾和废弃物的设备或者设施；保健食品生产工艺有原料提取、纯化等前处理工序的，需要具备与生产的品种、数量相适应的原料前处理设备或者设施。

③ 有专职或者兼职的食品安全专业技术人员、食品安全管理人员和保证食品安全的规章制度。

④ 具有合理的设备布局和工艺流程，防止待加工食品与直接入口食品、原料与成品交叉污染，避免食品接触有毒物、不洁物。

⑤ 法律、法规规定的其他条件。

（3）申请食品经营许可，应当符合下列条件

① 具有与经营的食品品种、数量相适应的食品原料处理和食品加工、销售、贮存等场所，保持该场所环境整洁，并与有毒、有害场所以及其他污染源保持规定的距离。

② 具有与经营的食品品种、数量相适应的经营设备或者设施，有相应的消毒、更衣、盥洗、采光、照明、通风、防腐、防尘、防蝇、防鼠、防虫、洗涤，以及处理废水、存放垃圾和废弃物的设备或者设施。

③ 有专职或者兼职的食品安全管理人员和保证食品安全的规章制度。

④ 具有合理的设备布局和工艺流程，防止待加工食品与直接入口食品、原料与成品交叉污染，避免食品接触有毒物、不洁物。

⑤ 法律、法规规定的其他条件。

（4）申请材料　申请人应当如实向市场监督管理部门提交有关材料和反映真实情况，对申请材料的真实性负责，并在申请书等材料上签名或者盖章。申请材料以电子或纸质方式提交。符合法定要求的电子申请材料、电子证照、电子印章、电子签名、电子档案与纸质申请材料、纸质证照、实物印章、手写签名或者盖章、纸质档案具有同等法律效力。

① 申请食品生产许可，应当向申请人所在地县级以上地方市场监督管理部门提交下列材料：

a. 食品生产许可申请书。

b. 食品生产设备布局图和食品生产工艺流程图。

c. 食品生产主要设备、设施清单。

d. 专职或者兼职的食品安全专业技术人员、食品安全管理人员信息和食品安全管理制度。

申请保健食品、特殊医学用途配方食品、婴幼儿配方食品等特殊食品的生产许可，还应当提交与所生产食品相适应的生产质量管理体系文件及相关注册和备案文件。

② 从事食品添加剂生产活动，应当依法取得食品添加剂生产许可。申请食品添加剂生产许可，应当具备与所生产食品添加剂品种相适应的场所、生产设备或者设施、食品安全管理人员、专业技术人员和管理制度。

申请食品添加剂生产许可，应当向申请人所在地县级以上地方市场监督管理部门提交下列材料：

a. 食品添加剂生产许可申请书。

b. 食品添加剂生产设备布局图和生产工艺流程图。

c. 食品添加剂生产主要设备、设施清单。

d. 专职或者兼职的食品安全专业技术人员、食品安全管理人员信息和食品安全管理制度。

申请人申请生产多个类别食品的，由申请人按照省级市场监督管理部门确定的食品生产许可管理权限，自主选择其中一个受理部门提交申请材料。受理部门应当及时告知有相应审批权限的市场监督管理部门，组织联合审查。

③ 申请食品经营许可，应当向申请人所在地县级以上地方市场监督管理部门提交下列材料：

a. 食品经营许可申请书。

b. 营业执照或者其他主体资格证明文件复印件。

c. 与食品经营相适应的主要设备设施布局、操作流程等文件。

d. 食品安全自查、从业人员健康管理、进货查验记录、食品安全事故处置等保证食品安全的规章制度。利用自动售货设备从事食品销售的，申请人还应当提交自动售货设备的产品合格证明、具体放置地点，经营者名称、住所、联系方式，食品经营许可证的公示方法等材料。申请人委托他人办理食品经营许可申请的，代理人应当提交授权委托书及代理人的身份证明文件。

（5）申报　申请食品生产许可，按照食品类别提出：粮食加工品，食用油、油脂及其制品，调味品，肉制品，乳制品，饮料，方便食品，饼干，罐头，冷冻饮品，速冻食品，薯类和膨化食品，糖果制品，茶叶及相关制品，酒类，蔬菜制品，水果制品，炒货食品及坚果制品，蛋制品，可可及焙烤咖啡产品，食糖，水产制品，淀粉及淀粉制品，糕点，豆制品，蜂产品，保健食品，特殊医学用途配方食品，婴幼儿配方食品，特殊膳食食品，其他食品等。

申请食品经营许可，按照食品经营主体业态和经营项目分类提出。食品经营主体业态分为食品销售经营者、餐饮服务经营者、单位食堂。食品经营者申请通过网络经营、建立中央厨房或者从事集体用餐配送的，应当在主体业态后以括号标注。食品经营项目分为预包装食品销售（含冷藏冷冻食品、不含冷藏冷冻食品）、散装食品销售（含冷藏冷冻食品、不含冷藏冷冻食品）、特殊食品销售（保健食品、特殊医学用途配方食品、婴幼儿配方乳粉、其他婴幼儿配方食品）、其他类食品销售；热食类食品制售、冷食类食品制售、生食类食品制售、糕点类食品制售、自制饮品制售、其他类食品制售等。列入其他类食品销售和其他类食品制售的具体品种应当报国家市场监督管理总局批准后执行，并明确标注。具有热、冷、生、固态、液态等多种情形，难以明确归类的食品，可以按照食品安全风险等级最高的情形进行归类。

（6）受理、审查与决定

① 受理。县级以上地方市场监督管理部门对申请人提出的食品生产/经营许可申请，应当根据下列情况分别作出处理：

a. 申请事项依法不需要取得食品生产/经营许可的，应当即时告知申请人不受理。

b. 申请事项依法不属于市场监督管理部门职权范围的，应当即时作出不予受理的决定，并告知申请人向有关行政机关申请。

c. 申请材料存在可以当场更正的错误的,应当允许申请人当场更正,由申请人在更正处签名或者盖章,注明更正日期。

d. 申请材料不齐全或者不符合法定形式的,应当当场或者在5个工作日内一次告知申请人需要补正的全部内容。当场告知的,应当将申请材料退回申请人;在5个工作日内告知的,应当收取申请材料并出具收到申请材料的凭据。逾期不告知的,自收到申请材料之日起即为受理。

e. 申请材料齐全、符合法定形式,或者申请人按照要求提交全部补正材料的,应当受理食品生产/经营许可申请。

县级以上地方市场监督管理部门对申请人提出的申请决定予以受理的,应当出具受理通知书;决定不予受理的,应当出具不予受理通知书,说明不予受理的理由,并告知申请人依法享有申请行政复议或者提起行政诉讼的权利。

② 审查。食品生产者有下列情形之一的,审批部门应当按照申请食品生产许可的要求审查:

a. 首次申请食品生产许可的。

b. 食品生产许可证有效期届满后提出许可申请的。

c. 生产场所迁址,申请办理许可手续的。

d. 食品生产者的生产条件发生重大变化,不再符合食品生产要求,需要重新办理许可手续的。

县级以上地方市场监督管理部门应当对申请人提交的申请材料进行审查。需要对申请材料的实质内容进行核实的,因食品安全国家标准发生重大变化,国家和省级市场监督管理部门决定对已获得食品生产许可的食品生产者组织重新核查的,以及法律、法规和规章规定需要实施现场核查的其他情形等,应当进行现场核查。

仅申请预包装食品销售(不含冷藏冷冻食品)的,以及食品经营许可变更不改变设施和布局的,可以不进行现场核查。

食品生产/经营许可现场核查程序如下:

市场监督管理部门开展食品生产许可现场核查时,应当按照申请材料进行核查。食品生产许可现场核查范围主要包括生产场所、设备设施、设备布局和工艺流程、人员管理、管理制度及其执行情况,对首次申请许可或者增加食品类别的变更许可的,应当按照相应审查细则和执行标准的要求核查试制食品的检验报告。审查细则对现场核查相关内容进行细化或者有特殊要求的,应当一并核查并在《食品、食品添加剂生产许可现场核查评分记录表》中记录。申请变更及延续的,申请人声明其生产条件及周边环境发生变化的,应当就变化情况实施现场核查。开展食品添加剂生产许可现场核查时,可以根据食品添加剂品种特点,核查试制食品添加剂的检验报告和复配食品添加剂配方等。试制食品检验可以由生产者自行检验,或者委托有资质的食品检验机构检验。

食品生产/经营许可现场核查应当由食品安全监管人员进行,根据需要可以聘请专业技术人员作为核查人员参加现场核查。核查人员不得少于2人。核查人员应当出示有效证件,填写《食品生产/经营许可现场核查表》,制作现场核查记录,经申请人核对无误后,由核查人员和申请人在核查表和记录上签名或者盖章。申请人拒绝签名或者盖章的,核查人员应当注明情况。

申请保健食品、特殊医学用途配方食品、婴幼儿配方乳粉生产许可,在产品注册或者产品配方注册时经过现场核查的项目,申请延续换证,申请人声明生产条件未发生变化的,可以不再重复进行现场核查。

市场监督管理部门可以委托下级市场监督管理部门,对受理的食品生产/经营许可申请进行现场核查。特殊食品生产许可的现场核查原则上不得委托下级市场监督管理部门实施。

因申请人下列原因之一,导致食品生产许可现场核查无法正常开展的,核查组应当如实向委派其实施现场核查的市场监督管理部门报告,现场核查的结论判定为未通过现场核查:

a. 不配合实施现场核查的。
b. 现场核查时生产设备设施不能正常运行的。
c. 存在隐瞒有关情况或者提供虚假材料申请食品生产许可的。
d. 其他因申请人主观原因导致现场核查无法正常开展的。

食品生产/经营许可核查人员应当自接受现场核查任务之日起5(生产)个工作日/10(经营)个工作日内,完成对生产/经营场所的现场核查。

因不可抗力原因,或者供电、供水等客观原因导致食品生产许可现场核查无法正常开展的,申请人应当向审批部门书面提出许可中止申请。中止时间原则上不超过10个工作日,中止时间不计入食品生产许可审批时限。

因自然灾害等原因造成申请人生产条件不符合规定条件的,申请人应当申请终止许可。申请人申请的中止时间到期仍不能开展食品生产许可现场核查的,审批部门应当终止许可。

因申请人涉嫌食品安全违法被立案调查或涉嫌食品安全犯罪被立案侦查的,审批部门应当中止生产许可程序。中止时间不计入食品生产许可审批时限。

立案调查作出行政处罚决定为限制开展生产经营活动、责令停产停业、责令关闭、限制从业、暂扣许可证件、吊销许可证件的,或者立案侦查后移送检察院起诉的,应当终止生产许可程序;立案调查作出行政处罚决定为警告、通报批评、罚款、没收违法所得、没收非法财物的,且申请人履行行政处罚的,或者立案调查、立案侦查作出撤案决定的,申请人申请恢复生产许可的,应当恢复生产许可程序。

③ 决定。除可以当场作出行政许可决定的外,县级以上地方市场监督管理部门应当自受理申请之日起10(生产)个工作日/20(经营)个工作日内作出是否准予行政许可的决定。因特殊原因需要延长期限的,经行政机关负责人批准,可以延长5(生产)个工作日/10(经营)个工作日,并应当将延长期限的理由告知申请人。

县级以上地方市场监督管理部门应当根据申请材料审查和现场核查等情况,对符合条件的,作出准予生产/经营许可的决定,并自作出决定之日起5(生产)个工作日/10(经营)个工作日内向申请人颁发食品生产/经营许可证;对不符合条件的,应当及时作出不予许可的书面决定并说明理由,同时告知申请人依法享有申请行政复议或者提起行政诉讼的权利。

食品生产许可证办理流程图如图5-1所示,食品经营许可证办理流程图如图5-2所示。

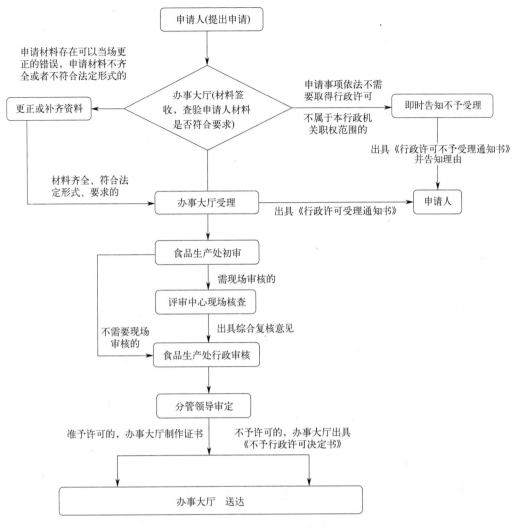

图 5-1 食品生产许可证办理流程图

3. 食品生产／经营许可证的管理

食品生产许可证分为正本、副本和品种明细表（图 5-3 ～图 5-5）。正本、副本具有同等法律效力。食品生产许可证应当载明：生产者名称、社会信用代码、法定代表人（负责人）、住所、生产地址、食品类别、许可证编号、有效期、发证机关、发证日期和二维码。副本还应当载明食品明细。生产保健食品、特殊医学用途配方食品、婴幼儿配方食品的，还应当载明产品或者产品配方的注册号或者备案登记号；接受委托生产保健食品的，还应当载明委托企业名称及住所等相关信息。食品生产许可证编号由 SC（"生产"的汉语拼音字母缩写）和 14 位阿拉伯数字组成。数字从左至右依次为：3 位食品类别编码、2 位省（自治区、直辖市）代码、2 位市（地）代码、2 位县（区）代码、4 位顺序码、1 位校验码。

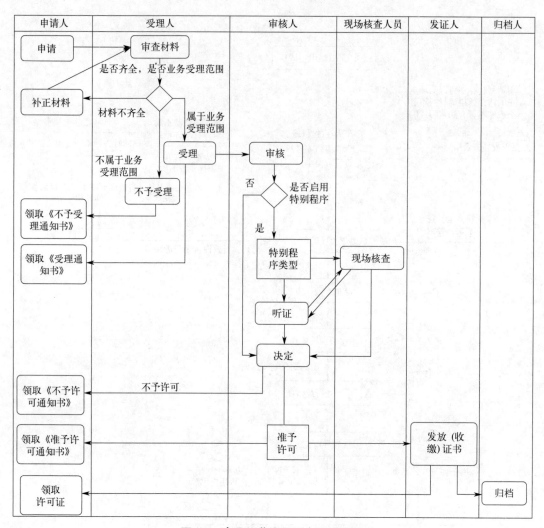

图 5-2　食品经营许可证办理流程图

图 5-3　食品生产许可证正本

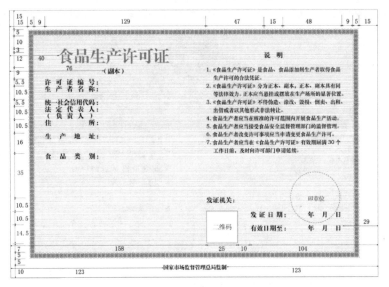

图 5-4　食品生产许可证副本

图 5-5　食品生产许可品种明细表

食品经营许可证分为正本、副本（图 5-6、图 5-7）。正本、副本具有同等法律效力。食品经营许可证应当载明：经营者名称、社会信用代码（个体经营者为身份证号码）、法定代表人（负责人）、住所、经营场所、主体业态、经营项目、许可证编号、有效期、日常监督管理机构、日常监督管理人员、投诉举报电话、发证机关、签发人、发证日期和二维码。在经营场所外设置仓库（包括自有和租赁）的，还应当在副本中载明仓库具体地址。食品经营许可证编号由 JY（"经营"的汉语拼音字母缩写）和 14 位阿拉伯数字组成。数字从左至右依次为：1 位主体业态代码、2 位省（自治区、直辖市）代码、2 位市（地）代码、2 位县（区）代码、6 位顺序码、1 位校验码。

图 5-6　食品经营许可证正本

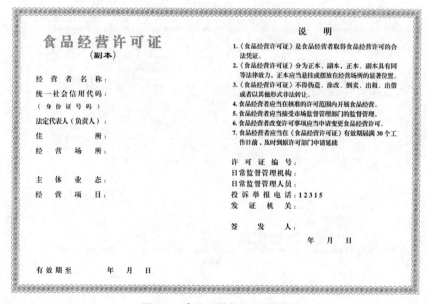

图 5-7　食品经营许可证副本

4. 许可证变更、延续、补办与注销

（1）食品生产许可证的变更、延续与注销　食品生产许可证有效期内，食品生产者名称、现有设备布局和工艺流程、主要生产设备设施、食品类别等事项发生变化，需要变更食品生产许可证载明的许可事项的，食品生产者应当在变化后 10 个工作日内向原发证的市场监督管理部门提出变更申请。

食品生产者的生产场所迁址的，应当重新申请食品生产许可。

食品生产许可证副本载明的同一食品类别内的事项发生变化的，食品生产者应当在变化后 10 个工作日内向原发证的市场监督管理部门报告。

食品生产者的生产条件发生变化，不再符合食品生产要求，需要重新办理许可手续的，应当依法办理。

申请变更食品生产许可，应当提交下列申请材料：
① 食品生产许可变更申请书。
② 与变更食品生产许可事项有关的其他材料。

食品生产者需要延续依法取得的食品生产许可的有效期，应当在该食品生产许可有效期届满30个工作日前，向原发证的市场监督管理部门提出申请。

食品生产者申请延续食品生产许可，应当提交下列材料：
① 食品生产许可延续申请书。
② 与延续食品生产许可事项有关的其他材料。

保健食品、特殊医学用途配方食品、婴幼儿配方食品的生产企业申请延续食品生产许可的，还应当提供生产质量管理体系运行情况的自查报告。

县级以上地方市场监督管理部门应当根据被许可人的延续申请，在该食品生产许可有效期届满前作出是否准予延续的决定。

县级以上地方市场监督管理部门应当对变更或者延续食品生产许可的申请材料进行审查，并按照规定实施现场核查。

申请人声明生产条件未发生变化的，县级以上地方市场监督管理部门可以不再进行现场核查。

申请人的生产条件及周边环境发生变化，可能影响食品安全的，市场监督管理部门应当就变化情况进行现场核查。

保健食品、特殊医学用途配方食品、婴幼儿配方食品注册或者备案的生产工艺发生变化的，应当先办理注册或者备案变更手续。

市场监督管理部门决定准予变更的，应当向申请人颁发新的食品生产许可证。食品生产许可证编号不变，发证日期为市场监督管理部门作出变更许可决定的日期，有效期与原证书一致。但是，对因迁址等原因而进行全面现场核查的，其换发的食品生产许可证有效期自发证之日起计算。

因食品安全国家标准发生重大变化，国家和省级市场监督管理部门决定组织重新核查而换发的食品生产许可证，其发证日期以重新批准日期为准，有效期自重新发证之日起计算。

市场监督管理部门决定准予延续的，应当向申请人颁发新的食品生产许可证，许可证编号不变，有效期自市场监督管理部门作出延续许可决定之日起计算。

不符合许可条件的，市场监督管理部门应当作出不予延续食品生产许可的书面决定，并说明理由。

食品生产者终止食品生产，食品生产许可被撤回、撤销，应当在20个工作日内向原发证的市场监督管理部门申请办理注销手续。

食品生产者申请注销食品生产许可，应当向原发证的市场监督管理部门提交食品生产许可注销申请书。

食品生产许可被注销的，许可证编号不得再次使用。

有下列情形之一，食品生产者未按规定申请办理注销手续的，原发证的市场监督管理部门应当依法办理食品生产许可注销手续，并在网站进行公示：

① 食品生产许可有效期届满未申请延续的。
② 食品生产者主体资格依法终止的。
③ 食品生产许可依法被撤回、撤销或者食品生产许可证依法被吊销的。
④ 因不可抗力导致食品生产许可事项无法实施的。
⑤ 法律法规规定的应当注销食品生产许可的其他情形。

（2）**食品经营许可证的变更、延续、补办与注销**　食品经营许可证载明的许可事项发生变化的，食品经营者应当在变化后 10 个工作日内向原发证的市场监督管理部门申请变更经营许可。经营场所发生变化的，应当重新申请食品经营许可。外设仓库地址发生变化的，食品经营者应当在变化后 10 个工作日内向原发证的市场监督管理部门报告。

申请变更食品经营许可，应当提交下列申请材料：
① 食品经营许可变更申请书。
② 食品经营许可证正本、副本。
③ 与变更食品经营许可事项有关的其他材料。

食品经营者需要延续依法取得的食品经营许可的有效期，应当在该食品经营许可有效期届满 30 个工作日前，向原发证的市场监督管理部门提出申请。

食品经营者申请延续食品经营许可，应当提交下列材料：
① 食品经营许可延续申请书。
② 食品经营许可证正本、副本。
③ 与延续食品经营许可事项有关的其他材料。

县级以上地方市场监督管理部门应当根据被许可人的延续申请，在该食品经营许可有效期届满前作出是否准予延续的决定。

县级以上地方市场监督管理部门应当对变更或者延续食品经营许可的申请材料进行审查。申请人声明经营条件未发生变化的，县级以上地方市场监督管理部门可以不再进行现场核查。申请人的经营条件发生变化，可能影响食品安全的，市场监督管理部门应当就变化情况进行现场核查。

原发证的市场监督管理部门决定准予变更的，应当向申请人颁发新的食品经营许可证。食品经营许可证编号不变，发证日期为市场监督管理部门作出变更许可决定的日期，有效期与原证书一致。

原发证的市场监督管理部门决定准予延续的，应当向申请人颁发新的食品经营许可证，许可证编号不变，有效期自市场监督管理部门作出延续许可决定之日起计算。不符合许可条件的，原发证的市场监督管理部门应当作出不予延续食品经营许可的书面决定，并说明理由。

食品经营许可证遗失、损坏，应当向原发证的市场监督管理部门申请补办，并提交下列材料：
① 食品经营许可证补办申请书。
② 食品经营许可证遗失的，申请人应当提交在县级以上地方市场监督管理部门网站或者其他县级以上主要媒体上刊登遗失公告的材料；食品经营许可证损坏的，应当提交损坏的食品经营许可证原件。材料符合要求的，县级以上地方市场监督管理部门应当在受理后 20 个工作日内予以补发。因遗失、损坏补发的食品经营许可证，许可证编号不变，发证日期和有效期与原证书保持一致。

食品经营者终止食品经营，食品经营许可被撤回、撤销或者食品经营许可证被吊销的，应当在30个工作日内向原发证的市场监督管理部门申请办理注销手续。

食品经营者申请注销食品经营许可，应当向原发证的市场监督管理部门提交下列材料：

① 食品经营许可注销申请书。

② 食品经营许可证正本、副本。

③ 与注销食品经营许可有关的其他材料。

有下列情形之一，食品经营者未按规定申请办理注销手续的，原发证的市场监督管理部门应当依法办理食品经营许可注销手续：

① 食品经营许可有效期届满未申请延续的。

② 食品经营者主体资格依法终止的。

③ 食品经营许可依法被撤回、撤销或者食品经营许可证依法被吊销的。

④ 因不可抗力导致食品经营许可事项无法实施的。

⑤ 法律法规规定的应当注销食品经营许可的其他情形。食品经营许可被注销的，许可证编号不得再次使用。

5. 法律责任

未取得食品生产经营许可从事食品生产经营活动，或者未取得食品添加剂生产许可从事食品添加剂生产活动的，由县级以上人民政府食品安全监督管理部门没收违法所得和违法生产经营的食品、食品添加剂以及用于违法生产经营的工具、设备、原料等物品；违法生产经营的食品、食品添加剂货值金额不足一万元的，并处五万元以上十万元以下罚款；货值金额一万元以上的，并处货值金额十倍以上二十倍以下罚款。明知从事前款规定的违法行为，仍为其提供生产经营场所或者其他条件的，由县级以上人民政府食品安全监督管理部门责令停止违法行为，没收违法所得，并处五万元以上十万元以下罚款；使消费者的合法权益受到损害的，应当与食品、食品添加剂生产经营者承担连带责任。

其他所有违反《食品安全法》《食品生产许可管理办法》《食品经营许可管理办法》等法律法规规定的行为都将由县级以上地方市场监督管理部门视情况和情节依照《食品安全法》《食品生产许可管理办法》《食品经营许可管理办法》及相关法律法规的规定给予处理或处罚。

二、检验检测机构资质认定

1. 概述

民以食为天，加强食品安全工作，关系我国14亿多人的身体健康和生命安全。因此，要全面做好食品安全工作，增强食品安全监管统一性和专业性，切实提高食品安全监管水平和能力；要加强食品安全依法治理，加强基层基础工作，建设职业化检查员队伍；加强全过程食品安全工作，严防、严管、严控食品安全风险，保证广大人民群众吃得放心、安心。各级政府在实施食品安全监管的过程中，检验检测机构起着不可或缺的作用。为了规范检验检测机构资质认定工作，优化准入程序，并加强检验检测机构监督管理工作，规范检验检测机构从业行为，营造公平有序的检验检测市场环境，国家市场监督管理总局制定了《检验检机构资质认定管理办法》（2021年修订本）和《检验检测机构监督管理办法》（39号令）。

检验检测机构：依法成立，依据相关标准或者技术规范，利用仪器设备、环境设施等技术条件和专业技能，对产品或者法律法规规定的特定对象进行检验检测的专业技术组织。

资质认定：市场监督管理部门依照法律、行政法规规定，对向社会出具具有证明作用的数据、结果的检验检测机构的基本条件和技术能力是否符合法定要求实施的评价许可。

资质认定技术评审：市场监管总局或者省级市场监督管理部门（统称资质认定部门）自行或者委托专业技术评价机构组织相关专业评审人员，对检验检测机构申请的资质认定事项是否符合资质认定条件及相关要求所进行的技术性审查。

检验检测机构资质认定是一项确保检验检测数据、结果的真实、客观、准确的行政许可制度，凡是在中华人民共和国境内向社会出具证明作用数据、结果的检验检测机构（无论是国企、民企、合资、外资机构）应取得资质认定。检验检测机构依法设立的从事检验检测活动的分支机构，应当依法取得资质认定后，方可从事相关检验检测活动。检验检测机构应当在资质认定证书规定的检验检测能力范围内，依据相关标准或者技术规范规定的程序和要求，出具检验检测数据、结果。

认定原则：检验检测机构资质认定工作应当遵循统一规范、客观公正、科学准确、公平公开、便利高效的原则。

2. 检验检测机构资质认定程序

（1）**受理部门**　国务院有关部门及相关行业主管部门依法成立的检验检测机构，其资质认定由国家市场监督管理总局负责组织实施；其他检验检测机构的资质认定，由其所在行政区域的省级市场监督管理部门负责组织实施。

（2）**符合基本条件**
① 依法成立并能够承担相应法律责任的法人或者其他组织。
② 具有与其从事检验检测活动相适应的检验检测技术人员和管理人员。
③ 具有固定的工作场所，工作环境满足检验检测要求。
④ 具备从事检验检测活动所必需的检验检测设备设施。
⑤ 具有并有效运行保证其检验检测活动独立、公正、科学、诚信的管理体系。
⑥ 符合有关法律法规或者标准、技术规范规定的特殊要求。

外方投资者在中国境内依法成立的检验检测机构，申请资质认定时，还应当符合我国外商投资法律法规的有关规定。

（3）**申请材料**　《检验检测机构资质认定申请书》及随《检验检测机构资质认定申请书》提交的附件。

（4）**申报**　检验检测机构资质认定程序分为一般程序和告知承诺程序。除法律、行政法规或者国务院规定必须采用一般程序或者告知承诺程序的外，检验检测机构可以自主选择资质认定程序。检验检测机构资质认定推行网上审批，有条件的市场监督管理部门可以颁发资质认定电子证书。

检验检测机构资质认定一般程序：申请资质认定的检验检测机构（以下简称申请人），应当向国家市场监管总局或者省级市场监督管理部门（统称资质认定部门）提交书面申请和相关材料，并对其真实性负责。

采用告知承诺程序实施资质认定的，按照国家市场监管总局有关规定执行。资质认定部门作出许可决定前，申请人有合理理由的，可以撤回告知承诺申请。告知承诺申请撤回后，申请人再次提出申请的，应当按照一般程序办理。

（5）受理、审查与决定

① 受理。资质认定部门应当对申请人提交的申请和相关材料进行初审，自收到申请之日起 5 个工作日内作出受理或者不予受理的决定，并书面告知申请人。

② 审查。资质认定部门自受理申请之日起，在 30 个工作日内，依据检验检测机构资质认定基本规范、评审准则的要求，完成对申请人的技术评审。技术评审包括书面审查和现场评审（或者远程评审）。资质认定部门根据技术评审需要和专业要求，可以自行或者委托专业技术评价机构组织实施技术评审。技术评审时间不计算在资质认定期限内，资质认定部门应当将技术评审时间告知申请人。由于申请人整改或者其他自身原因导致无法在规定时间内完成的情况除外。技术评审中发现有不符合要求的，应当书面通知申请人限期整改，整改期限不得超过 30 个工作日。逾期未完成整改或者整改后仍不符合要求的，相应评审项目应当判定为不合格。

③ 决定。资质认定部门自收到技术评审结论之日起，应当在 10 个工作日内，作出是否准予许可的决定。准予许可的，自作出决定之日起 7 个工作日内，向申请人颁发资质认定证书。不予许可的，应当书面通知申请人，并说明理由（图 5-8）。

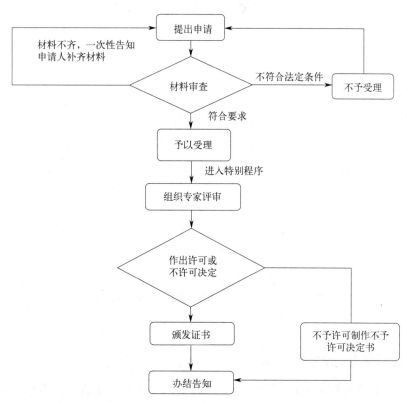

图 5-8　检验检测机构资质认定办理流程图

3. 资质认定证书管理

资质认定证书（图 5-9）内容包括：发证机关、获证机构名称和地址、检验检测能力范围、有效期限、证书编号、资质认定标志。检验检测机构资质认定标志，由 China Inspection Body and Laboratory Mandatory Approval 的英文缩写 CMA 形成的图案和资质认定证书编号组成。式样如图 5-9 所示。

图 5-9　检验检测机构资质认定证书

4. 资质认定证书变更、延续与注销

资质认定证书有效期为 6 年。需要延续资质认定证书有效期的，应当在其有效期届满 3 个月前提出申请。

资质认定部门根据检验检测机构的申请事项、信用信息、分类监管等情况，采取书面审查、现场评审（或者远程评审）的方式进行技术评审，并作出是否准予延续的决定。

对上一许可周期内无违反市场监管法律、法规、规章行为的检验检测机构，资质认定部门可以采取书面审查方式，对于符合要求的，予以延续资质认定证书有效期。

检验检测机构有下列情形之一的，应当向资质认定部门申请办理变更手续：

① 机构名称、地址、法人性质发生变更的。

② 法定代表人、最高管理者、技术负责人、检验检测报告授权签字人发生变更的。

③ 资质认定检验检测项目取消的。

④ 检验检测标准或者检验检测方法发生变更的。

⑤ 依法需要办理变更的其他事项。

获证机构在能力有变化时，应当按照程序，申请扩项。

检验检测机构有下列情形之一的，资质认定部门应当依法办理注销手续：

① 资质认定证书有效期届满，未申请延续或者依法不予延续批准的。

② 检验检测机构依法终止的。

③ 检验检测机构申请注销资质认定证书的。

④ 法律、法规规定应当注销的其他情形。

5. 法律责任

检验检测机构以欺骗、贿赂等不正当手段取得资质认定的，资质认定部门应当依法撤销资质认定。被撤销资质认定的检验检测机构，三年内不得再次申请资质认定。检验检测机构申请资质认定时提供虚假材料或者隐瞒有关情况的，资质认定部门应当不予受理或者不予许可。检验检测机构在一年内不得再次申请资质认定。

检验检测机构未依法取得资质认定，擅自向社会出具具有证明作用的数据、结果的，依照法律、法规的规定执行；法律、法规未作规定的，由县级以上市场监督管理部门责令限期改正，处3万元罚款。检验检测机构未按照规定办理变更手续的；未按照规定标注资质认定标志的，由县级以上市场监督管理部门责令限期改正；逾期未改正或者改正后仍不符合要求的，处1万元以下罚款。检验检测机构基本条件和技术能力不能持续符合资质认定条件和要求，擅自向社会出具具有证明作用的检验检测数据、结果的；超出资质认定证书规定的检验检测能力范围，擅自向社会出具具有证明作用的数据、结果的；法律、法规对撤销、吊销、取消检验检测资质或者证书等有行政处罚规定的，依照法律、法规的规定执行；法律、法规未作规定的，由县级以上市场监督管理部门责令限期改正，处3万元罚款。检验检测机构违反规定，转让、出租、出借资质认定证书或者标志，伪造、变造、冒用资质认定证书或者标志，使用已经过期或者被撤销、注销的资质认定证书或者标志的，由县级以上市场监督管理部门责令改正，处3万元以下罚款。

违反《食品安全法》规定，食品检验机构、食品检验人员出具虚假检验报告的，由授予其资质的主管部门或者机构撤销该食品检验机构的检验资质，没收所收取的检验费用，并处检验费用五倍以上十倍以下罚款，检验费用不足一万元的，并处五万元以上十万元以下罚款；依法对食品检验机构直接负责的主管人员和食品检验人员给予撤职或者开除处分；导致发生重大食品安全事故的，对直接负责的主管人员和食品检验人员给予开除处分。

违反《食品安全法》规定，受到开除处分的食品检验机构人员，自处分决定作出之日起十年内不得从事食品检验工作；因食品安全违法行为受到刑事处罚或者因出具虚假检验报告导致发生重大食品安全事故受到开除处分的食品检验机构人员，终身不得从事食品检验工作。食品检验机构聘用不得从事食品检验工作的人员的，由授予其资质的主管部门或者机构撤销该食品检验机构的检验资质。

食品检验机构出具虚假检验报告，使消费者的合法权益受到损害的，应当与食品生产经营者承担连带责任。

其他所有违反《食品安全法》《检验检测机构资质认定管理办法》等法律法规规定的行为都将由县级以上地方市场监督管理部门视情况和情节依照《食品安全法》《检验检测机构资质认定管理办法》及相关法律法规的规定给予处理或处罚。

项目二　产中食品安全监管

食品生产经营企业取得生产许可证资质后，在环境条件、生产布局、工艺流程、设备设施、出厂检验和质量控制体系方面都具备了保障食品安全的基本条件，但要真正使食品质量安全得到保证，离不开食品监管部门的监督检查。安全食品是产出来的，也是管出来的。只有坚持"产"出来和"管"出来两手抓，全面贯彻《食品安全法》和"四个最严"的要求，落实各监管部门的监督检查职责，才能确保老百姓舌尖上的食品的健康和安全。

监督检查是行政机关依法对生产经营者守法情况的检查活动。目的是对企业落实法定义务情况考察和查究，督促企业落实主体责任，保障产品质量安全。根据监督检查的目的、要求和方法，监督检查可以分为日常监督检查、飞行检查、专项整治、体系检查等。当前，食品生产监管着力构建以风险分级管理为原则、企业自查为前提、日常检查为基础、飞行检查为重点、体系检查为补充的监督检查工作体系。

一、日常监督检查

1. 概述

日常监督检查是落实习近平总书记"四个最严"要求的具体体现，是落实《食品安全法》对食品生产经营监管要求的重要措施。食品生产经营日常监督检查，是指食品监管部门的监督检查人员依照《食品生产经营日常监督检查管理办法》（简称"办法"）对食品生产经营者执行食品安全法律、法规、规章及标准、生产规范等情况，按照年度监督检查计划和监督管理工作需要实施的监督检查，是基层监管人员按照相应检查表格对食品生产经营者基本生产经营状况开展的合规检查。它主要是指对食品、食品添加剂生产及销售、餐饮服务环节、保健食品生产环节的食品生产经营活动实施日常监督管理，以督促食品生产经营者规范食品生产经营活动，从生产源头防范和控制风险隐患。它是食品生产监督检查体系中的一种常态化检查，是食品生产监督检查的主要方式和重要基础。一般来说，国家级食品监管部门负责指导全国食品生产日常监督检查工作，省级食品监管机构负责监督指导本行政区域内食品日常监督检查工作，市、县级食品监管机构负责实施本行政区域内食品生产日常监督检查工作。除此之外，日常监督检查也包括按照上级部门部署或根据本区食品安全状况开展的专项整治、接到投诉举报等开展的检查等情况。监督检查根据不同的目的和要求有不同的检查方式方法，日常监督检查始终是最常用、最基本的检查方法。

2. 特点

日常监督检查是为保证食品安全，由法律、法规授权的基层食品监管机构依据法定职责和程序对食品（含食品添加剂）生产经营者执行食品安全法律、法规以及食品安全标准等情况，实施的周期性行政监督和检查活动。主要具有以下特点：

① 属于行政行为，实施主体是行政机构，不同于行业监督、社会监督。

② 属于周期性监督，是基层监管部门主要职责，不同于体系检查、飞行检查等其他监督检查。

③ 是法定的检查，不以是否涉嫌违法为前提，区别于稽查办案。

④ 是食品安全监督管理的有效措施之一，是事中监管的方式，但不能代替食品安全监管管理的全部，因此它属于食品安全监督管理。

3. 主要内容

食品生产经营的日常监督检查事项主要包括食品生产者的生产环境条件、进货查验结果、生产过程控制、产品检验结果、贮存及交付控制、不合格产品管理和食品召回、从业人员管理、食品安全事故处置等内容。为贯彻落实《食品安全法》《食品生产经营日常监督检查管理办法》，指导各地做好食品生产经营日常监督检查工作，原国家食品药品监督管理总局研究制定了《食品生产经营日常监督检查要点表》和《食品生产经营日常监督检查结果记录表》，对食品生产、食品销售、餐饮服务、保健食品生产等不同类型食品生产经营者监督检查作出了统一规定，省级食品安全监督管理部门可以根据需要，对《日常监督检查要点表》进行细化、补充。

4. 日常监督检查工作程序

程序是保证实体法律正确实施、保证公平的前提。日常监督检查遵循以下程序进行：

① 根据企业监管名单，制定日常监督检查工作计划。

② 由监管部门制定具体检查方案。

③ 由监管部门确定监督检查人员，明确检查事项、抽检内容。

④ 检查人员现场出示有效证件。进入现场后，向检查对象出示执法证件，告知检查目的，介绍检查组成员、检查依据、检查内容、检查流程及检查纪律，要求检查对象指派并确定陪同人员。

⑤ 检查人员按照确定的检查项目、抽检内容开展监督检查与抽检。检查人员可以采取《食品生产经营日常监督检查管理办法》规定的措施开展监督检查。检查过程中，不论是否

发现违法情况,均应当场填写相应业态的《监督检查要点表》和《检查结果记录表》。对于检查的内容,尤其是发现的问题应当随时记录,并与检查对象相关人员进行确认。检查中发现违法情形,应制作《现场检查笔录》,对有关情况进行证据留存(如资料复印件、影视图像等)。必要时按相关程序采取抽样检验、先行登记保存或者查封、扣押等保全措施。

⑥ 确定监督检查结果,并对检查结果进行综合判定。

⑦ 检查人员和食品生产经营者在《日常监督检查结果记录表》及抽样检验等文书上签字或者盖章。

⑧ 根据《食品生产经营日常监督检查管理办法》对检查结果进行处理。

⑨ 及时公布监督检查结果。

食品生产经营环节日常监督检查流程如图 5-10 所示。

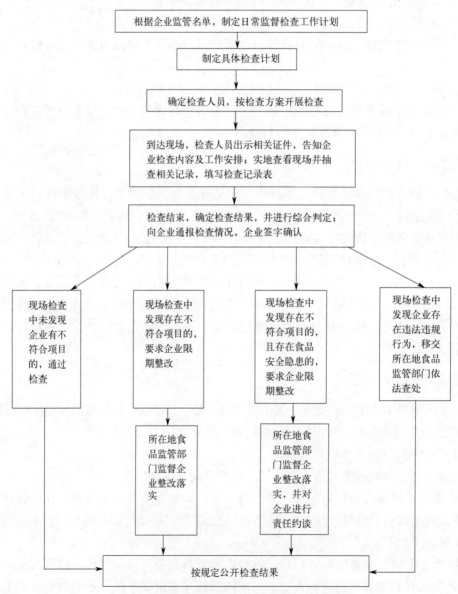

图 5-10 食品生产经营环节日常监督检查流程图

5. 方式和措施

实施食品生产经营日常监督检查，对重点项目以现场检查方式为主，对一般项目可以采取书面检查方式。书面检查、现场检查两种方式可结合使用。书面检查主要是指对企业书面材料、生产经营记录与实际情况是否符合的检查。现场检查是对书面材料、记录的验证，是检查其真实性的有效手段。日常监督检查的措施包括：

① 进入食品生产经营等场所实施现场检查。

② 对被检查单位生产经营的食品进行抽样检验。

③ 查阅、复制有关合同、票据、账簿及其他有关资料。

④ 查封、扣押有证据证明不符合食品安全标准或者有证据证明存在安全隐患及用于违法生产经营的食品、工具和设备。

⑤ 查封违法从事生产经营活动的场所。

⑥ 法律法规规定的其他措施。

6. 检查结果的判定和处理

监督检查结果分为符合、基本符合与不符合3种形式。按照对《检查要点表》的检查情况，检查中未发现问题的，检查结果判定为符合；发现小于8项一般项存在问题的，检查结果判定为基本符合；发现大于8项一般项或一项（含）以上重点项存在问题的，检查结果判定为不符合。但对于餐饮服务的检查结果判定，应当按《餐饮服务日常监督检查要点表》规定执行，即未发现检查的重点项和一般项存在问题，判定为符合；发现检查的重点项存在1项及以下不合格，且70%大于或等于一般项合格率小于100%，判定为基本符合；发现检查的重点项存在2项及以上不合格，或一般项合格率小于70%。判定为不符合。后处理包括：

（1）**监督结果公示**　市、县级食品监管部门应当于日常监督检查结束后2个工作日内，向社会公开日常监督检查时间、检查结果和检查人员姓名等信息。日常监督检查结束后2个工作日内，食品监管部门应当在生产经营场所醒目位置张贴《日常监督检查结果记录表》。食品生产经营者应当将张贴的《日常监督检查结果记录表》保持至下次日常监督检查。

（2）**一般问题整改**　对于日常监督检查结果属于基本符合的食品生产经营者，市、县级食品监管部门应当就监督检查中发现的问题书面提出限期整改要求。被检查单位应当按期进行整改，并将整改情况报告食品监管部门。监督检查人员可以跟踪整改情况，并记录整改结果。

（3）**食品安全隐患的处置**　对于日常监督检查结果为不符合、有发生食品安全事故潜在风险的，食品生产经营者应当立即停止食品生产经营活动。食品监管部门在日常监督检查中发现食品生产经营者存在食品安全隐患，未及时采取有效措施消除的，可以对食品生产经营者的法人代表或主要负责人进行责任约谈。责任约谈情况和整改情况应当记入食品生产经营者食品安全信任档案。

（4）**立案查处**　食品监管部门在日常监督检查中发现有食品安全违法行为的，应当进行立案调查处理。立案调查处理制作的笔录，以及拍照、录像等的证据保全措施，应当符合食品药品行政处罚程序相关规定。在日常监督检查中发现违法案件线索，不属于本部门职责或超出管辖范围的，应当及时移送有权处理的部门；涉嫌构成犯罪的，应当及时移送公安机关。

7. 法律责任

① 食品生产经营者撕毁、涂改《日常监督检查结果记录表》，或者未保持《日常监督检查结果记录表》至下次日常监督检查的，由市、县级食品监管部门责令改正，给予警告，并处 2000 元以上 3 万元以下罚款。

② 食品生产经营者违反《食品生产经营日常监督检查管理办法》第二十四条规定的，由县级以上食品监管部门按照《食品安全法》第一百二十六条第一款的规定进行处理。

③ 食品生产经营者有下列拒绝、阻挠、干涉食品监管部门进行监督检查情形之一的，由县级以上食品监管部门按照《食品安全法》第一百三十三条第一款的规定进行处理。这八种情形为：拒绝、拖延、限制监督检查人员进入被检查场所或者区域的，或者限制检查时间的；拒绝或者限制抽取样品、录像、拍照和复印等调查取证工作的；无正当理由不提供或者延迟提供与检查相关的合同、记录、票据、账簿、电子数据等材料的；声称主要负责人、主管人员或者相关工作人员不在岗，或者故意以停止生产经营等方式欺骗、误导、逃避检查的；以暴力、威胁等方法阻碍监督检查人员依法履行职责的；隐藏、转移、变卖、损毁监督检查人员依法查封、扣押的财物的；伪造、隐匿、毁灭证据或者提供虚假证言的；其他妨碍监督检查人员履行职责的。

④ 食品生产经营者拒绝、阻挠、干涉监督检查，违反治安管理处罚法有关规定的，由食品监管部门依法移交公安机关处理。

⑤ 食品生产经营者以暴力、威胁等方法阻碍监督检查人员依法履行职责，涉嫌构成犯罪的，由食品监管部门依法移交公安机关处理。

⑥ 监督检查人员在日常监督检查中存在失职渎职行为的，由任免机关或者监察机关依法对相关责任人追究行政责任；涉嫌构成犯罪的，依法移交司法机关处理。

二、飞行检查

1. 概述

飞行检查是具有监督管理权限的部门或组织检查被监督对象，主要目的是了解被监督对象的真实情况，发现其需要改进的问题。自 2006 年，食药监发布《药品 GMP 飞行检查暂行规定》，在药品行业建立了飞行检查制度，后又陆续在餐饮服务行业、医疗器械行业、食品行业、化妆品行业建立了飞行检查机制。食品（包括食品添加剂、特殊食品）生产飞行检查，是指食品安全监督管理部门针对获得生产许可证的食品生产者依法开展的不预先告知的有因监督检查，具有针对性、独立性和高效性。检查的内容可以涵盖《食品生产日常监督检查要点表》的全部项目，也可以有选择性地确定检查重点。还可以增加标签标识检查、核实投诉举报的情况，同时应检查当地监管部门的监管责任落实情况。此类检查是目前常态化的监督检查手段，主要以坚持问题导向和预防为主为原则，是在被检查单位不知晓的情况下进行的，启动慎重，行动快，因此可以及时反映食品企业最真实的问题。

食品飞行检查主要由国家级、省级、地市级食品监管机构组织执行。国家级食品监管部门负责制定食品生产飞行检查相关制度，重点检查大型和高风险地区实施办法；省级食品监管部门根据国家级食品监管部门食品生产飞行检查有关规定，制定本地区实施办法组织开展省级食品生产飞行检查，重点检查本行政区域内的大中型和高风险食品生产者；地市级食品监管部门在上级食品监管部门指导下，负责组织开展本行政区域内的飞行检查。对于同一有因事项，上级食品监管部门当年已经开展飞行检查的，下级食品监管部门原则上不再重复飞行检查。下级食品监管部门应当配合上级食品监管部门在本辖区开展的食品生产飞行检查，并根据检查结果做好后期处置工作。

2. 飞行检查工作流程

飞行检查坚持问题导向和预防为主的原则，采用"五不两直"的方式进行，即不发通知、不打招呼、不透漏检查信息、不听一般性汇报、不安排接待、直奔基层、直插现场。检查工作程序与日常监督检查有相同的部分，同时也存在差异，一般按照以下程序进行（图5-11）：

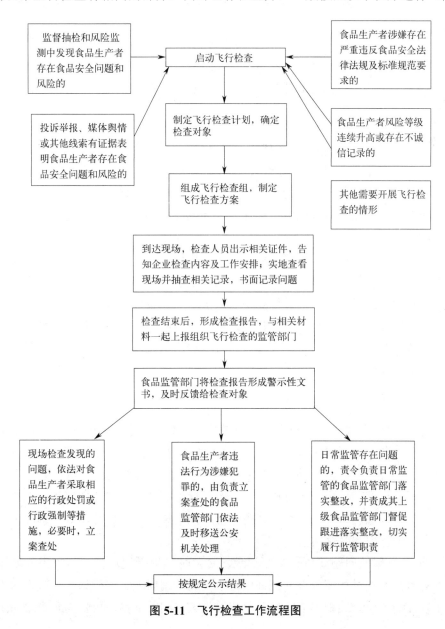

图 5-11 飞行检查工作流程图

① 制定飞行检查计划,确定检查对象。

② 组成飞行检查组,实行组长负责制,必要时可以邀请相关领域专家参加检查。

③ 检查组长制定飞行检查方案,明确检查时间、检查重点等事项。

④ 检查组成员按照规定时间到达指定地点,适时通知当地监管部门参与检查。

⑤ 到达检查现场,出示相关证件,告知检查事项及被检查企业的权利和义务。

⑥ 按照飞行检查方案开展飞行检查,书面记录发现问题,必要时拍摄现场情况、收集或复印相关文件资料,调查询问有关人员,并签字确认。

⑦ 发现当场可以整改的问题,督促立即整改和记录整改情况。需现场抽样检验的,检查组织抽样送检。

⑧ 对涉嫌违法违规的相关证据可能灭失或者难以取得的,需现场采取行政强制措施的,依法采取措施。

⑨ 检查组将现场检查情况告知被检查企业或当地监管部门,相关人员在记录材料上签字或盖章。可以听取被检查企业的陈述和申辩,如实记录有关情况。

⑩ 检查结束后,检查组形成检查报告,与相关材料一起上报组织飞行检查的监管部门。

3. 飞行检查启动

当食品安全监管机构遇到以下情况时,可以启动飞行检查:①监督抽检和风险监测中发现食品生产者存在食品安全问题和风险的;②投诉举报、媒体舆情或其他线索有证据表明食品生产者存在食品安全问题和风险的;③食品生产者涉嫌存在严重违反食品安全法律法规及标准规范要求的;④食品生产者风险等级连续升高或存在不诚信记录的;⑤其他需要开展飞行检查的情形。

食品安全监管机构进行飞行检查之前,应当依据被检查对象的有因情形,确定具体检查内容,制定检查方案,填写飞行检查任务书,明确检查对象、检查时间、检查人员、检查内容等事项。飞行检查组应当由 2 名及以上检查人员组成,实行组长负责制。组长应由食品监管部门具有行政执法资质的人员担任。检查人员检查时应当持有有效执法证件,或经食品监管部门以其他方式授权的检查证明。必要时,可以邀请相关领域专家、下级食品监管部门行政执法人员等参加检查。

4. 检查

① 检查组到达检查现场后,应当出示有效执法证件和飞行检查告知书,告知拟检查事项及被检查对象享有的权利和应尽的义务,并按照检查方案依法开展检查。

② 食品生产飞行检查可以按照食品生产的日常监督的内容进行,也可依据飞行检查启动的原因有针对性选取部分内容进行检查。一般飞行检查的检查重点内容为:企业生产许可条件持续保持情况、原辅材料进货查验、生产过程控制和产品出厂检验等关键环节,食品安全主体责任和各项管理制度落实情况等。

③ 检查组对发现的问题要进行书面记录,必要时可拍摄现场情况、收集或复印相关文件资料,并对有关人员进行调查询问。询问记录应经被询问人签字确认,如被询问人拒绝签字的,应予以注明。检查过程形成的记录及依法收集的相关证据,可作为负责食品生产者日

常监督检查的食品监管部门行政执法依据。

④ 需要现场抽样检验的，检查组应可以按照相关规定组织抽样送检，也可以责成负责日常监督检查的食品监管部门按规定抽样送检。所产生的抽样检验费用由组织实施飞行检查的食品监管部门承担。

⑤ 检查组将现场检查情况适时告知食品生产者，食品生产者负责人（或被委托人）应当在飞行检查记录等文书上签字并盖章确认。食品生产者有异议的，可以陈述和申辩，检查组如实记录。拒绝签字或者盖章的，检查组应当在记录表上注明原因，并由所在地食品监管部门工作人员作为见证人签字或盖章。

⑥ 检查结束后，检查组应将检查报告等相关材料上报组织实施飞行检查的食品监管部门。检查报告内容包括：检查过程、发现问题、相关证据、检查结果和处理建议等。组织实施飞行检查的食品监督管理部门应将检查报告整理形成警示性文书，及时反馈被检查对象并向社会公示。

5. 处理

检查过程中发现问题，检查组依法及时处置，企业应当立即整改，当地监管部门依法采取相应措施，并核实整改情况。

① 食品监管部门应当根据飞行检查现场检查发现的问题，依法对食品生产者采取相应的行政处罚或行政强制等措施。必要时，组织飞行检查的食品监管部门可以直接组织立案查处。

② 飞行检查发现食品生产者违法行为涉嫌犯罪的，由负责立案查处的食品监管部门依法及时移送公安机关处理。

③ 飞行检查发现日常监管存在问题的，组织飞行检查的食品监管部门应责令负责日常监管的食品监管部门落实整改，并责成其上级食品监管部门督促跟进落实整改，切实履行监管职责。

三、专项整治

1. 概述

食品的专项整治是由国家级或省级或地市级的食品监管部门牵头或联合工商等其他部门，在一段时间内就辖区内食品方面存在的突出问题或违规违纪问题，展开的联合整治活动。较日常监督检查和飞行检查来看，食品专项整治活动具有明确的问题针对性，涉及面较广（通常是区域性的某大类食品的整顿）。通过专项整治，可以有效遏制生产、销售假冒伪劣和有毒有害食品的违法犯罪活动，维持市场经营秩序，规范食品经营者的经营行为，确保食品安全。

食品专项整治是就食品方面存在的突出问题或违规违纪问题而提出的。以时间来分有双节的食品安全整治、××××年上半年（下半年）食品安全专项整治等；按区域来分有学校食堂食品安全整治、校园及周边餐饮食品专项整治、农村食品安全专项整治等；按环节来分有食品生产的食品安全专项整治、餐饮食品安全专项整治、保健食品安全整治、流通食品安全专项整治等；按食品的细类分有食品添加剂专项整治、酒类食品安全专项整治、乳制品专项整治、肉制品专项整治等。

2. 专项整治的形式与措施

一般来说，食品安全监管部门从食品源头、食品生产加工环节、食品流通环节、食品消费环节、食品包装、标识印制业等方面开展食品安全整治工作。

（1）**整治食品源头污染** 开展食品源头的专项整治，针对伪劣农业生产资料、食用农产品农药残留超标、畜产品违禁药物滥用和兽药残留超标、水产品药物残留超标开展专项整治，以加强食品源头的监管。此外，依据全国大中城市蔬菜农药残留例行监测结果，对例行监测不合格率较高的城市和所在省的农产品安全进行跟踪督导，对滥用食品添加剂和使用非食品原料加工食品行为开展专项整治。

（2）**整治食品生产加工环节**

① 集中整治食品生产加工小企业、小作坊。深入开展食品质量安全专项整治"百千万工程"。严厉打击"黑窝点"，坚决取缔无证无照生产加工食品行为，取缔无卫生许可证、无营业执照、无生产许可证的生产加工企业。深入排查食品生产加工小作坊的安全隐患，对在检查中发现或群众投诉举报的违法食品生产加工小作坊，如通过整改能够符合发证条件，应积极指导其整改取证，对不符合发证条件的，应立即向当地政府、食安办书面进行汇报，在当地政府的统一领导下，通过专项整治予以整顿规范。

② 开展重点食品专项抽查。加强对调味品、米面制品、食用油、肉及肉制品、乳制品、保健食品等食品生产企业的监管，并强化食品生产环节的日常监督和检查。突出对相关食品企业的生产卫生环境、原辅材料索证索票、检验报告记录、原辅材料库及成品库储存条件、产品分类放置、食品添加剂使用及关键控制过程记录、人员健康卫生情况、产品生产日期、定量包装及出厂检验制度落实情况等方面逐项进行检查，对不符合要求的应督促企业立即进行整改，并加大违法查处力度。专项抽查植物油、面粉、水产加工品、酒类、乳制品、饮料、肉制品、儿童食品、保健食品、边销茶等品种，对问题严重的企业要立即责令停产整顿，多次抽查不合格、不具备生产条件的要依法吊销证照。

③ 开展食品添加剂专项整治，加强食品添加剂的监管。全面推进食品添加剂使用、备案和监督工作，开展对食品中使用非食品原料、滥用食品添加剂等问题的风险监控，严厉查处使用非食品原料和滥用食品添加剂生产加工食品的行为。

④ 健全食品标准、检验检测和认证体系。严格食品及食品相关产品市场准入，组织实施传统特色食品市场准入工作。建立健全不合格食品召回制度。加强食品认证标志执法监督，建立完善食品标签监管制度和强制检验制度。

⑤ 整顿畜产品，建立质量可追溯体系。加强生猪定点屠宰管理，推进牛、羊、家禽的定点屠宰工作，推行屠宰加工企业分级管理制度，开展畜禽屠宰加工企业资质等级认定工作。关闭不符合标准的屠宰加工场，严厉打击私屠滥宰、加工注水肉等违法犯罪行为。继续实施持证上岗制度和肉品品质强制检验制度。

（3）**整治食品流通环节** 食品监管机构对辖区内市场开展专项整治，督促经营企业落实食品进货查验制度，把好市场准入关；强化对重点食品定期质量监督抽查和强制检验，针对在市场抽查和检验中发现的影响或危及人体健康的不合格食品，在一定区域内开展专项整治，在坚决清除出市场的同时，查清其生产源头、进货渠道和销售场所，追根溯源。开展外卖平台网络销售食品的专项整治，以加强网络食品销售监管，落实网络食品销售经营者的食品安全主体责任，规范网络食品经营行为，打击网络食品销售的违法行为。

（4）整治餐饮、消费环节

① 强化对学校食堂、餐饮业及建筑工地食堂，特别是小餐馆、小摊贩、个体门店的检查和监督，全面实施食品卫生监督量化分级管理制度。对学校食堂及周边食品经营店、餐饮业开展专项整治活动，突出对经营者资质条件、食品安全管理制度、进货查验制度、留样、加工场所的环境条件、索证索票、食品采购、贮藏、加工、烹调、餐具消毒等环节进行检查。

② 严格餐饮业食品卫生监管，积极推广《餐饮业和集体用餐配送单位卫生规范》，以强化原料进货索证为重点，在餐饮业和集体食堂全面推行原料进货溯源制度，重点查处非法采购、使用劣质食用油和违法使用添加剂、不合格调味品等违规违法行为。加强对学校、社区、建筑工地、农家乐旅游点餐饮和小餐馆的卫生监管，防控食物中毒事件和食源性疾病发生。

（5）整治农村食品，抓好农村食品安全

① 开展农村食品市场整顿活动。实施农村食品质量准入、交易和退市的全过程监管，加强对农村小企业、小作坊、小餐馆和各类批发市场、集贸市场的安全卫生监管，落实开办者的质量安全监管责任，防止假冒伪劣食品向农村转移。

② 开展"农村食品安全示范县"活动，全面推进"万村千乡市场工程"和农村食品"市场流通网""监管责任网""群众监督网"建设，鼓励大型食品生产流通企业利用现代流通方式改造发展农村食品经营网点，提高统一配送率。完善农村食品安全监管网络，建立健全县乡食品安全协调机制。

③ 开展"公共卫生进农村""农村食品安全宣传月"等系列活动。提高农村食品安全意识。普及食品卫生知识和科技常识，提高农村食品从业人员和农村消费者的食品安全素质。发挥农村消费者协会分会、12315联络站、消费者投诉站的作用。开展食品安全示范店创建活动。

四、体系检查

1. 概念

食品生产体系检查是指食品监管部门以风险防控为导向，组织对可能存在区域性、系统性食品安全风险的食品生产企业的食品安全保障体系进行全面、系统的监督检查。食品生产体系检查是对企业生产操作规范的全面"体检"。目前主要在婴幼儿配方乳粉生产企业中应用广泛。

2. 检查依据

体系检查的主要依据有《食品安全法》《食品生产许可管理办法》《食品生产许可审查通则》《食品安全国家标准 食品生产通用卫生规范》等。婴幼儿配方乳粉生产企业的体系检查还主要依据《食品安全国家标准 粉状婴幼儿配方食品良好生产规范》《食品安全国家标准 乳制品良好生产规范》《婴幼儿配方乳粉生产许可审查细则》和其他相关的产品标准及检验方法标准、其他规范性文件等，开展检查工作。

3. 检查内容

体系检查主要包括生产许可条件保持、食品安全管理制度落实、食品追溯体系运行和生产者检验能力等内容。

（1）生产者许可条件保持方面 对照企业的许可档案，对企业的生产场所（包括厂区环境和车间）、设备设施、工艺布局、人员进行检查。

（2）食品安全管理制度落实情况 对企业各项管理制度的符合性、合规性以及是否得到有效落实进行检查，特别是对《食品安全法》和《××食品生产许可审查细则》中明确要求的制度进行检查，重点包括：对企业的主要生产原料及采购、物料储存及分发、过程管理、检验、人员、不合格产品、风险信息监测和评估、信息化管理、产品追溯和召回、研发等管理制度落实情况进行检查。

（3）对企业检验能力的现场考核方面 检验项目以覆盖到主要的检验方法、仪器设备、检验人员为主，并考虑结合企业日常检验中存在偏差的项目或使用非食品安全国家标准方法的项目，检查组根据企业检测结果与标准值的偏差以及企业检验人员的实际操作能力进行综合的评价。

（4）食品安全产品追溯与处置情况 主要是针对在国家监督抽检中有不合格产品的企业，对其不合格产品的召回、处置及不合格原因分析等情况进行检查。

4. 体系检查工作程序

程序是保证实体法律正确实施、保证公平的前提。体系检查一般按以下流程进行（图5-12）。

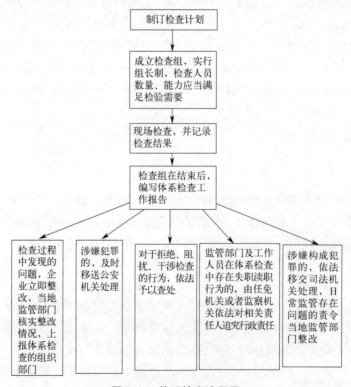

图5-12 体系检查流程图

（1）制订检查计划　实施检查前，先做好计划，明确检查对象、检查时间、检查人员等，并提前告知被抽查企业所在地监管部门，要求派人配合检查，但不得提前告知被抽查企业。

（2）成立检查组　体系检查组实行组长制，检查人员数量、能力应当满足检验需要。

（3）现场检查　检查人员现场出示有效证件，召开初次会议，介绍检查组人员及分工，说明检查事项、检查程序、计划时间、工作要求，告知企业的权利和义务。检查过程中，检查组可通过召开中期会议，对检查项目进行沟通和研究。完成全部检查内容后，召开末次会议，将检查情况反馈给被查企业及当地监管部门，并提出相关改进建议。企业存在异议的，可进行陈述和申告，检查组应如实记录或修改结论。

（4）撰写检查报告　检查组在结束后，编写体系检查工作报告，其中包括检查过程、发现问题、相关证据、检查结果和处理建议等内容。

5. 检查方式

体系检查可采取听取企业汇报、核查生产现场、查阅生产记录、询问相关人员、考核管理人员、考察检验能力、核算物料平衡等方式进行检查。在核查企业检验能力时可采用理论考核、询问交流、现场考核、盲样考核、留样复测等方式。

6. 后处理

检查过程中发现的问题，检查组应依法及时处置，企业应当立即整改，当地监管部门依法采取相应措施，并核实整改情况，上报体系检查的组织部门。涉嫌犯罪的，及时移送公安机关处理。组织体系检查的部门在检查结束后，向被检查企业发布《食品安全警示函》，包含发现的问题、违法的条款、改进的建议等。检查发现同一食品种类生产企业存在共性问题、行业潜规则或行业性食品安全风险时，可以发布"行业风险提示"，进行风险警示。对于拒绝、阻挠、干涉检查的行为，依法予以查处。监管部门及工作人员在体系检查中存在失职渎职行为的，由任免机关或者监察机关依法对相关责任人追究行政责任；涉嫌构成犯罪的，依法移交司法机关处理。体系检查发现日常监管存在问题的，组织体系检查的部门应当责令当地监管部门整改。

项目三　产后食品安全监管

一、食品安全风险分级管理

我国食品、食品添加剂生产经营者众多，但监管人员相对不足，产品种类多、监管主体多、风险隐患多及监管资源有限的矛盾仍很突出，且监管工作中还存在有平均用力、不分主次等现象，使监管工作缺少靶向性和精准度，监管的科学性不高、效能低下的问题还较普遍。正是基于这些问题，我国相关部门提出了"以问题为导向"的基于风险管理的食品安全监管思路,推行基于风险管理的分级分类监管模式。

实行食品安全风险分级管理,对于监管部门合理配置监管资源、提升监管效能有着重要意义。建立实施风险分级管理制度,能切实反映生产经营者在生产加工中存在的问题,帮助监管部门通过量化细化各项指标,深入分析、排查可能存在的风险隐患,并使监管视角和工作重心向一些存在较大风险的生产经营者倾斜,增加监管频次和监管力度,督促食品生产经营者采取更加严厉的措施,改善内部管理和过程控制,及早化解可能存在的安全隐患;而对一些风险程度较低的企业,可以适当减少监管资源的分配,从而最终达到合理分配资源、提高监管资源利用效率的目的,取得事半功倍的效果。对于生产经营者,则通过分级评价,使其更加全面地掌握食品行业中存在的风险点,进一步强化生产经营主体的风险意识、安全意识和责任意识,有针对性地加强整改和控制,提升食品生产经营者风险防控和安全保障能力。

市场监管部门根据食品安全风险等级,结合当地监管资源和监管水平,合理确定企业的监督检查频次、监督检查内容、监督检查方式以及其他管理措施,作为制订年度监督检查计划的依据。根据食品生产经营者风险等级,可以建立食品生产经营者的分类系统及数据平台,记录、汇总、分析食品生产经营风险分级信息,实行信息化管理。另外,风险分级的结果也可用于通过统计分析确定监管重点区域、重点行业、重点企业,排查食品安全风险隐患。

1. 概述

按照《风险管理 术语》(GB/T 23694—2013),将风险定义为不确定性对目标的影响。风险管理是在风险方面,指导和控制组织的协调活动。

食品安全风险分级管理,是指市场监管部门以风险分析为基础,结合食品生产经营者的食品类别、经营业态及生产经营规模、食品安全管理能力和监督管理记录情况,按照风险评价指标,划分食品生产经营者风险等级,并结合当地监管资源和监管能力,对食品生产经营者实施的不同程度的监督管理。

食品安全风险分级管理可贯穿于所有获得食品生产经营许可证的食品生产、食品销售和餐饮服务等食品生产经营过程,以及食品添加剂生产的全过程。食品生产经营风险分级管理制度由国家市场监督管理总局负责制定,用于指导和检查全国食品生产经营风险分级管理工作。省级市场监督管理局负责制定本省(区、市)食品生产经营风险分级管理工作规范,结合本行政区域内实际情况,组织实施本省(区、市)食品生产经营风险分级管理工作,对本省(区、市)食品生产经营风险分级管理工作进行指导和检查。各市、县级市场监督管理部门负责开展本地区食品生产经营风险分级管理的具体工作。

新修订的《食品安全法》确立了风险管理的原则,第一百零九条明确提出:县级以上人民政府食品安全监督管理部门根据食品安全风险监测、风险评估结果和食品安全状况等,确定监督管理的重点、方式和频次,实施风险分级管理。2019年出台的中共中央国务院《关于深化改革加强食品安全工作的意见》第十条指出:实行生产企业食品安全风险分级管理,在日常监督检查全覆盖基础上,对一般风险企业实施按比例"双随机"抽查,对高风险企业实施重点检查,对问题线索企业实施飞行检查,督促企业生产过程持续合规。食品生产经营风险分级管理工作遵循风险分析、量化评价、动态管理、客观公正的原则。食品生产经营者应当配合市场监管部门的风险分级管理工作，不得拒绝、逃避或者阻碍。总的来说，食品安全风险分级管理工作的整体思路是"动静结合、简便易行、监管内控、提高效能"。

2. 食品安全风险等级分类

食品安全风险分级管理应充分考虑生产经营者的静态风险、动态风险和通用信用风险三个因素。食品企业的风险在很大程度上既依赖于生产经营的食品类别、经营场所、销售食品的种类多少、供应的人群等静态风险因素，同时也与企业生产经营控制水平这一动态风险因素关系密切。如果食品的加工工艺比较简单、过程控制要求不高、食品原料可控，那么企业出现食品安全问题的风险就较小。如果企业在进货查验、生产过程控制、出厂检验、人员管理等环节严格按规定加强管理和控制，那么企业出现食品安全问题的风险就较小。食品监督管理部门对食品生产经营风险进行等级划分时，应当结合食品生产经营企业风险特点，从生产经营食品类别、经营规模、消费对象等静态风险因素和生产经营条件保持、生产经营过程控制、管理制度建立及运行等动态风险因素，以及食品生产企业基础属性信息、企业动态信息、监管信息、关联关系信息、社会评价信息等通用信用风险因素来确定食品生产经营者风险等级，并动态调整。

食品生产经营者风险等级从低到高分为 A 级风险、B 级风险、C 级风险、D 级风险四个等级。风险等级的确定采用评分方法进行，以百分制计算，其中静态风险因素量化风险分值为 40 分，动态风险因素量化风险分值为 40 分，通用信用风险量化分值为 20 分。分值越高，风险等级越高。风险分值之和为 0～30（含）分的，为 A 级风险；风险分值之和为 30～45（含）分的，为 B 级风险；风险分值之和为 45～60（含）分的，为 C 级风险；风险分值之和为 60 分以上的，为 D 级风险。

3. 食品安全风险等级评定程序

对食品生产经营者开展风险等级评定，一是调取食品生产经营者的许可档案，根据静态风险因素量化分值表所列的项目，逐项计分，累加确定食品生产经营者静态风险因素量化分值。二是结合对食品生产经营者日常监督检查结果或者组织人员进入企业现场按照动态风险因素量化分值表进行打分评价确定动态风险因素量化分值。对于新开办的食品生产经营者可以不考虑动态风险因素，可以按照生产经营者静态风险分值折算确定其风险分值。对于食品生产者，也可以不考虑动态风险因素，而是按照《食品、食品添加剂生产许可现场核查评分记录表》折算的风险分值。三是根据量化评价结果，确定食品生产经营者风险等级。四是将食品生产经营者风险等级评定结果记入食品安全监管档案。五是应用食品生产经营者风险等级结果开展有关工作。六是根据当年食品生产经营者日常监督检查、监督抽检、违法行为查处、食品安全事故应对、不安全食品召回等食品安全监督管理记录情况，对辖区内的食品生产经营者的下一年度风险等级进行动态调整。

4. 食品安全风险等级动态调整

食品生产经营者的风险等级应当动态调整，见表 5-1。完整的食品安全风险等级实施流程图见图 5-13。

表 5-1　食品生产经营者风险等级动态调整情况表

对应的情形	风险等级变化
1. 故意违反食品安全法律法规，且受到罚款、没收违法所得（非法财物）、责令停产停业等行政处罚或更重处罚的； 2. 连续 2 次及以上监督抽检不符合食品安全标准的； 3. 违反食品安全法律法规规定，造成不良社会影响的； 4. 发生食品安全事故的； 5. 不按规定进行产品召回或者停止经营的； 6. 拒绝、逃避、阻挠执法人员进行监督检查，或者拒不配合执法人员依法进行案件调查的； 7. 具有法律、法规、规章和省级市场监督管理部门规定的其他可以上调风险等级的情形	存在左列情形之一的，下一年度风险等级可视情况调高一个或两个等级
生产经营者遵守食品安全法律法规，当年食品安全监督管理记录中未出现以上所列情形的	下一年度风险等级可不作调整
1. 连续 2 年未受到食品安全行政处罚的； 2. 获得良好生产规范、危害分析与关键控制点体系认证的（特殊医学用途配方食品、食品企业除外）； 3. 获得地市级以上人民政府质量奖的； 4. 具有法律、法规、规章和省级市场监督管理部门规定的其他可以下调风险等级的情形	符合左列情形之一的，下一年度生产经营者风险等级可以调低一个等级

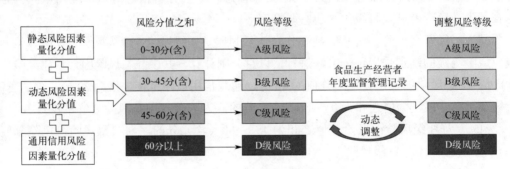

图 5-13　食品安全风险等级实施流程图

5. 食品安全风险分级结果运用

食品生产经营者的食品安全风险等级会直接影响食品监管部门的监督检查频次。对风险等级为 A 级风险的食品生产经营者，原则上每两年至少监督检查 1 次；对风险等级为 B 级风险的食品生产经营者，原则上每年至少监督检查 1 次；对风险等级为 C 级风险的食品生产经营者，原则上每年至少监督检查 2 次；对风险等级为 D 级风险的食品生产经营者，原则上每年至少监督检查 3 次。具体检查频次和监管重点由各省级市场监督管理部门确定。

二、食品安全监督抽检和风险监测机制

1. 概述

为落实党中央、国务院关于加强食品安全监管的要求，2013 年国家食品药品监督管理总局成立后，开展食品安全监督抽检和风险监测工作，既是将监管工作由事后查处为主向关口前移、预防为主转变的重要举措，也是在新的监管体制下更多依靠科技支撑、提高监管效能的创新性工作。

近年来,国家市场监督管理总局按照"统一制定计划、统一组织实施、统一数据汇总分析、统一结果利用"四统一原则,针对食品质量安全易发、多发问题,突出重点环节、品种和指标项目,进一步加大抽检监测力度,强化抽检监测的靶向性,稳步推进抽检监测工作。同时不断严格工作程序,加大对承检机构的管理考核力度。

2. 食品安全抽检监测类型

(1)食品安全抽检监测按照任务来源分类

① 国家市场监督管理总局本级任务:是指国家市场监督管理总局组织承检机构开展的食品抽检监测工作,分为国本级监督抽检、国本级风险监测和国本级评价性抽检。国家市场监督管理总局负责组织开展全国性食品安全抽样检验工作,监督指导地方市场监督管理部门组织实施食品安全抽样检验工作。

② 中央财政转移支付国家食品安全监督抽检任务:由省级市场监督管理部门下达任务,组织承检机构对本行政区域内所有获得生产许可证的在产食品生产企业和市场占有率高的超市、大型餐饮企业销售的食品开展的食品抽检监测工作,与总局本级抽检对象不重复。

③ 地方抽检任务:包括省级市场监督管理局抽检和市、县级抽检,由省级(市、县级)市场监督管理部门下达任务,组织承检机构开展的食品抽检监测工作。县级以上地方市场监督管理部门负责组织开展本级食品安全抽样检验工作,并按照规定实施上级市场监督管理部门组织的安全抽样检验工作。地方抽检以本省(区、市)企业生产的在本区域内销售的食品为主,同时可适当抽取外省(区、市)企业生产的食品。

(2)食品安全抽检按照目的不同分类 可分为食品安全监督抽检计划、食品安全风险监测计划、食品安全评价性抽检计划。

食品安全监督抽检是指市场监督管理部门按照法定程序和食品安全标准等规定,以排查风险为目的,对食品组织的抽样、检验、复检、处理等活动。监督抽检突出问题导向,聚焦人民群众普遍关注的食品安全问题、食品安全舆情热点问题和食品安全重点领域,坚持广泛覆盖。

食品安全风险监测是指市场监督管理部门对没有食品安全标准的风险因素,开展监测、分析、处理的活动。风险监测计划侧重于深挖风险隐患,配合日常监督,针对潜在隐患开展监测;紧盯薄弱环节,针对监管力度相对薄弱的区域及问题多发的食品品种开展监测。风险监测的抽样程序可以适当简化,因此可以提升监测效能。

食品安全评价性抽检是指依据法定程序和食品安全标准等规定开展抽样检验,对市场上食品总体安全状况进行评估的活动。评价性抽检评价对象明确,即对市场上销售的重点食品的食品安全状况进行评价。分为总局评价性抽检和省级局评价性抽检,两者各有侧重,分级评价。评价性抽检形式多样,充分利用抽检和监测两种手段。

3. 食品安全抽检监测实施

国家市场监督管理总局发布了《食品安全抽样检验管理办法》(国家市场监督管理总局令第15号)、《食品安全监督抽检和风险监测工作规范》等规章制度,用以规范食品安全抽样检验工作,加强食品安全监督管理。该办法适用于市场监督管理部门组织实施的食品安全监督抽检和风险监测的抽样检验工作。

（1）工作原则　食品安全抽检按照科学、公开、公平、公正的原则，以发现和查处食品安全问题为导向，依法对食品生产经营活动全过程组织开展食品安全抽样检验工作。

（2）计划制订　国家市场监督管理部门根据食品安全监管工作的需要，制定全国性食品安全抽样检验年度计划，县级以上地方市场监督管理部门根据上级市场监督管理部门制订的抽样检验年度计划并结合实际情况，制定本行政区域的食品安全抽样检验工作方案。市场监督管理部门可以根据工作需要不定期开展食品安全抽样检验工作。

下列食品应当作为食品安全抽样检验工作计划的重点：

① 风险程度高以及污染水平呈上升趋势的食品。

② 流通范围广、消费量大、消费者投诉举报多的食品。

③ 风险监测、监督检查、专项整治、案件稽查、事故调查、应急处置等工作存在较大隐患的食品。

④ 专供婴幼儿和其他特定人群的主辅食品。

⑤ 学校和托幼机构食堂以及旅游景区餐饮服务单位、中央厨房、集体用餐配送单位经营的食品。

⑥ 有关部门公布的可能违法添加非食用物质的食品。

⑦ 已在境外造成健康危害并有证据表明可能在国内产生危害的食品。

⑧ 其他应当作为抽样检验工作重点的食品。

（3）抽样和检验　市场监督管理部门通过采用招标、遴选等方式，委托具有检验资质和承检能力的技术机构进行食品安全抽样、检验任务，并对承检机构的抽样检验工作进行监督检查。承检机构应按照国家市场监督管理总局相关要求和委托单位的要求开展抽样、检验及数据报送等工作，对抽样、检验工作质量负责，确保检验数据客观准确。

食品安全抽样检验工作采取"双随机、一公开"，即在监管过程中随机抽取检查对象，随机选派执法检查人员，抽查情况及查处结果及时向社会公开。双随机抽样，是指随机选取抽样对象、随机确定抽样人员。食品安全监督检验采用食品安全标准规定的检验项目和检验方法。没有食品安全标准的，依照法律法规制定的临时限量值、临时检验方法或者补充检验方法。风险监测、案件稽查、事故调查、应急处置等工作中，在没有规定的检验方法的情况下，可以采用其他检验方法分析查找食品安全问题的原因。

食品生产经营者对《食品安全抽样检验管理办法》规定实施的监督抽检检验结论有异议的，可以自收到检验结论之日起7个工作日内，向实施监督抽检的市场监督管理部门或者其上一级市场监督管理部门提出书面复检申请。在食品安全监督抽检工作中，食品生产经营者可以对其生产经营食品的抽样过程、样品真实性、检验方法、标准适用等事项依法提出异议处理申请。对抽样过程有异议的，申请人应当在抽样完成后7个工作日内，向实施监督抽检的市场监督管理部门提出书面申请，并提交相关证明材料。对样品真实性、检验方法、标准适用等事项有异议的，申请人应当自收到不合格结论通知之日起7个工作日内，向组织实施监督抽检的市场监督管理部门提出书面申请，并提交相关证明材料。具体的抽样检验实施过程参照《食品安全法》《食品安全抽样检验管理办法》《食品检验工作规范》《食品安全监督抽检和风险监测工作规范》《食品安全监督抽检和风险监测承检机构工作规定》等相关法律法规，以及相关部门每年制定的《食品安全抽检计划》《食品安全风险监测计划》等。

4. 食品安全抽检监测结果运用

（1）风险预警 国家市场监督管理总局建立了国家食品安全抽样检验信息系统，由县级以上地方市场监督管理部门按照规定及时报送并汇总分析食品安全抽样检验数据。国家市场监督管理总局组织各食品品种的牵头机构定期分析食品安全抽样检验数据，加强食品安全风险预警，完善并督促落实相关监督管理制度。

（2）核查处置 食品安全监督抽检的抽样检验结论表明不合格食品可能对身体健康和生命安全造成严重危害的，市场监督管理部门和承检机构应当按照规定立即报告或者通报，督促食品生产经营者履行法定义务，依照《食品安全法》第六十三条的规定停止生产、经营，实施食品召回，并报告相关情况，并依法开展调查处理，及时启动核查处置工作。必要时，上级市场监督管理部门可以直接组织调查处理。

（3）信息公示 市场监督管理部门应当通过政府网站等媒体及时向社会公开监督抽检结果和不合格食品核查处置的相关信息，并按照要求将相关信息记入食品生产经营者信用档案。

市场监督管理部门应当依法将食品生产经营者受到的行政处罚等信息归集至国家企业信用信息公示系统，记于食品生产经营者名下并向社会公示。对存在严重违法失信行为的，按照规定实施联合惩戒。

三、食品安全责任约谈

1. 概述

食品安全责任约谈，是指市场监管部门为防范和控制食品质量安全风险、消除食品安全隐患，除在日常执法中因调查取证需对相关人员进行调查询问之外，针对食品生产经营单位存在的违法违规行为或食品安全隐患，以及地方政府或地方食品监管部门在工作中存在的履行监管职责严重不到位或监管不力等情况、发生的重大食品安全事故等，通过与其法定代表人、主要负责人或相关责任人员面对面谈话的方式，进行宣传教育，要求其依法行政、依法经营，帮助其正确认识问题、分析原因，并提醒、督促其采取有效措施及时整改，全面落实单位食品安全主体责任的工作制度。

食品安全责任约谈以"预防为主、依法规范、督促整改、注重实效"为原则，以"问题导向、防控风险、排查隐患、解决问题、强化监管"为目的。

2. 适用范围

食品安全责任约谈主体为县（市、区）或上级人民政府、市场监督管理部门等。被约谈人为食品生产经营单位的法定代表人或者主要负责人、产品质量负责人或其他相关责任人和工作人员、地方政府负责人及地方市场监督管理部门主要负责人以及其他需要约谈的人员。

《食品安全法》第一百一十四条规定，食品生产经营过程中存在食品安全隐患，未及时采取措施消除的，县级以上人民政府食品安全监督管理部门可以对食品生产经营者的法定代表人或者主要负责人进行责任约谈。食品生产经营者应当立即采取措施，进行整改，消除隐患。责任约谈情况和整改情况应当纳入食品生产经营者食品安全信用档案。

《食品安全法》第一百一十七条规定，县级以上人民政府食品安全监督管理等部门未及时发现食品安全系统性风险，未及时消除监督管理区域内的食品安全隐患的，本级人民政府可以对其主要负责人进行责任约谈。地方人民政府未履行食品安全职责，未及时消除区域性重大食品安全隐患的，上级人民政府可以对其主要负责人进行责任约谈。被约谈的食品安全监督管理等部门、地方人民政府应当立即采取措施，对食品安全监督管理工作进行整改。责任约谈情况和整改情况应当纳入地方人民政府和有关部门食品安全监督管理工作评议、考核记录。

食品生产经营单位出现下列情形之一的，市场监督管理部门可以对其相关人员实施约谈：
① 发生食品安全事件（故）的。
② 因存在严重违法违规行为被立案查处，应督促其整改的。
③ 生产经营过程中存在重大食品安全隐患，且未及时采取措施消除的。
④ 产品经监督抽检或风险监测为不合格或结果异常，可能存在重大安全隐患的。
⑤ 群众投诉举报、被媒体曝光、协查案件较多或影响较大的。
⑥ 信用等级评定为不良信用或严重不良信用的。
⑦ 其他法律法规规定或食品监管部门认为需要约谈的情形。

县（市、区）人民政府出现下列情形之一的，由上级人民政府对其相关人员实施约谈：
① 未履行政府责任、监管部门责任和食品生产经营第一责任人责任，管理措施不力，导致食品安全监管不到位，可能引发食品安全事件的。
② 食品安全责任目标和重点工作进展缓慢，影响食品安全目标责任完成的。
③ 对上级机关或领导批示、交办的食品安全案件或重要工作，未及时办理或未在规定时限内完成的。
④ 国家、省市发布的食品安全信息涉及辖区食品经营者食品安全问题，或监督抽检中发现存在严重食品安全隐患，或者存在严重违法违规行为的。
⑤ 日常监管发现存在不能持续保持食品安全必备条件和要求或整改不积极、不到位，安全隐患仍然存在的。
⑥ 因食品安全问题被投诉并经查实的，或者群众投诉举报反映问题较为集中的，或者群众投诉举报处置不当，造成不良影响的。
⑦ 行政区域内发生较大（Ⅲ级以上）食品安全事件，或半年内连续发生一般（Ⅳ级）食品安全事件2次以上的；发生食品安全事件未按规定及时上报，出现迟报、瞒报、漏报、误报或擅自发布信息等情况，造成工作被动的。
⑧ 未及时发现和消除食品安全系统性区域性风险隐患的；发现可能诱发食品安全事件的倾向性问题，未及时采取有效措施或未向有关部门通报或者相互推诿导致事态扩大，造成群体性上访，影响社会稳定的。

3. 主要内容

约谈组织单位成立约谈小组，由主持人、监管人员、记录员组成。组织约谈的单位至少安排2人以上参加约谈，约谈成员与被约谈人或被约谈单位之间存在直接利益关系的，应当回避。约谈可采取个别约谈、集体约谈、定点约谈、现场约谈、专题约谈等方式进行。约谈可邀请监察机关、新闻单位、人大代表、政协委员等有关机构及人员参与，也可邀请相关技术专家参与约谈。组织约谈单位应安排专人做好记录，形成《食品安全责任约谈记录》并及时发送给被约谈单位。

约谈内容一般包括：

① 通报约谈缘由、目的等事项，了解约谈事项有关情况。

② 被约谈单位对存在的问题及情况进行陈述，被约谈单位对约谈内容有异议的，有权进行申辩，约谈组织单位应充分听取被约谈单位的意见，被约谈单位提出的事实、理由成立的，约谈组织单位应当采纳。

③ 分析查找问题产生的原因，告知其可能造成的影响及应负的责任。

④ 针对问题对被约谈单位提出整改内容、期限及要求。

⑤ 征求对食品安全监管工作的意见或建议。

⑥ 宣传食品监管有关法律法规以及其他需要约谈和告知的内容。

被约谈单位应在规定期限内按责任约谈要求进行整改，并以书面形式按时限向约谈单位报送整改落实情况，约谈单位可以在约谈结束后的一定时间内对被约谈单位进行回访检查，针对约谈所提出的整改要求进行现场核查。约谈记录及整改报告各一式两份，分别载入食品安全监管信用档案和食品安全管理档案，分别由约谈组织单位和被约谈单位保存。

四、食品安全投诉与有奖举报

1. 概述

食品安全投诉与有奖举报是对社会公众投诉的和举报的食品（含食用农产品、食品添加剂）生产、经营环节食品安全等方面的违法犯罪行为或者违法犯罪线索，经查证属实并立案查处后，予以相应物质奖励的行为。食品安全投诉与有奖举报制度可以鼓励社会公众积极举报食品违法行为，严厉打击食品违法犯罪，推动食品安全社会共治。

《食品安全法》第一百一十五条规定，县级以上人民政府食品安全监督管理等部门应当公布本部门的电子邮件地址或者电话，接受咨询、投诉、举报。接到咨询、投诉、举报，对属于本部门职责的，应当受理并在法定期限内及时答复、核实、处理；对不属于本部门职责的，应当移交有权处理的部门并书面通知咨询、投诉、举报人。有权处理的部门应当在法定期限内及时处理，不得推诿。对查证属实的举报，给予举报人奖励。

新修订的《中华人民共和国食品安全法实施条例》第六十五条规定，国家实行食品安全违法行为举报奖励制度，对查证属实的举报，给予举报人奖励。举报人举报所在企业食品安全重大违法犯罪行为的，应当加大奖励力度。有关部门应当对举报人的信息予以保密，保护举报人的合法权益。食品安全违法行为举报奖励办法由国务院食品安全监督管理部门会同国务院财政等有关部门制定。食品安全违法行为举报奖励资金纳入各级人民政府预算。

2019年出台的《中共中央国务院关于深化改革加强食品安全工作的意见》第三十七条指出：完善投诉举报机制。畅通投诉举报渠道，落实举报奖励制度。鼓励企业内部知情人举报食品研发、生产、销售等环节中的违法犯罪行为，经查证属实的，按照有关规定给予奖励。加强对举报人的保护，对打击报复举报人的，要依法严肃查处。对恶意举报非法牟利的行为，要依法严厉打击。

2. 受理范围

当发现存在以下食品安全违法行为时，公众可对食品生产经营者进行投诉和举报。如：

① 在食用农产品种植、养殖、加工、收购、运输过程中，使用违禁药物或其他可能危害人体健康的物质的。

② 使用非食用物质和原料生产食品，食品生产经营者在食品中添加药品，违法制售、使用食品非法添加物，或者使用回收食品作为原料生产食品的。

③ 收购、屠宰、加工、销售病死、毒死或者死因不明的畜、禽、水产动物肉类及其制品，或者向畜禽及畜禽产品注水或注入其他物质的。

④ 加工销售未经检疫或者检疫不合格的肉类，或者未经检验或检验不合格肉类制品，未定点从事生猪屠宰活动的。

⑤ 生产经营变质、过期、混有异物、掺假掺杂伪劣食品，或者生产经营无标签的预包装食品、食品添加剂或标签、说明书不符合规定的食品、食品添加剂以及经营超过保质期的食品的。

⑥ 伪造食品产地或者冒用他人厂名、厂址，伪造或者冒用食品生产许可标志或者其他产品标志生产经营的食品的。

⑦ 未按食品安全标准规定，超范围、超剂量使用食品添加剂的。

⑧ 未经许可从事食品生产经营活动，或者未经许可生产食品添加剂的。

⑨ 进口不符合我国食品安全国家标准的食品的。

⑩ 其他涉及食用农产品、食品和食品相关产品安全的违法犯罪行为的。

有奖举报应当有明确的被举报对象和具体违法事实或者违法犯罪线索，举报内容事先未被食品监督管理部门掌握的，举报情况经食品监督管理部门立案调查，查证属实作出行政处罚决定或者依法移送司法机关作出刑事判决。举报奖励原则上限于实名举报。

3. 结果运用

举报奖励根据举报证据与违法事实查证结果，分为三个奖励等级。一级：提供被举报方的详细违法事实、线索及直接证据，举报内容与违法事实完全相符。二级：提供被举报方的违法事实、线索及部分证据，举报内容与违法事实相符。三级：提供被举报方的违法事实或者线索，举报内容与违法事实基本相符。各省级市场监管部门可结合本行政区域实际，按照涉案货值金额或者罚没款金额、奖励等级等因素综合计算奖励金额。

五、食品安全信用档案

1. 概述

食品安全信用档案由县级以上市场监督管理部门负责建立，涉及食品生产、食品流通、餐饮服务许可颁发、日常监督检查结果、违法行为查处,以及行业协会的评价、新闻媒体舆论监督信息、认证机构的认证情况、消费者的投诉情况等食品安全方面的记录信息和归档资料。

建立食品安全信用档案是约束并改善市场环境的一种手段,对于强化食品生产经营者的责任意识,引导企业诚信守法,鞭策企业努力提高食品安全管理水平,维护诚信经营的良好形象具有重要的现实意义。同时,食品安全信用档案也是市场监管部门进行监督检查的重要依据,有利于有关监管部门加强工作的针对性,有侧重地对诚信经营情况不佳的企业展开监督检查,从而提高食品安全监管效率。

2. 主要内容

食品安全信用档案信息主要来源于政府、行业和社会三个方面。在行政许可、行政检查、监督抽检、行政处罚等工作完成后由市场监管部门及时记录并导入食品安全信用档案。市场监督管理部门应当按规定公开食品安全信用信息,方便公民、法人和社会组织等依法查询、共享、使用。

《食品安全法》第一百一十三条规定,县级以上人民政府食品安全监督管理部门应当建立食品生产经营者食品安全信用档案,记录许可颁发、日常监督检查结果、违法行为查处等情况,依法向社会公布并实时更新;对有不良信用记录的食品生产经营者增加监督检查频次,对违法行为情节严重的食品生产经营者,可以通报投资主管部门、证券监督管理机构和有关的金融机构。2019年出台的《中共中央国务院关于深化改革加强食品安全工作的意见》第十六条指出:强化信用联合惩戒。推进食品工业企业诚信体系建设。建立全国统一的食品生产经营企业信用档案,纳入全国信用信息共享平台和国家企业信用信息公示系统。实行食品生产经营企业信用分级分类管理。进一步完善食品安全严重失信者名单认定机制,加大对失信人员联合惩戒力度。

行政许可信息如食品生产经营者许可、许可变更事项等应当公示的各项许可事项相关信息,是食品安全信用档案的基本内容。国家对食品生产经营实行许可制度,从事食品生产、食品流通、餐饮服务,应当依法获得市场监督管理部门颁发的食品生产许可、食品流通许可、餐饮服务许可,没有获得许可的,不得从事相应的生产经营活动。

其次,市场监督管理部门对食品生产经营企业进行监督管理,如日常监督检查、专项整治、飞行检查和跟踪检查等,发现问题纳入食品安全信用档案。食品监督抽检信息包括合格和不合格食品的品种、生产日期或批号等信息,以及不合格食品的项目和检测结果,违法行为查处信息包括食品生产经营者受到的行政处罚种类、处罚结果、处罚依据、作出行政处罚的部门等信息,以及作出行政处罚决定的部门认为应当公示的信息、责任约谈情况和整改情况等均应纳入食品安全信用档案。

除了法律规定的内容外,食品安全信用档案还可以包括行业协会的评价、新闻媒体舆论监督信息、认证机构的认证情况、消费者的投诉情况等有关食品生产经营者的食品安全信息。

3. 结果运用

《食品安全法实施条例》第六十六条规定,国务院食品安全监督管理部门应当会同国务院有关部门建立守信联合激励和失信联合惩戒机制，结合食品生产经营者信用档案，建立严重违法生产经营者黑名单制度，将食品安全信用状况与准入、融资、信贷、征信等相衔接，及时向社会公布。

实施食品安全信用奖惩机制，对监管对象的信用激励和惩戒办法，落实对信用记录良好的单位给予扶持措施和对失信单位依法进行信用提示、警示、公示、降低等级、行政处罚等惩戒措施，构成犯罪的依法追究刑事责任。县级以上地方市场监督管理部门应当对有不良信用档案记录的食品生产经营者增加监督检查的频次，加强监督管理，并依据相关规定，将其提供给其他相关部门实施联合惩戒。

? 训练题

一、判断题

1. 实行统一配送经营方式的餐饮服务企业，可以由企业总部统一查验供货者的许可证和食品合格证明文件，进行食品进货查验。（　　）
2. 餐饮服务提供者应当定期检查库存食品，及时清理变质或者超过保质期的食品。（　　）
3. 接触直接入口食品的包装材料、餐具、饮具和容器应当无毒、清洁。（　　）
4. 餐饮服务提供者可以使用盛放过农药化肥的包装袋盛放食品原料。（　　）
5. 可以在贮存食品原料的场所内存放个人生活物品。（　　）
6. 集体用餐配送单位在配送食品过程中，应将食品的中心温度保持在8℃以下或60℃以上。（　　）
7. 产品召回管理制度是指食品生产者按照规定程序，对由其生产原因造成的某一批次或类别的不安全食品，通过换货、退货、补充或修正消费说明等方式，及时消除或减少食品安全危害的活动。（　　）
8. 在获知其生产的食品可能存在安全危害或接到所在地的省级质监部门的食品安全危害调查书面通知，应当立即进行食品安全危害调查和食品安全危害评估，并及时通过所在地的市级质监部门向省级质监部门提交食品安全危害调查、评估报告。（　　）
9. 食品生产企业应当确保其生产活动符合相应的食品安全标准，如《食品安全国家标准 食品生产通用卫生规范》（GB 14881—2013）。（　　）
10. 为了便于成品运输，宜将产品包装间设置成与外界直接相通的形式。（　　）

二、选择题

1. 关于食品贮存、运输的做法不正确的是（　　）。
A. 装卸食品的容器、工具、设备应当安全、无毒无害、保持清洁
B. 防止食品在储存、运输过程中受到污染
C. 食品贮存、运输温度符合食品安全要求
D. 将食品与有毒有害物品一起运输
2. 关于食品召回的做法中错误的是（　　）。
A. 发现其经营的食品不符合食品安全标准或者有证据证明可能危害人体健康，立即停止经营
B. 对召回的食品进行无害化处理、销毁后，向所在地县级人民政府食品药品监督管理部门报告
C. 通知相关生产经营者和消费者，并记录停止经营和通知情况
D. 对召回的食品采取无害化处理、销毁等措施，防止其再次流入市场

3. 关于食品贮存、运输的说法，表述不正确的是（   ）。
A. 贮存、运输和装卸食品的容器、工具和设备应安全、无害，保持清洁
B. 符合保证食品安全所需的温湿度等特殊要求
C. 将食品与有毒有害物品一同运输时，应采取有效的隔离措施
D. 防止食品在贮存、运输过程中受到污染

4. GB 14881—2013 是（   ）标准。
A. 危害分析与关键控制点   B. 乳制品良好生产规范
C. 食品生产通用卫生规范   D. 食品生产安全规范

5. 关于食品生产企业仓储设施的说法，表述不正确的是（   ）。
A. 清洁剂、消毒剂、杀虫剂等应与原料、成品等分隔放置
B. 应具有与所生产产品的数量、贮存要求相适应的仓储设施
C. 原料等贮存物品应贴墙放置
D. 原料、半成品、成品、包装材料等应依据性质的不同分设贮存场所或分区域码放，并有明确标志

6. 关于生产过程食品安全控制的说法，表述不正确的是（   ）。
A. 对于内包装材料使用紫外线等传统清洁消毒方法，食品生产企业不必验证其效果
B. 食品生产企业应做好清洁消毒记录
C. 食品生产企业在关键环节所在区域，应配备相关的文件以落实控制措施，如配料（投料）表、岗位操作规程等
D. 食品生产企业可采用危害分析与关键控制点（HACCP）体系对生产过程进行食品安全控制

7. （   ）食品的容器、工器具和设备应当安全、无害，保持清洁，降低食品污染的风险。
A. 贮存   B. 运输   C. 装卸   D. 以上都对

8. 《食品召回管理办法》中，食品召回的主体是（   ）。
A. 食品生产经营者   B. 县级以上人民政府
C. 食品行业协会   D. 各级食品安全监督管理部门

9. 食品生产企业停止生产、召回和处置的不安全食品存在较大风险的，应当在停止生产、召回和处置不安全食品结束后（   ）个工作日内向县级以上地方食品安全监督管理部门书面报告情况。
A. 15   B. 10   C. 5   D. 7

10. 餐饮服务中应当佩戴口罩进行操作的有（   ）。
A. 凉菜配制   B. 裱花操作   C. 分餐备餐   D. 水果拼盘制作

11. （   ）可以出具食用农产品产地证明。
A. 村委会   B. 乡政府   C. 公安局   D. 市场监督管理局

12. 关于餐饮服务单位卫生间的许可要求，说法正确的是（   ）。
A. 厕所不得设置在食品处理区   B. 出口附近设置洗手、干手、消毒设施
C. 与外界相通的窗户设置纱窗或为封闭式   D. 墙裙应当铺设到顶

13. 申请保健食品注册应提供直接接触保健食品包装材料的（   ）。
A. 种类   B. 名称   C. 标准号   D. 全项目检测报告

14. 为保证食品安全监督管理效果，《食品安全法》规定县级以上食品药品监督部门在履行职责时，有权采取以下措施（   ）。
A. 现场抽查   B. 抽样检验   C. 查封扣押产品   D. 查封场所

15. 县级以上地方食品药品监督部门，对网络食品安全违法行为进行调查处理时，可以行使（   ）

的职权。

A. 进入当事人网络食品交易场所实施现场检查

B. 询问有关当事人，调查其从事网络食品交易行为的相关情况

C. 查阅、复制当事人的交易数据、合同、票据、账簿及其他相关材料

D. 对网络交易的食品进行抽样检验

16. （　　）不得申请食品经营许可证。

A. 被吊销许可证不满 5 年的食品生产经营单位的法定代表人（负责人或者业主），直接负责的主管人员和其他直接责任人员

B. 因隐瞒真实情况或者提供虚假材料申请食品经营许可证可受到处理不满 1 年的

C. 因以欺骗、贿赂等不正当手段取得食品经营许可，被撤销许可不足 2 年的

D. 因以欺骗、贿赂等不正当手段取得食品经营许可，被撤销许可不足 3 年的

17. 关于散装食品销售的许可要求，正确的说法是（　　）。

A. 有明显的区域隔离措施，生鲜畜禽、水产品和散装直接入口食品有一定距离的物理隔离

B. 直接入口的散装食品有防尘防蝇设施

C. 销售散装熟食的柜台，货架处显著位置按要求设立散装熟食专柜提示牌

D. 接触直接入口食品的从业人员配备有工作服、帽子、口罩、手套和售货工具等

18. （　　）需要设置食品安全管理机构并配备专职食品安全管理人员。

A. 大型以上餐馆
B. 学校食堂
C. 供餐人数 300 人以上的机关及企事业单位食堂
D. 餐饮连锁企业总部、集体用餐配送单位和中央厨房

19. 国家建立食品安全召回制度。食品经营者发现其经营的食品（　　），应当立即停止经营，通知相关生产经营者和消费者，并记录停止经营和通知记录。

A. 严重滞销
B. 口感受到公众质疑
C. 不符合食品安全标准
D. 有证据证明可能危害人体健康

参考文献

[1] 中华人民共和国食品安全法案例注释版 [M]. 北京：中国法制出版社，2016.

[2] 丁晓雯，柳春红. 食品安全学 [M].2 版. 北京：中国农业大学出版社，2016.

[3] 纵伟. 食品安全学 [M]. 北京：化学工业出版社，2016.

[4] 吴澎，赵丽芹，张淼. 食品法律法规与标准 [M]. 北京：化学工业出版社，2015.

[5] 李聪. 食品安全监测与预警系统（食品安全关键技术系列图书）[M]. 北京：化学工业出版社，2006：15-48.

[6] 杨艳涛. 食品质量安全预警与管理机制研究 [M]. 北京：中国农业科学技术出版社，2013：85-153.

[7] 仝新顺. 食品安全：跟踪、预警与追溯 [M]. 郑州：河南人民出版社，2013：96-110.

[8] 罗艳，谭红，何锦林，等. 我国食品安全预警体系的现状、问题和对策 [J]. 食品工程（4）：3-5，9.

[9] 肖克晶，左敏，王星云，等. 改进的关联规则在食品安全预警上的应用 [J]. 食品科学技术学报，2017，35（2）：89-94.

[10] 张书芬. 基于供应链的食品安全风险监测与预警体系研究 [D]. 天津：天津科技大学，2013.

[11] 顾小林，张大为，张可，等. 基于关联规则挖掘的食品安全信息预警模型 [J]. 软科学，2011（11）：140-145.

[12] 晁凤英，杜树新. 基于关联规则的食品安全数据挖掘方法 [J]. 食品与发酵工业，2007，33（4）：107-109.

[13] 胡春林. 基于供应链管理的食品安全风险预警系统研究 [J]. 经济师，2012（07）：35-37.

[14] 陈夏威，王博远，岑应健，等. 基于机器学习的食品安全风险预警研究现状与展望 [J]. 医学信息学杂志，2019，40（03）：60-65.

[15] 王世琨，李光宇. 食品安全风险预警及影响其有效性的因素 [J]. 中国标准化，2013（11）：77-80.

[16] 何坪华，聂凤英. 食品安全预警系统功能、结构及运行机制研究 [J]. 商业时代，2007（33）：62-64.

[17] 王莹. 食品安全预警系统关键技术研究 [D]. 武汉：武汉大学，2013.

[18] 何坪华，聂凤英. 食品安全预警系统功能、结构及运行机制研究 [J]. 商业时代，2007（33）：62-64.

[19] 安珺. 基于层次分析法的乳品质量安全预警系统研究 [D]. 哈尔滨：东北农业大学，2012.

[20] 韩继磊. 食品生产企业质量安全突发事件预警及应急决策研究 [D]. 徐州：中国矿业大学，2017.

[21] 姚文迪. 基于关联规则算法的数据挖掘在高校成绩中的研究与应用 [D]. 成都：西南交通大学，2015.

[22] 周忠宝. 基于贝叶斯网络的概率安全评估方法及应用研究 [D]. 长沙：国防科技大学，2006.

[23] 王宇廷. 基于支持向量机的职业病危害预警模型研究 [J]. 工业安全与环保，2019，45（09）：55-57.

[24] 何坪华，聂凤英. 食品安全预警系统功能、结构及运行机制研究 [J]. 商业时代，2007（33）：62-64.

[25] 孙晓红，李云. 食品安全监督管理学 [J]. 北京：科学出版社，2017.

[26] 徐文慧，周锦云，蔡静，等. 基于低温等离子体技术的果蔬生鲜杀菌保鲜研究进展 [J]. 浙江农业科学，2020，61（01）：121-124.

[27] 董文晶. 食品召回制度初探 [J]. 老区建设，2016（02）：27-32.

[28] 赖华平. 基于 HACCP 和 QFD 的生鲜产品配送质量控制研究及应用 [D]. 重庆：重庆大学，2013.

[29] 黄彩霞. 食品供应链环节的企业食品质量安全风险管理 [J]. 现代食品，2017（17）：43-45.

[30] 张繁伟. 基于供应链的食品安全保障体系构建研究 [D]. 成都：成都理工大学，2014.